日本列島

後期旧石器時代

更新世後期

生業・物質文化

燃料財，石器の柄，小規模な施設財に流木や小径木を利用

イフ形石器・台形様石器・細石刃など（地域によってさまざま）

大型哺乳類を中心とする狩猟採集生活

人口

山下町洞窟人（沖縄島）

白保竿根田原洞窟の人骨（石垣島）

植生変遷

サハリン
北海道

東北
中部

関東
西日本（太平洋側）
西日本（日本海側）

常緑針葉樹林（マツ科）

温帯性針葉樹林（スギ・ヒノキ科）

落葉針葉樹林（グイマツ）

常緑針葉樹林（マツ科）

温帯性常緑針葉樹林（マツ科）

北海道の哺乳類相

マンモスゾウ，ナウマンゾウ，ヤベオオツノジカ

本州四国九州の哺乳類相

ナウマンゾウ，レオパルド，ヒグマ，ヤベオオツノジカ，ニホンムカシジカ

ステップバイソン，オーロックス，ヘラジカ

ツキノワグマ，ニホン

奄美沖縄の哺乳類相

リュウキュウムカシジカ，ミヤコノロジカ，リュウキュウムカシキョン

イノシシ，リュウキュウ

酸素同位体曲線（グリーンランドアイスコア）

最終氷期最寒冷期

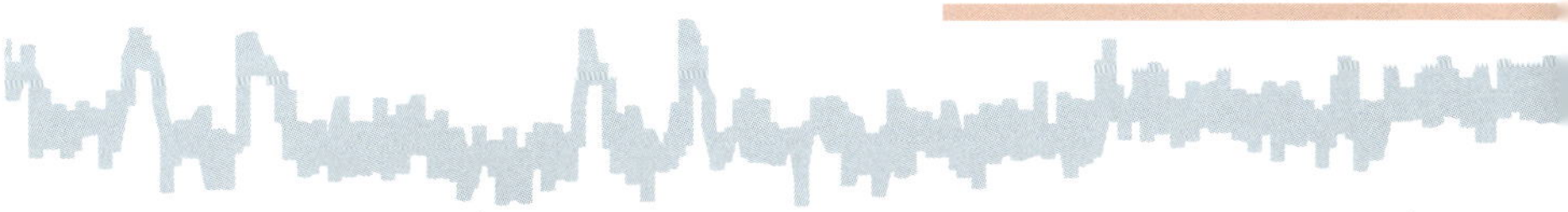

3.5 万年前 | 3 万年前 | 2.5 万年前 | 2 万年前

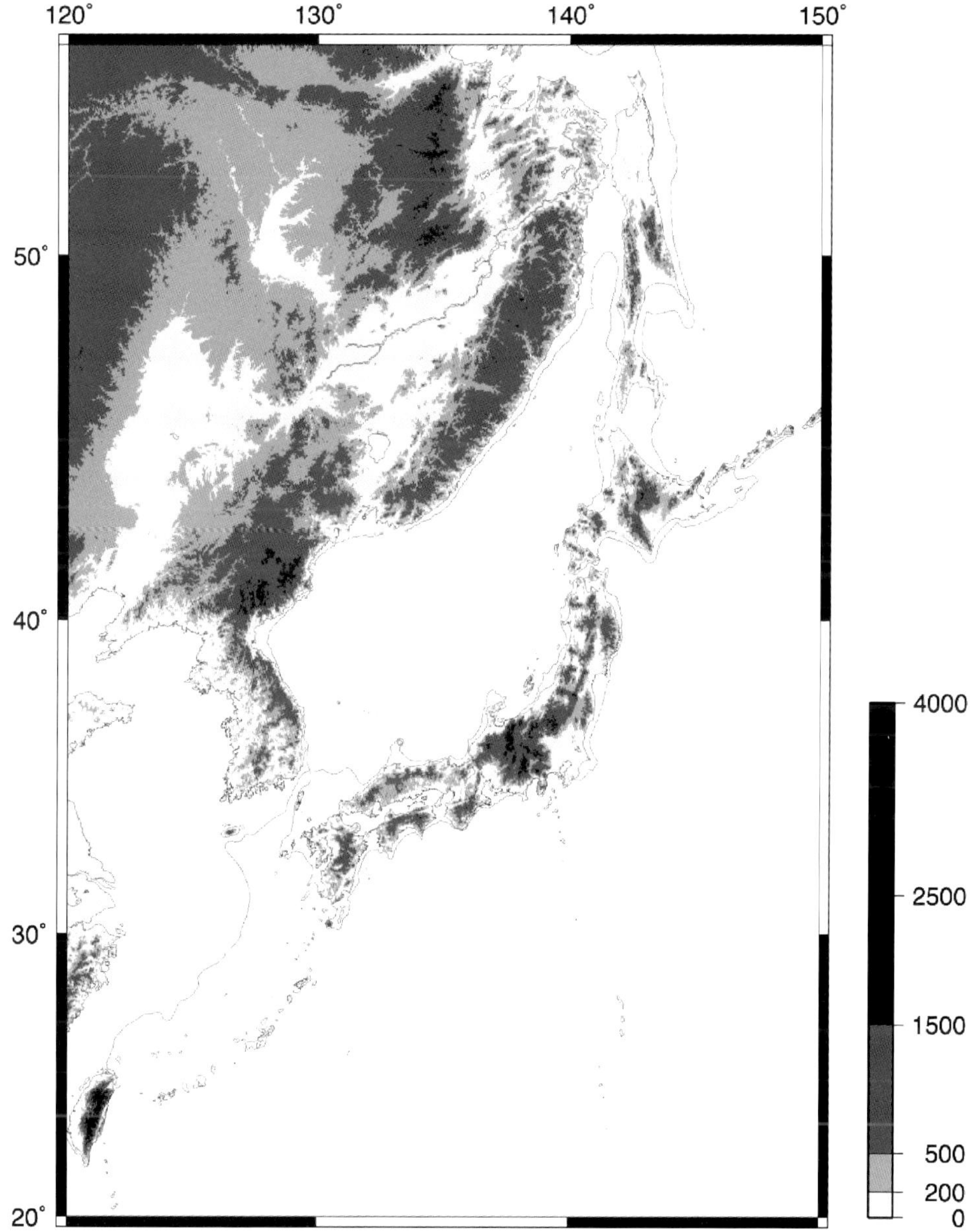

口絵１（序章参照） 日本列島の位置図（序章文献(5)）
現在の海岸線の外側にある線は現在の水面下 120 m のラインを最終氷期最盛期の推定海岸線として引いてある。

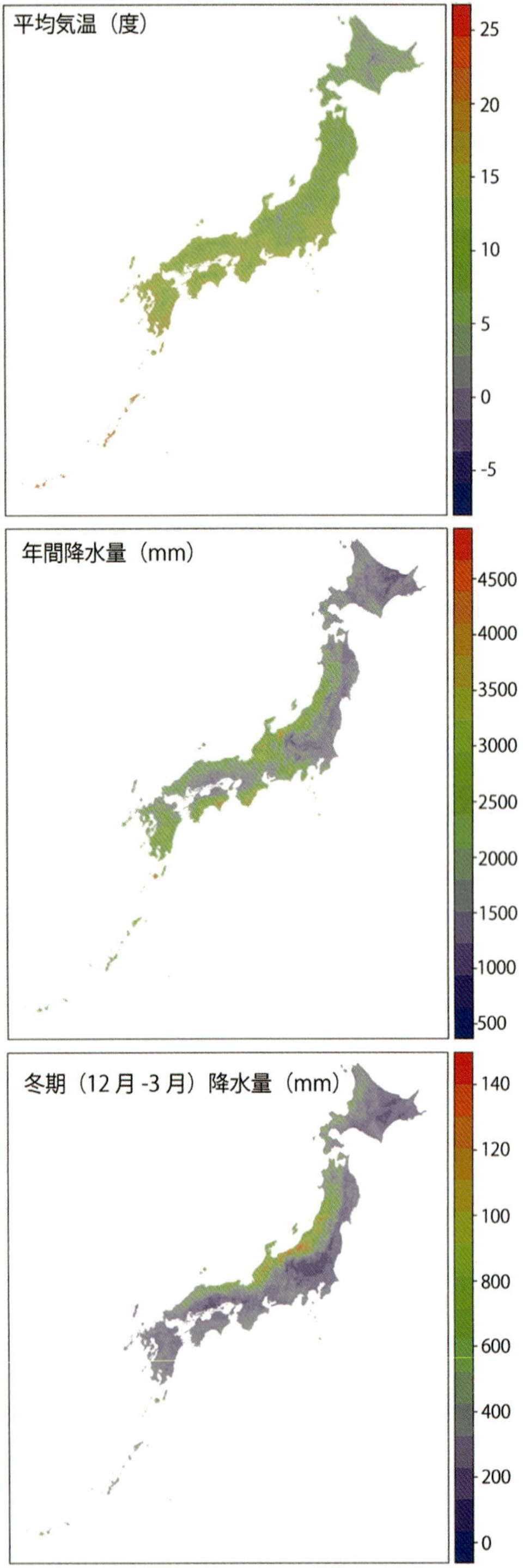

口絵２（序章参照）　年間平均気温、年間降水量、冬期（12～３月）の降水量の地理的分布

年間平均気温、年間降水量はメッシュ気候値2000（序章文献(3)）を使用した。冬期降水量は12～３月までの降水量を合計した。データはすべてGRASS6.4.0（序章文献(1)）で管理をし、R-2.10.1(6)を用いて作図した。

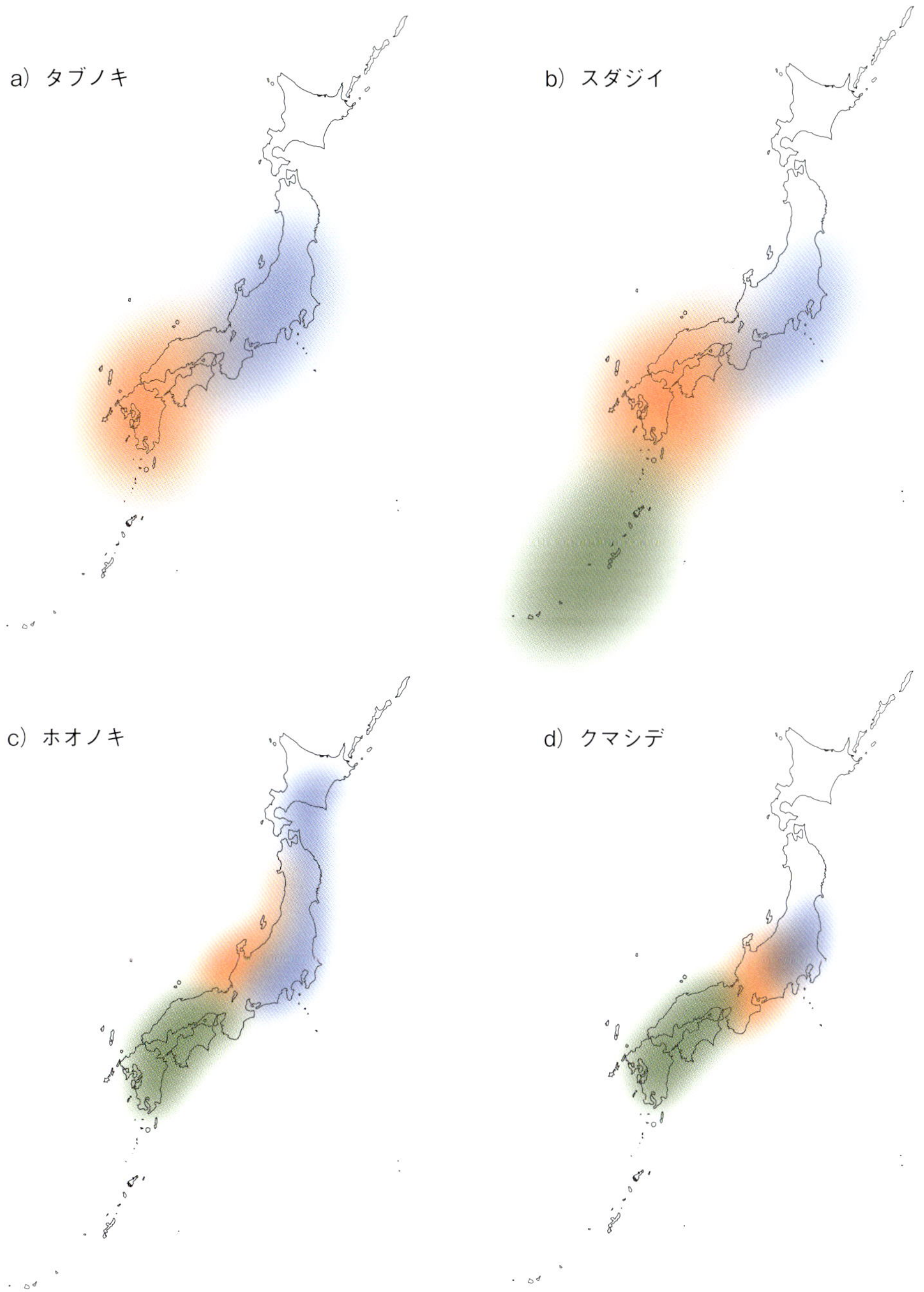

口絵３（第２章参照）　樹木４種の遺伝構造の概略図

マイクロサテライト解析にもとづき、常緑広葉樹林に生育するタブノキ（a）・スダジイ（b）の集団間の遺伝的類似性による遺伝的まとまりを色分けして示す（タブノキ：瀬尾ら未発表、スダジイ：青木ら未発表）。また、落葉広葉樹林のホオノキ（c）・クマシデ（d）の高頻度の葉緑体DNAハプロタイプの地理的分布による遺伝構造を示す（ホオノキ：Iwasaki *et al.*, 未発表；クマシデ：第２章文献⒀を改変）。

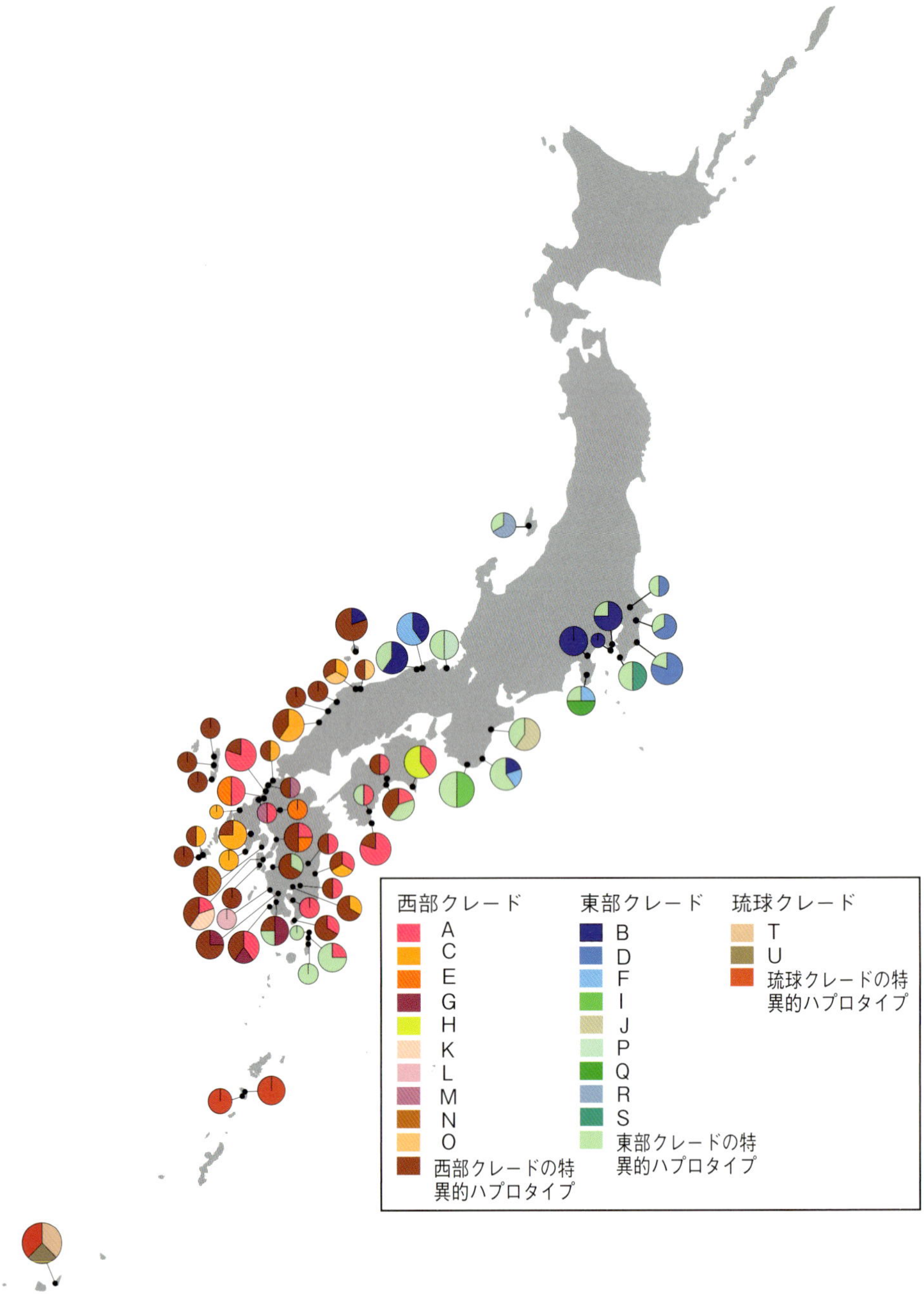

口絵 4（第 2 章参照）　シイシギゾウムシのミトコンドリア DNA ハプロタイプの地理的分布（第 2 章文献(3)を改変）

特異的ハプロタイプは 1 地点だけで観察されたタイプ。1 地点あたり複数個体の DNA 解析を行い，地点あたりの頻度を示す。円グラフの大きさはサンプルのサイズを示す。それぞれのハプロタイプは観察された個体数が多い順に A，B…とつけてある。

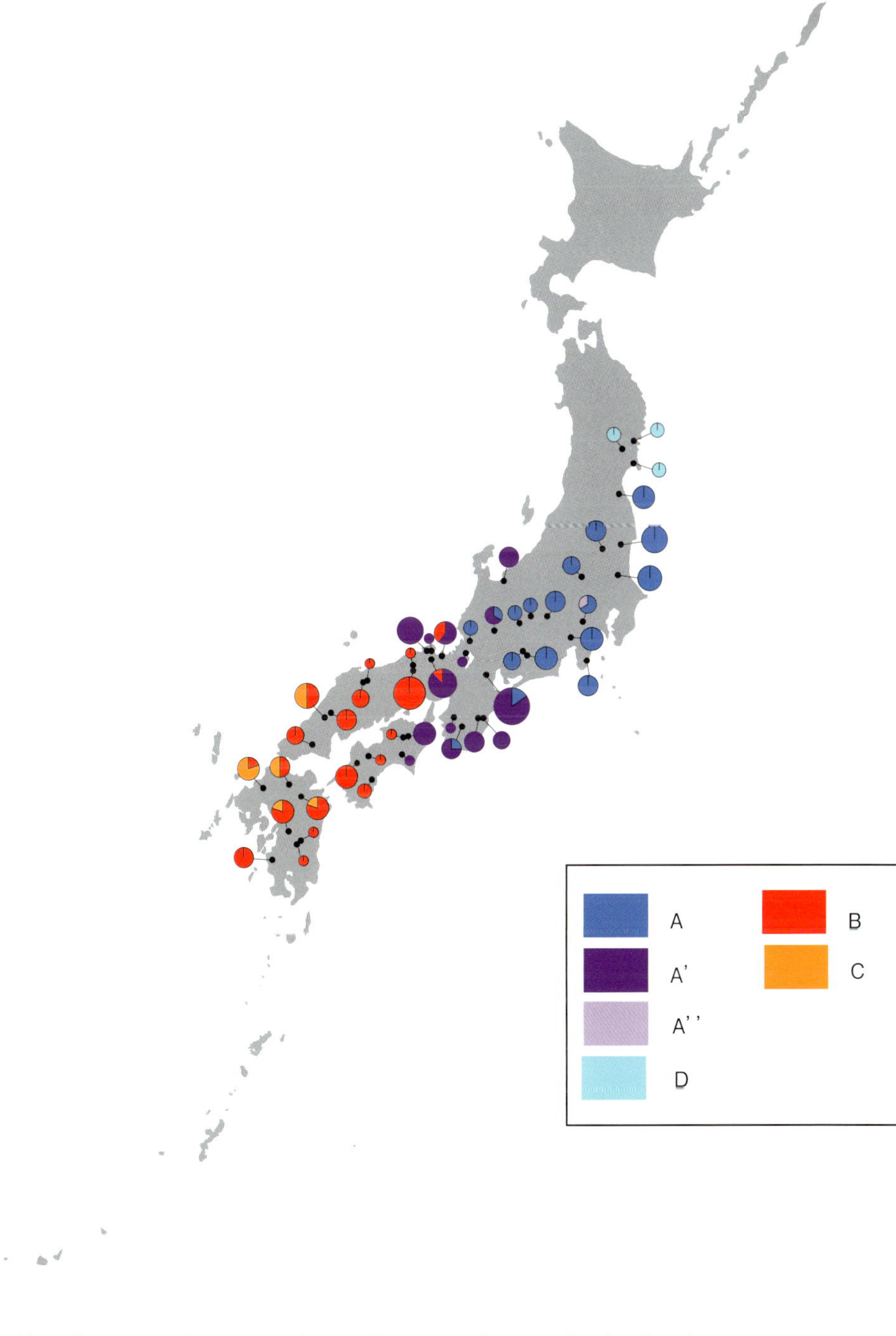

口絵５（第２章参照）　イヌシデの葉緑体 DNA ハプロタイプの地理的分布（第２章文献⒀を改変）
1 地点あたり複数個体の DNA 解析を行い，地点あたりの頻度を示す。円グラフの大きさはサンプルのサイズを示す。それぞれのハプロタイプは観察された個体数が多い順に A，B……とつけてある。

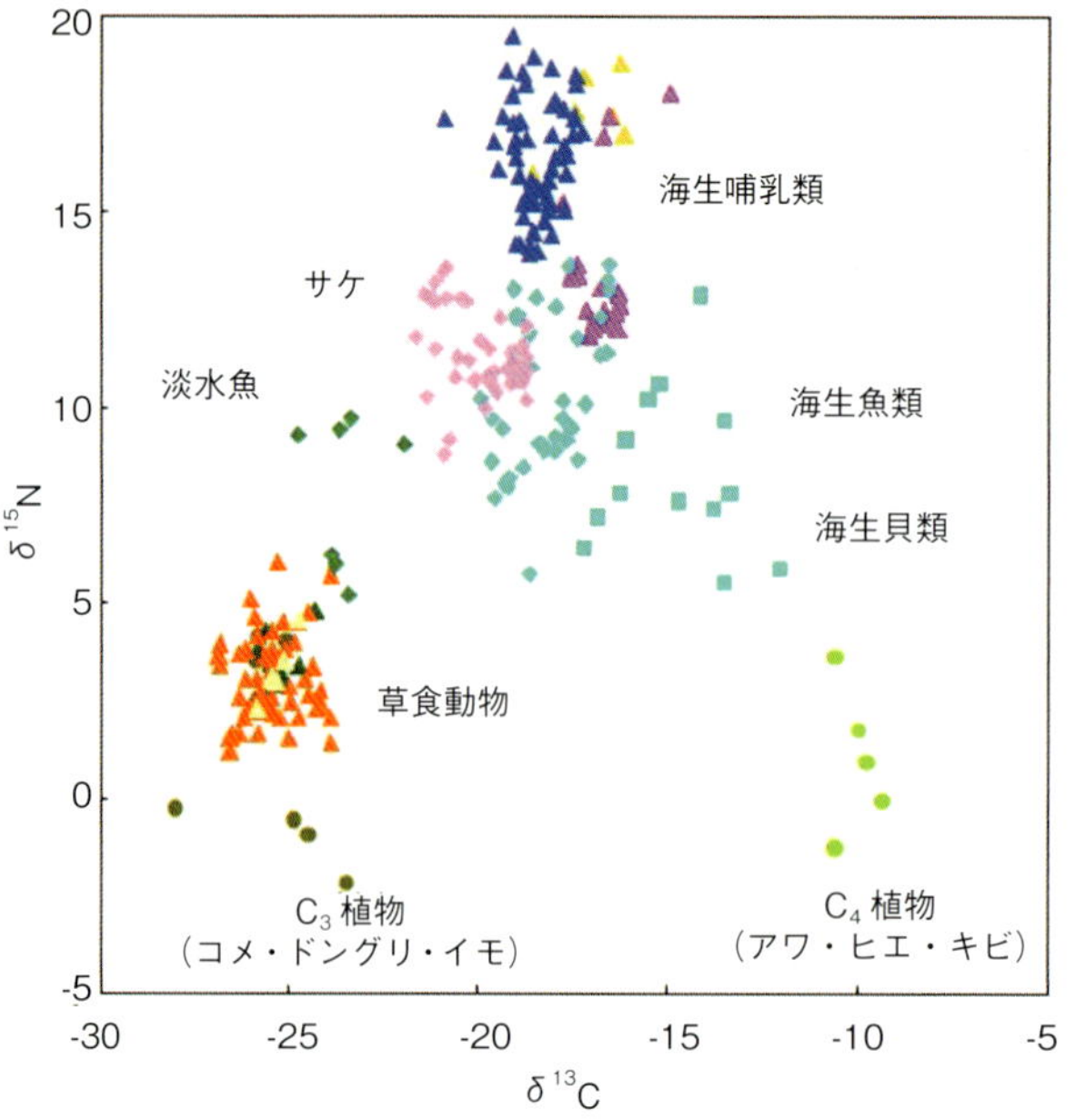

口絵 6（第 4 章参照）　日本列島の食料資源における炭素・窒素同位体比

植物については天然の可食植物と伝統的農作物、動物については遺跡から出土した哺乳類・淡水魚と現生の海生動物のデータを用いた。現生の生物では化石燃料の影響を補正して、古人骨コラーゲンと比較検討している。

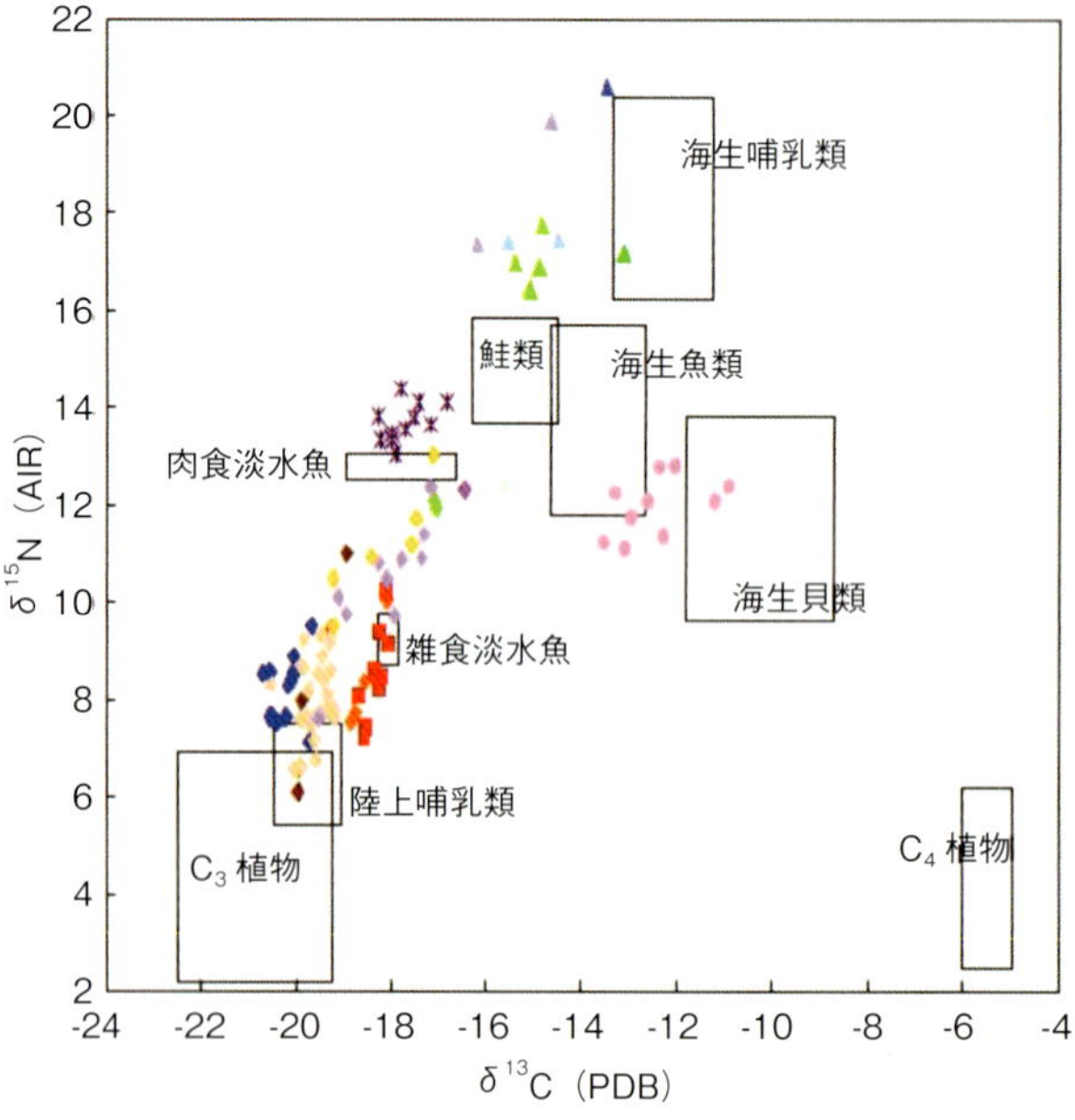

口絵 7（第 4 章参照）　縄文時代後期の人骨における炭素・窒素同位体比

骨コラーゲンの値と伝統的な食生態で利用可能な食料資源の代表的同位体比に濃縮係数（炭素 4.5‰、窒素 3.5‰）を加えて比較している。

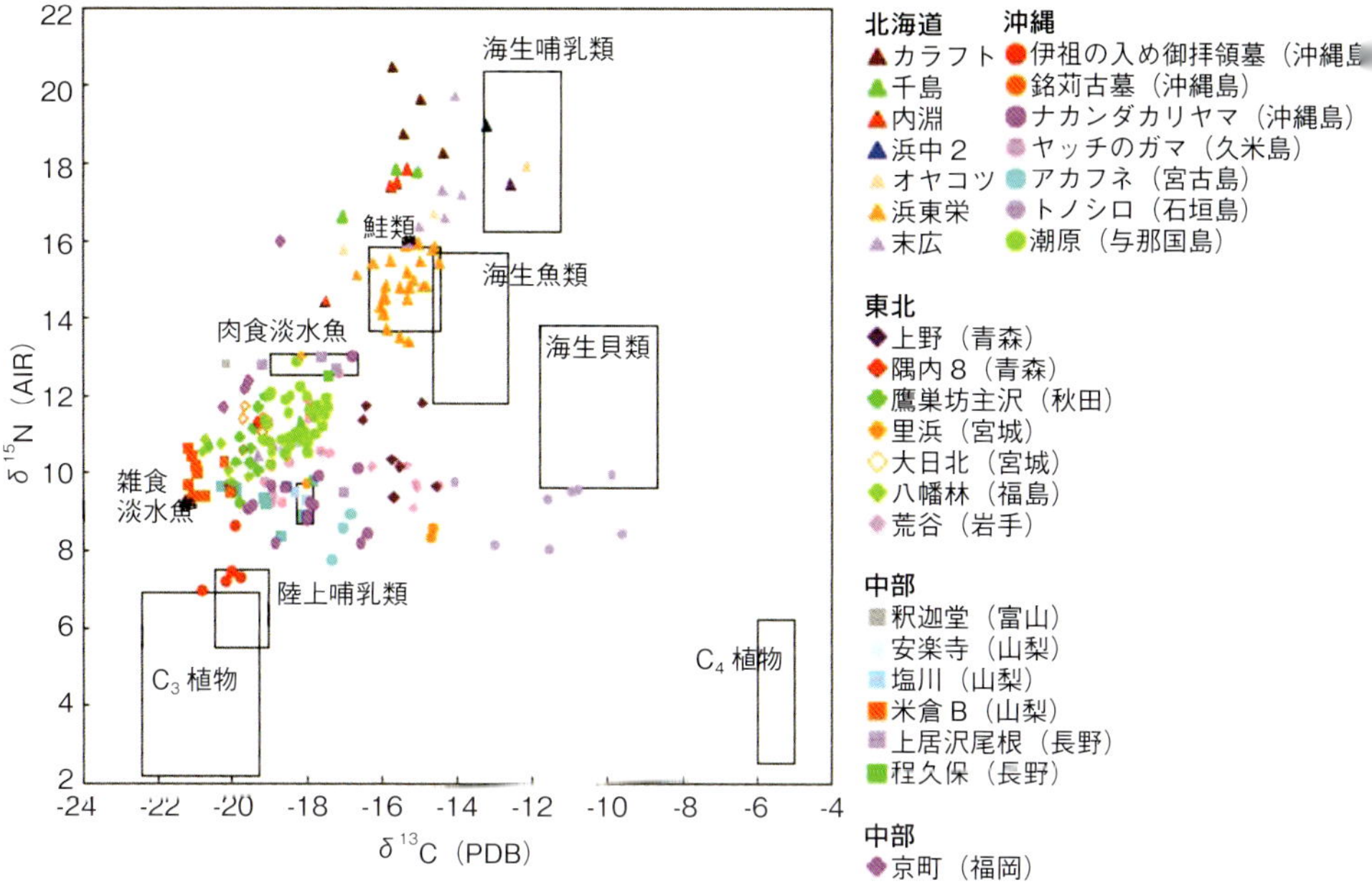

口絵８（第４章参照）　江戸時代の人骨における炭素・窒素同位体比
骨コラーゲンの値と伝統的な食生態で利用可能な食料資源の代表的同位体比に濃縮係数（炭素4.5‰、窒素3.5‰）を加えて比較している。

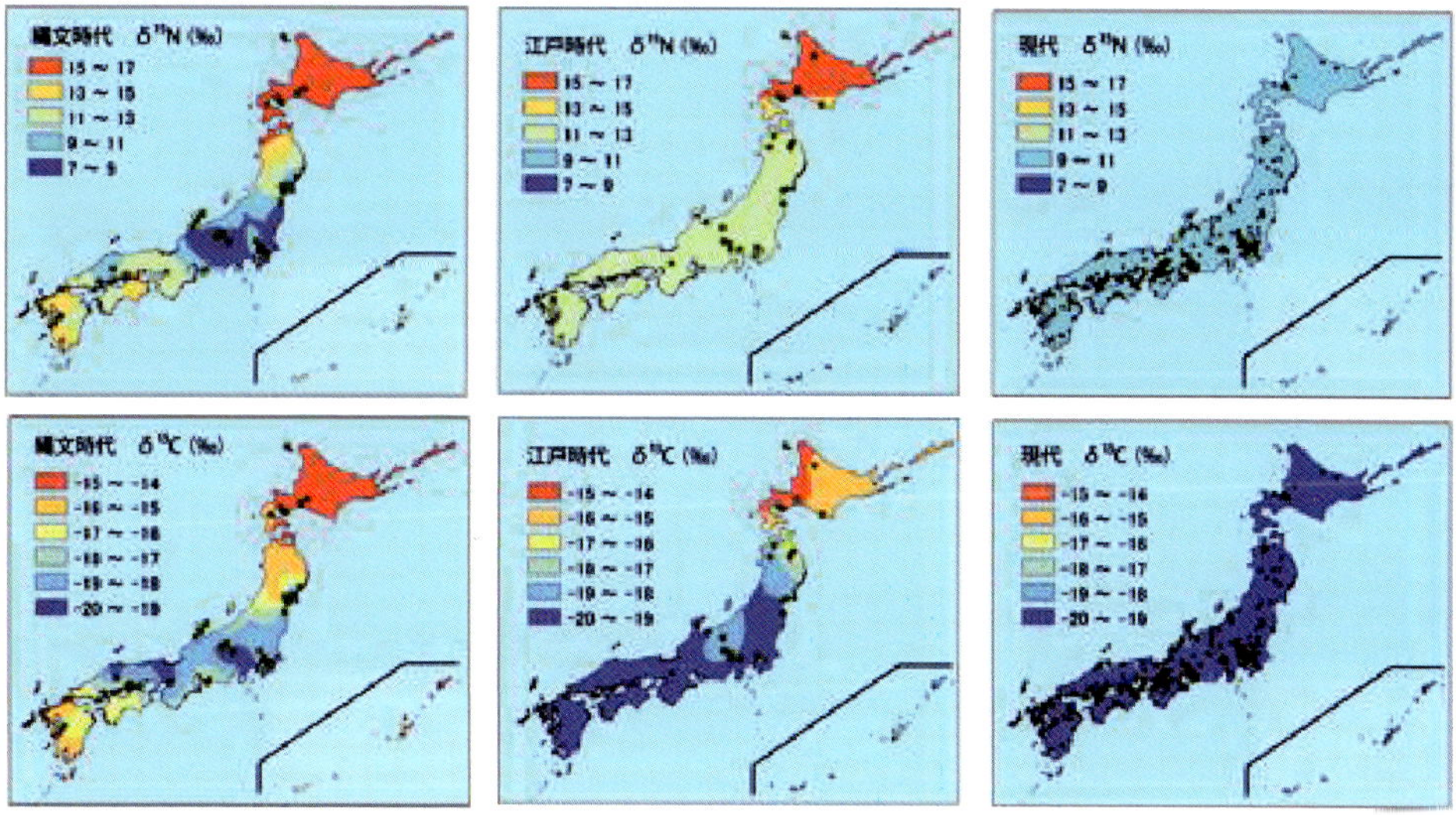

口絵９（第４章参照）縄文・江戸時代人骨と現代日本人頭髪の安定同位体比における地域的多様性
各点は，遺跡の位置，もしくはサンプル提供者の居住地。各地点の同位体比からその地域差を推定して，色分けして図示した。

口絵 10（第 9 章参照） ユーマイの畑に混じるカラスムギ
黄白色になった小穂に褐色に色づいた小花が見える。ユーマイの小穂（緑色）は、長く垂れ下がった 3 ～ 5 個の小花をつける。

シリーズ 日本列島の三万五千年
——人と自然の環境史 6

環境史をとらえる技法

編 湯本貴和　責任編集 高原　光・村上哲明

文一総合出版

シリーズ 日本列島の三万五千年——人と自然の環境史 6

環境史をとらえる技法

編 湯本貴和　責任編集 高原　光・村上哲明

文一総合出版

はじめに

湯本貴和

新たな技法が描く環境史

本巻では、数万年にわたる日本列島の生物相の形成史と、植生の変遷、さらに人間と自然との関係について、新しい科学・技術で明らかになってきたことを示し、今後の研究の方向を探る。

日本列島は歴史的に見て人口稠密地域であり、大部分の自然が人間活動の影響を強く受けてきたが、それぞれの時代によって大きく姿を変えてきた。日本列島の生物相は、気候変動にともなって大陸から移入してきた生物を基層にしているが、それに加えて人間がさまざまな時代に持ち込んだ生物がいろいろな影響を与えて形成されている。人々の生活も、動物、植物、菌類など、さまざまな生物資源の利用の上に成立してきたが、それも時代によって大きく変化してきた。

このような数万年にわたる、重層した複雑な歴史をどのように解き明かしていけばよいのであろうか。過去のさまざまな出来事の有無や、その波及効果をどのような道具立てで証拠づけていけばよいのであろうか。再現性のない一回きりの歴史を論じるにあたって、しばしば決定的な物証に欠けるために、事実関係の確認ができず、不毛な水掛け論に終わることが多かった。

現在では幸いなことに、これまではとても計測できなかったような微量の化学物質を高精度で解析できる科学・技術が発達してきた。放射性同位体を用いた年代測定はもとより、生物どうしの遺伝情報の違い、安定同位体からみた身体を構成する物質の違いなどを、新しいアイデアと正確さで論じる道がだんだん開かれている。考古遺跡や堆積物から得られる微小な遺物や微細な痕跡から、さまざまな事実が明らかになってくる時代となったのである。

日本列島の自然や人間に関する長い研究史のなかで蓄積された膨大かつ緻密なデータに最新の技術革新を加えることによって、これまでは想像するほかなかった過去の人々の食生活や、調達された生物資源の産地までも、ある程度まで証拠にもとづいて論じることができるようになった。

本シリーズは、総合地球環境学研究所のプロジェクトとして予備的な研究を三年、本研究を五年かけて行った「日本列島における人間−自然相互関係の歴史的・文化的検討」の総括として、共同研究者の成果をまとめたものである。本プロジェクトでは、日本列島の人間自然関係史について分野横断的に取り組むため、サハリン、北海道、東北、中部、近畿、九州、奄美・沖縄の七つの地域班をたてて、地理学、考古学、文献史学、民俗学などを中心として、それぞれの地域での人間―自然関係史の構築を目指し、とりわけ生物資源の利用における持続性と破綻についての例を集めて、それぞれの地域的特異性と一般性について考察を重ねた。サハリンはもちろん日本列島ではないが、最終氷期には北海道と陸続きであり、旧石器時代の人間と自然のかかわりを考えるためには不可欠であることから、旧石器時代に焦点を絞って一つの班として構成した。これらの地域班に加えて日本列島を横断的に扱うチームとして、DNAを用いた分子系統地理学で遺伝変異のマップを作成する植物地理班、花粉や植物遺体で古環境を復元する古生態班、安定同位体などを用いて過去に日本列島に住んでいた人々の食性を調べる古人骨班の三つの手法班をたてた。その他にも、草原という特殊環境に関連するマルハナバチ研究グループ、日本列島における情報の行き来をトレースする方言研究グループ、人間が持ち込んで地域の生物文化の形成に大きく寄与した栽培植物研究グループがある。

これらの多種多様な学問的な集積の中から、総括班が「日本列島はなぜ生物多様性が高いのか」、「生物資源の利用で持続性と破綻を分ける社会経済的な条件は何か」、「人間と自然との関係はこれからいかにあるべきなのか」というような一般的な問いに答えようとした。

それぞれの巻には、実にたくさんの学問分野から多様な話題が盛り込まれているが、一貫したテーマは「人間はどのように自然とつきあってきたか」「人間はどのように自然を改変してきたのか」「そのなかで『賢明な利用』とはいったい何なのか」「自然をめぐる人間と人間との葛藤はどのようなものだったのか」という自然に対峙し、利用し、生かされてきた人間の普遍的なあり方を問うものとなっていることがわかっていただけると思う。実のところ、人間と自然との関係という抽象的なものはなく、具体的な生き物と生かし、生かされてきた人間の関係であり、生き物をめぐる人間と人間との関係史なのである。

そのなかで、もう一つの大きなキーワードとして、「誰の、誰による、誰のための『賢明な利用』なのか」という環境ガバナンスの問題が見えてくる。自然から財を取り出して利益を得る人たちと、その結果として資源枯渇や災害などのしっぺ返しを受ける人たちは必ずしも同一ではなく、むしろ受益者と負担者が乖離することが大きな問題である。この受益者と負担者の乖離は、小さな地域環境の問題から地球スケールの環境問題まで、いつでもどこにでも存在し、その具体的な対処方法の確立こそが問題を解決に向かわせる大きな鍵となる。そのために、このシリーズで語られる多種多様な話題から得られる歴史的な教訓が、今後の人間と自然との関係を考える礎となることを期待したい。

湯本貴和

シリーズ 日本列島の三万五千年——人と自然の環境史 6

環境史をとらえる技法

目次

序章　日本列島における多様な生物資源利用を支えた多様な生物世界の解明

村上哲明
高原　光

人類が進化して、地球上に拡散していくなかで、五、六万年前までに東南アジア、東アジアに広がり、その後、日本列島に人が住み始めたのは四〜三万年前であるといわれている。それ以降、日本列島において、人は生きていくために自然を利用し、また、自然は人の生活に影響を及ぼしてきた。

日本列島は生物多様性が高いが、同時にその多様性が危機に瀕しているホットスポットの一つである。[7] この高い多様性の要因として、①日本列島の自然環境条件が多様で豊かである、②生物相が形成されるにあたって過去の気候変動と地形形成などの地史が豊かな生物多様性を涵養した、③人間が自然を持続的かつ「賢明に」利用してきたことがあげられる。[7]

日本列島は大陸の東縁部に南北三〇〇〇キロメートルにも及ぶ細長い弧状列島を形成している（口絵1）。さらに、垂直方向にも海岸から中部山岳地帯に代表される三〇〇〇メートルを超える山々まで非常に幅広い。このため、現在では亜熱帯から亜寒帯までの幅広い気候帯にまたがっている。また、小笠原諸島および琉球列島に代表されるような多数の島嶼系が生物の移動や隔離に影響を与えることで、多様な生物種が進化してきた。さらに生物の生存に不可欠な水の源である雨水は豊富であり、その配分は日本海側と太平洋側で大きく異なり、とくに日本海側には世界でもまれな多雪地帯を擁している（口絵2）。

このような多様な環境は日本列島に移動してきた生物たちの進化を促進させる重要な要因の一つになった。また日本列島では第四紀に繰り返された氷期においても、同じ北半球にあるヨーロッパ大陸や北アメリカ大陸のように大陸氷床が形成されることはなかった。そのため、氷床による生物相への壊滅的な影響を免れて、多様な生物たちが中断することなく生存し、進化を続けてきた。

人間は生きていくうえで、生物を資源として利用しなければならない。人間は、生活空間である森林や草原を構成している植物種や、そこに住む動物種などを採集・狩猟をしたり、栽培・飼育を行ったりしている。海岸に近い地域で海産物を、山深い地域では林産物をよく利用するというように、地勢と環境によってさまざまな生物種を利用していたに違いない（第二巻〜第六巻を参照）。さらに、集めた動植物をそのままのかたち、あるいは多少なりとも加工して、自分たちの生活圏から他の地域圏と交易してきた歴史もずいぶん古い。交易を行うためには、お互いに生物の名前が意味するところの合意がなければならない。とはいえ、同じものを違う名前でよんでいたり（同物異名）、また、その逆に同じ名前で違うものをよんでいたり（異物同名）する場合もあるだろう。植物の方言名を集成して解析することは、このような交易圏の範囲や交流の歴史を明らかにしてくれるかもしれない。人間活動は利用していた生物にだけ影響を与えたのではない。人間が作り出した環境を好んで生活し、そこに繁茂している植物種たちも多く[2]、栽培種、半栽培種、逸出種、あるいは雑草などとよばれる。

これまで、人を含めた自然を解明するために、さまざまな研究手法が開発されてきた。本シリーズの他巻はそれぞれ日本列島の特定の地域を対象としているが、本巻では、花粉分析、ＤＮＡ分析、安定同位体分析、出土品の分析、文献資料の分析など、さまざまな手法を駆使し、日本列島全体を横断して、人と自然の相互作用の解明を行った五年間のプロジェクト研究のエッセンスをまとめたものである。

まず、古生態的アプローチによって、花粉や植物化石データにもとづく植生変遷の解明を行った（第1章）。植物地理的アプローチによって現生植物のＤＮＡ分析を行い、化石データを補完して植物種の分布変遷を推定した（第2章および第3章）。一方、過去に日本列島に住んでいた人々の生活を知るために、安定同位体分析をツールとして、食性の地域性を解明し、その時代変遷を明らかにした（第4章）。次に、過去に人が動物や植物を利用した直接的な証拠である動物遺存体や遺跡出土木製品からみた利用変遷と資源枯渇の解明を試みた（第5章および第6章）。また、遺跡から出土した動物遺存体に関するデータベースや江戸時代の産物帳、近年のセンサスデータにもとづいて哺乳類の分布変遷を明らかにすることで、縄文時代以降の人間活動が哺乳類の生活に与えた影響を議論した（第7章）。さらに、農作物や雑草との人間のかかわり、とくに栽培化や野生化の過程をみることで、栽培という活動を通じた資源利用に潜む知恵のあり方を議論した（第8章）。最後に、日本列島における植物方言と植物用途の地理的分布パターンを明らかにすることで、資源利用にともなう地域間のつながりを議論した（第9章）。

本プロジェクトにおいて、それぞれの研究チームが単独で調査を押し進めるだけでなく、複数の研究チームで共同研究を行うこともあった。このことで、お互いの研究内容がさらに充実することとなった。まず植物地理研究チームと古生態研究チームの緊密な協力が始まった。植物地理研究チームは現在の植物集団からＤＮＡ情報を取り出し、その解析から過去の植物分布、特に日本列島に大陸からどの時代にどのルートから侵入してきたのかを推測し、寒冷で乾燥した最終氷期最盛期におけるレフュージア（逃避地）を確定し、そこからどのようにして現在の分布にいたったかを推定したりするのが研究課題である。一方で古生態研究チームは、大型植物遺体や化石花粉の分析によって過去の植物や植生の分布を復元することが一貫したテーマであり、さまざまな植物の最終氷期最盛期におけるレフュージアとそこからの分布拡大は大きな研究課題の一つである。このようにそれぞれの手法によって、最終氷期以降の植物分布の変遷を解明しようとしてきた。そのうえで、両研究チームの緊密な協力の結果、本巻で述べるように、これまでとはまったく異なる新たな日本の自然の歴史についての仮説をもつことができた。

古人骨研究チームは、自足自給であった縄文時代と、国内経済ネットワークがある程度まで発展した江戸時代、グローバル経済下の現在における日本列島人の食性とその地域性を比較するために、古人骨からはコラーゲンを抽出して、また現代人からは髪の毛をサンプリングして安定同位体分析を行った。もちろん縄文時代といえども、黒曜石やアスファルトなどの必需品や翡翠などの威信財について長距離の交易ネットワークが存在することが、考古学的に確認されている。江戸時代については、北前船の発達や大坂の堂本米市場の繁栄など、各藩が国内、そして鎖国という制限下ではあるが国外との交易ネットワークを築いていたことは確かである。この研究では、そのような広域の交易ネットワークが、一般庶民の食生活にどれほどのインパクトを与えたかについての実証的なデータを出すことになった。

ここでは現代人の髪の毛のサンプリングに地域研究チームのメンバーの協力を仰ぐとともに、とくに北海道班と奄美・沖縄班のメンバーには、それぞれの地域を特徴づける食材についても貴重な知見を提供してもらった。そのため、短期間で非常に充実した試料収集が可能になり、日本列島における食生態の変遷を明らかにすることができた。

研究対象地域を日本列島だけと限定しても地理的にはずいぶん広く、プロジェクト期間の五年間は、三万年以上に及ぶ複雑な人間と自然の相互関係を解明するにはあまりにも短かった。しかし、本巻そして本シリーズには、日本の自然についての多くの新たな知見の蓄積がなされ、今後の研究の発展に大きく寄与できる成果が満載されていると自負している。

第1章　日本列島とその周辺域における最終間氷期以降の植生史

高原　光

はじめに

人類が地球上の各地に広がった時代とされる第四紀は、約二六〇万年前から現在までの最も新しい地質時代である。それ以前の継続的な温暖な時代とは異なり、第四紀には大陸の氷床が拡大する寒冷な氷期と、それが縮小する温暖な間氷期を繰り返すようになった。このような氷期と間氷期の繰り返しに対応して、陸上の植生は分布の拡大縮小を繰り返してきた。この植生を構成するそれぞれの種は、このような寒暖や乾湿の気候変動やそれにともなう地形変化などによる環境変化に対して独自の反応をし、さらに、そのような環境がある種にとって生育可能な範囲を超えた場合には消滅したり、またはごく限られた場所のみに避難したりしてきた。

すなわち、現在みられる「照葉樹林」などといった植生を構成する植物群が全体で気候変動に対応して南北に移動したのではなく、それぞれの植物種の分布が、そのときどきの気候の変動に応じて変化した結果として、そのときどきの植生が形成されたと考えられている。このような、気候変動に対して植生を構成する植物がどのように反応してきたかについての知見は、長い時間を経て形成された現在の植生分布を説明するためには不可欠である。さらに、動植物の現在の分布が形成されてきた過程を解明するうえでも重要な情報となるであろう（第2章・第3章）。本章では、はじめに、このような第四紀の氷期・間氷期の気候変動について概説し、次にこれに対する植生の変化を示す。極東ロシアから日本列島に至る各地域における植生変遷を解説する。

一　第四紀における氷期・間氷期の気候変動

現在は温暖期であるが、一つ前の温暖期は、約一二万年前前後に認められ、これを最終間氷期とよんでいる。この最終間氷期が終わると、寒冷な最終氷期に移行するが、氷期の期間においても、比較的温暖な時期と寒冷な時期を繰り返している。最も寒冷で乾燥していたといわれるのは二万数千年前頃の最終氷期最盛期（LGM、Last Glacial Maximum）であり、気温は、現在よりも七～一〇℃低かったといわれている。

上記のような氷期と間氷期の変動は周期的に起こり、第四紀の後半には十数万年の周期で繰り返されてきたことが、海洋底堆積物の有孔虫の殻の酸素同位体比などの研究によって明らかにされている（(1)(14)に詳しい）。海底堆積物の酸素同位体比（^{18}Oと^{16}Oの比）から寒暖の変化が復元されていることから、このような周期に対して、海洋酸素同位体ステージ（MIS、Marine Isotope Stage）として時代区分がされている。

図1に過去五〇万年間の海底堆積物の酸素同位体比曲線(7)を示した。基本的には間氷期に奇数、氷期に偶数をあてている。最後の周期では、ステージ5がaからeまでに細分されている。ステージ5eは最終間氷期、ステージ5dから2までを最終氷期、ステージ1を温暖な完新世（後氷期）とする。また、一〇万年以上続く氷期の間にも比較的温暖な期間と非常に寒冷な期間がある。そのうち前者を亜間氷期、後者を亜氷期とよび、区別している（図1）。なお、ステージ5全体を間氷期とし、ステージ4からを最終氷期とする考え方もある。(1)

二　日本列島における過去四〇万年間の植生変遷

上記のような気候変動に対して植生がどのように変遷してきたかを解明するために、堆積物中に保存されている種子、葉、材、花粉などを定性的、定量的に分析する古生態学的な手法が用いられる。そのなかでも、最も有効な手段の一つである花粉分析法によるこれまでの成果を中心に、日本列島と極東ロシア地域における植生変遷を以下にまとめて述べよう。

植生変遷に関する研究報告は過去約一万年間の完新世（後氷期）に関するものが圧倒的に多かったが、この二〇

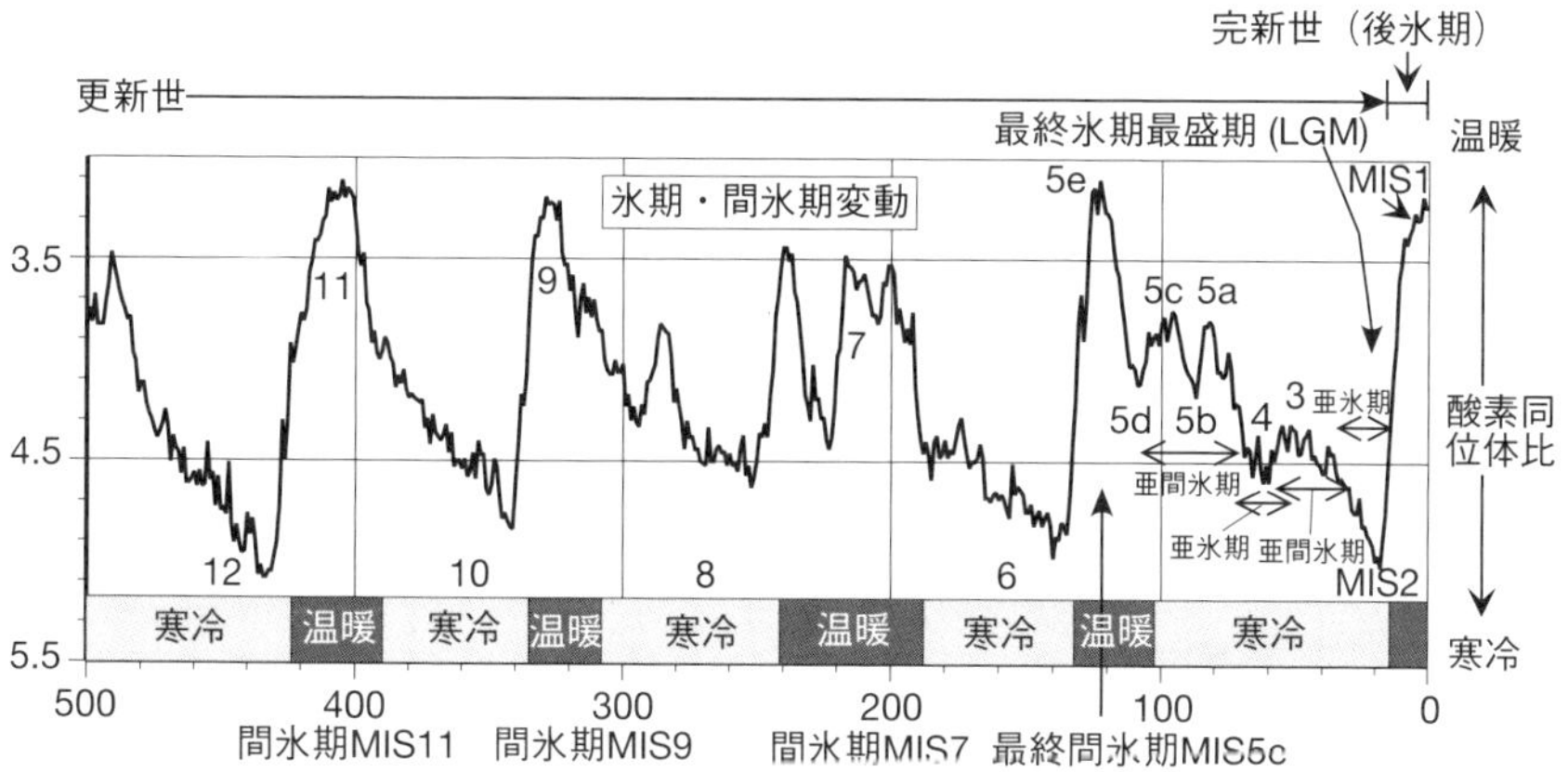

図１　酸素同位体比曲線[7]にもとづく過去50万年間の氷期・間氷期変動

年間で最終氷期最盛期にいたる植生についての報告が増加し、さらに、過去十数万年間におよぶ研究が増加してきたことで、最終間氷期にまでさかのぼることができるようになってきた。また、より長期間にわたる氷期・間氷期変動と植生変遷の関係についても、琵琶湖[3][4][13]や京都市西方の神吉《かみよし》盆地[2][20]（南丹市八木町）などにおいても、噴出年代のわかっている多くの火山灰層が認められることによって年代が決められた約五〇万年間におよぶ堆積物が得られており、分析が進められている。

以下に示した時代ごとの日本列島における植生変遷は、『図説 日本列島植生史』[25]の資料にもとづき作成した高原[17]の解説に加筆、修正したものである。地点の特徴などを示した場合や、上記資料以降の新しい資料にもとづく場合には文献を引用している。

過去四〇万年間の氷期・間氷期変動と植生変遷

過去四〇万年間には、現在の温暖期である完新世を含めて、五回の間氷期が認められている（図１）。これらの間氷期は、完新世のステージ１（ＭＩＳ１）、上述の最終間氷期のステージ５ｅ、ステージ７、ステージ９、そしてステージ11である。このステージ11は、太陽からの日射量変

MIS 海洋酸素同位体ステージ	西日本（神吉盆地、琵琶湖）
1	温帯針葉樹・常緑広葉樹
2	マツ科針葉樹
3	温帯針葉樹
4	マツ科針葉樹
5a-5d	温帯針葉樹
5e	温帯針葉樹・常緑広葉樹
6	マツ科針葉樹
7	温帯針葉樹
8	マツ科針葉樹
9	温帯針葉樹
10	マツ科針葉樹
11	温帯針葉樹
	温帯針葉樹・常緑広葉樹
12	マツ科針葉樹

図２　西日本における氷期・間氷期変動と植生変遷（神吉盆地(2)(20)、琵琶湖(3)(4)(13)）

化のパターンが完新世に類似しており、現在と同じぐらい温暖であることから注目され、現在の温暖期の状況や将来を類推するための貴重な情報源として研究が進められている。[23]そこで、過去四〇万年間について、西日本で明らかになってきた氷期・間氷期変動と植生変遷を以下に示そう。

　前述の琵琶湖や神吉盆地の堆積物の花粉分析結果から明らかになった氷期・間氷期の繰り返しに対応した植生変遷を図２に示した。基本的には氷期にはトウヒ類、モミ類、ツガ類、ゴヨウマツ類などを中心としたマツ科針葉樹が優占し、間氷期にはスギなどの温帯性針葉樹が優勢である。しかし、一二万年前の温暖期のステージ５ｅと四〇万年前のステージ11では照葉樹林を形成する常緑広葉樹のカシ類の出現率が比較的高く、特にステージ11では、現在の温暖期と同じくらい高い。また、同様に温暖期であるステージ７や９では、このカシ類の出現率は非常に低く、スギが優勢である。このように十数万年の周期で現れる間氷期にも、それぞれ異なる植生が成立していたことが明らかになってきた。

　一方、少なくとも四〇万年間の氷期・間氷期変動の間、非常に寒冷な時期（亜氷期）を除いて、ほとんどスギが優勢であった。現在、スギの天然林は日本海側を中心としており、太平洋側では屋久島、四国、紀伊半島、伊豆など限られた地域である。しかし、長期の時間スケールでみると、日本列島はスギの優勢な植生の支配する地域であった。

最終間氷期（ステージ５ｅ（ＭＩＳ５ｅ））

温暖であった約一二万年前の最終間氷期（ＭＩＳ５ｅ）（図１）における植生について、近年、日本列島の各地で研究が進み、日本列島に広域に降灰した年代のわかっている火山灰層を鍵にして、古植生の地域間の比較が可能となりつつある。

北海道ではナラ類が[6]、東北地方ではブナ、ナラ類、シデ類などの落葉広葉樹林が広がり、その後、東北ではスギの優勢な森林へと移行する。[5] 関東地方より西では、いずれの地域もカシ類の花粉がやや高い出現率を示すが、特に優占することはなく、スギなどの温帯性針葉樹が全般に優勢であった。関東ではエノキ、ムクノキなどの暖温帯性の落葉広葉樹に常緑のカシ類がともない、スギが優勢であった。[21] 西日本では、前半期にはブナが多く、その後カシ類が増加し、スギの優勢な植生へと変化する。[2] また、この時期の特徴的なことはサルスベリ類がみられることである。サルスベリ類は現在では、屋久島以南に自然に分布している。[15] この時期、特に近畿地方では日本海側、太平洋側ともに、カシ類とともにスギも優勢であった。これらのことから、現在の温暖期とは異なる植生が成立していたことは明らかである。

最終氷期初期から中期（約一二万～三万年前、ステージ５ｄ～３）

約一二万から七万年前の亜間氷期の間には大きく四回の気候変動がある（ステージ5a、5b、5c、5d）。ステージ5dは、間氷期（ステージ5e）から急激に気温が落ち込む時期（図１）である。この時期から七万年前までは、やや寒冷な時期である。北海道では、資料は限られるが、約一〇万年前には、エゾマツ、トドマツ、カラマツ類（現在、サハリンやシベリアに分布するグイマツと考えられる）、カバノキ類からなる森林があったことが報告されている。[24] 本州以南では、東北から九州までスギが増加する。東北では冷温帯性の落葉広葉樹にスギがともなっている。西日本ではスギ、コウヤマキ、ヒノキ科などの温帯性針葉樹が優勢であり、また、少量ながらツゲが特徴的に現れる。[18]

地球規模で寒冷化する七万から六万年前（ステージ4）には、東北から西日本までマツ類、ツガ類、モミ類、トウヒ類などからなるマツ科針葉樹林が発達し、西日本ではこれに続いて、ブナ、ナラ類などの冷温帯性落葉広葉樹林が六万年前に形成された。この寒冷期におけるマツ科針葉樹からブナなど冷温帯落葉広葉樹林への変化は、後述する晩氷期（一万五〇〇〇～一万年前）の植生変遷とよく似ている。

さらに、六万～三万年前（ステージ3）には、サハリンと北海道ではエゾマツが優占し、グイマツがともなう植生であった。[6] 東北地方ではマツ類、トウヒ類、ツガ類などの針葉樹が優勢であるが、ナラ類などの落葉広葉樹も多かった。西日本では、ステージ5a～5cの亜間氷期と同様に温帯性針葉樹が増加する。スギとヒノキ科の樹木が増加し、ツガ類、マツ類、コウヤマキ、ナラ類をともなう温帯性針葉樹林が発達した。近畿地方では日本海側でスギ、内陸部でヒノキ科が優占し、日本海側と太平洋側で植生に違いが生じた。[4][20]

最終氷期後期（約三万～一万年前、ステージ2）

この時代はステージ2の亜氷期にあたる。約三万年前からさらに寒冷化が進み、南西諸島を除く、日本列島全域がマツ類、ツガ類、モミ類、トウヒ類などのマツ科針葉樹に覆われた。約三万年前に九州の姶良《あいら》カルデラから噴火した姶良Tn火山灰（AT）降灰後には、気候はさらに寒冷化、乾燥化が進み、約二万数千年前には最終氷期最盛期とよばれる最終氷期の中で最も寒冷で乾燥した時期が認められている。最終氷期の中でもこの時期にトウヒ類が最も増加する。

サハリンと北海道では、最終氷期最盛期にはグイマツ、ハイマツが優占し、トウヒ類をともなっていた。[6] 現在のシベリア北部やサハリンのグイマツ林（図3）に類似した植生が広がっていたと考えられる。マツ科針葉樹は東日本では亜寒帯気候の地域に、西日本では温帯気候の地域に適応した樹種であったと考えられている。[22] 最終氷期最盛期において、西日本の低地は、冷温帯の気候下にあり、温度だけからみるとブナの生育が可能である。しかし、同時に乾燥化したため、ブナなどの広葉樹が生育できず、温帯性のマツ科針葉樹が優勢となったと考えられる。この最終氷期最盛期に、スギは伊豆半島、[8][9] 若狭湾沿岸および隠岐島、[19] 四国太平洋沿岸[12]には分布していたことが明らかになっている。

また、南西諸島では、カシ類、シイノキ類など照葉樹林の要素に加えてリュウキュウマツと考えられるニヨウマツ類の優勢が認められている。[10]

図３　バイカル湖北方のグイマツ・ハイマツ林

約一万五〇〇〇年前から、優勢であったマツ科針葉樹は減少し始める。西日本の日本海側地域ではそれに続き、低地から山地まで一斉にブナが急増し、マツ科針葉樹が衰退する。これには気候が温暖化したことに加え、降雪量の増加など湿潤化が影響していると考えられる。

完新世（約一万年前以降、ステージ１）

北海道においては、八〇〇〇年前前後に、これまで優勢であったエゾマツ、アカエゾマツ、グイマツ、トドマツなどの針葉樹が減少し、ミズナラを中心とする落葉広葉樹が増加し、大きく植生が変化した。

東海地方では伊豆半島を中心に完新世初期にスギの増加が起こった。関東では近畿の太平洋側と同様に、ナラ類、エノキやムクノキなど暖温帯性の落葉広葉樹が優勢となる。この頃、東北ではブナを中心とする冷温帯落葉広葉樹林が発達した。

西日本の日本海側地域では、最終氷期の終わりの一万二〇〇〇年前頃にブナが優勢となった後、約一万年前の完新世（後氷期）の初めからスギが優勢となる。特に若狭湾沿岸域では、急速にスギが増加し、低地から山地までスギの優勢な森林が発達した。約六〇〇〇年前以降に照葉樹林が

図4　水田から掘りあげられたスギ埋没木（福井県三方町黒田）

増加するが、日本海側地域におけるスギの優勢は、人間活動がきわめて強くなる約一〇〇〇年前まで続いた。太平洋側では、完新世（後氷期）前期にはスギの増加は起こらず、ナラ類が増加した。関東以西では、八〇〇〇～六〇〇〇年前の期間にエノキ、ムクノキ、ニレ類、ケヤキなどの暖温帯落葉広葉樹林が拡大する。照葉樹林の主要構成要素であるカシ類は、九州、四国、および近畿の太平洋岸では約八〇〇〇年前には優勢となっていた。[11] しかし、近畿と中国地方の日本海側と関東にかけて、照葉樹林が形成されるのは五〇〇〇年前頃である。

約四〇〇〇年前頃には、関東地方内陸部まで照葉樹林が広がったが、東海地方と西日本の日本海側地域ではスギの優勢な森林がさらに広がり、低地の水田下からこの時代に形成されたスギを中心とする根株や幹が泥炭層中から発掘されている（図4）。

人間活動が活発になる千数百年前から、それまで各地の気候下に形成された自然植生は、人間活動によって破壊され、本州ではアカマツなどが増加し二次林が形成された。この二次林化が始まる年代は、地域によって異なっている。古くから都があった近畿地方では、京都盆地で平安京が造営される直前の八世紀前半にはアカマツが増加し始め、[16] 室

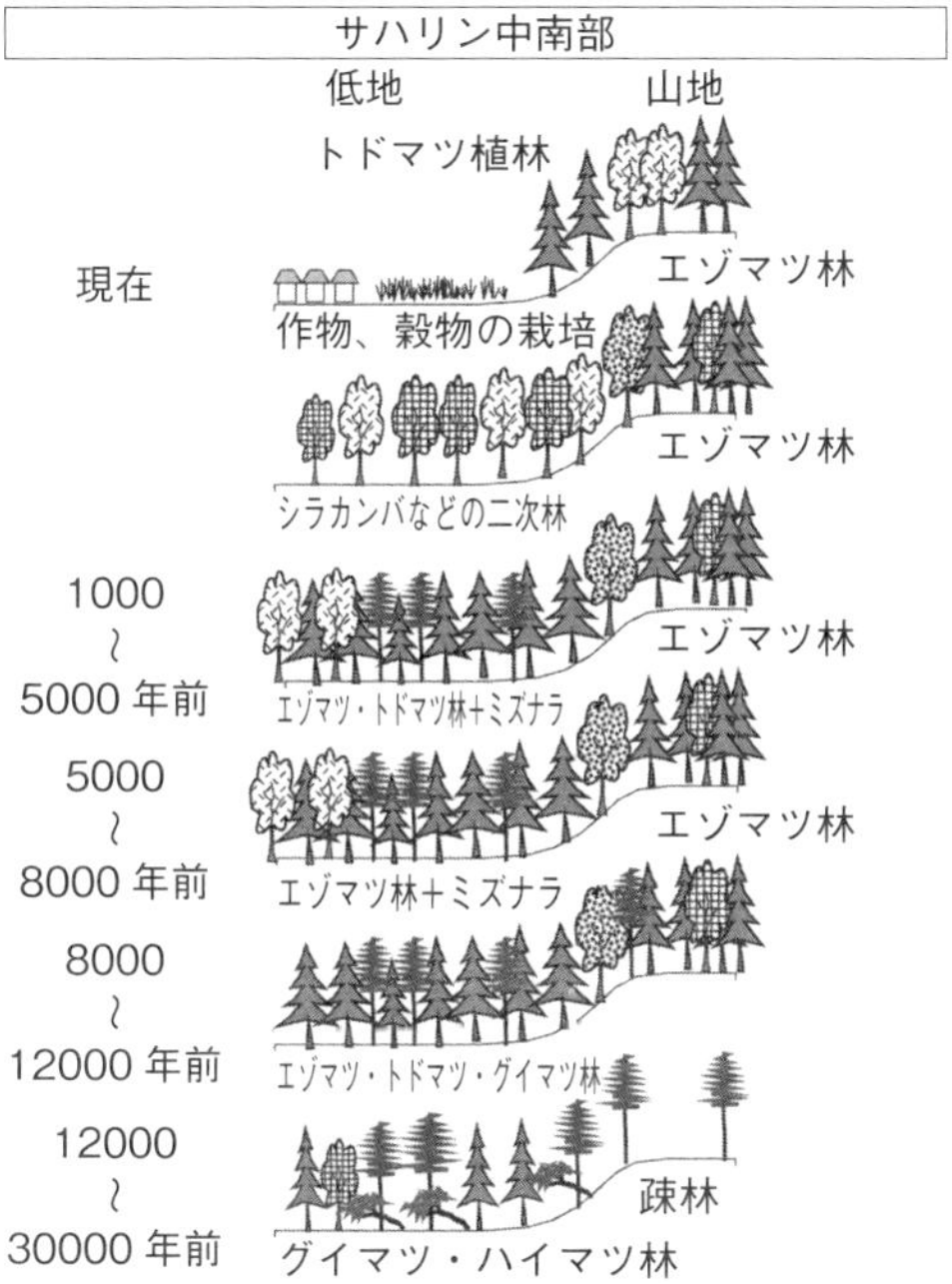

図5
サハリン中南部における植生変遷

町時代以降は、アカマツの優勢な植生に変化する。[16]
また、堆積物中の微粒炭（火事によって発生した微小な炭が堆積したもの）の分析によって、このような植生の二次林化には、火による植生破壊があったことが明らかになってきた（第三巻第1章）。

三　最終氷期後期以降の各地域における植生変遷（約三万年前〜現在）

これまで、最終間氷期以降のサハリン以南の列島における植生変遷を解説してきたが、以下の項では、地域ごとの植生変遷について模式図を示しながら解説する。本文中における引用はできるかぎり省略し、地域ごとに総説や最新の論文も含めて、参考とした文献を巻末に示した。

極東ロシア地域

極東地域のサハリン、アムール川流域、カムチャツカ半島について、最終氷期後期以降の植生変遷を模式的に図5・6・7に示した。

サハリンでは、タタール海峡に面する西海岸で約二万数千年前の最終氷期最盛期に、グイマツとハイマツからなり、

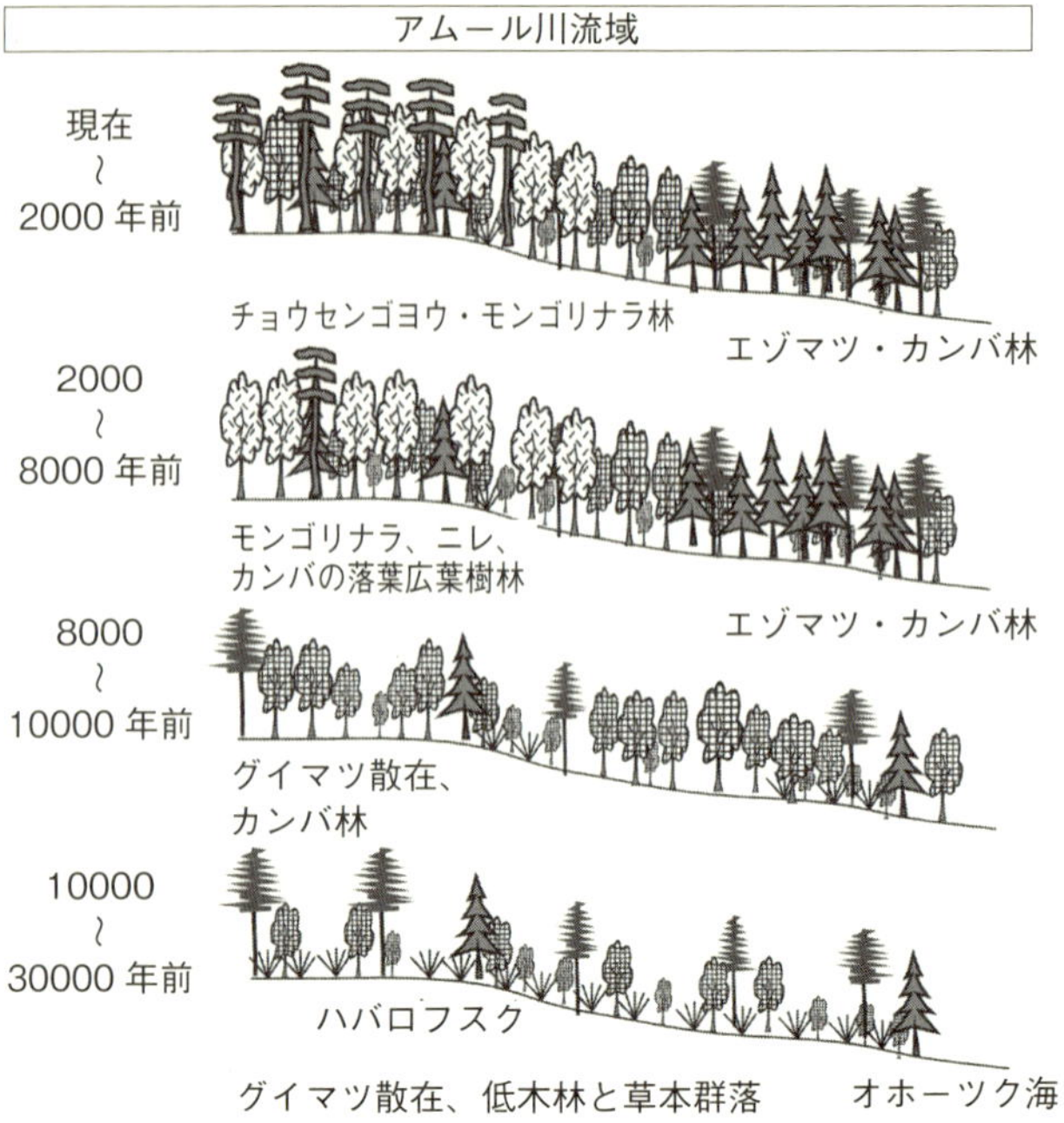

図６
アムール川流域における植生変遷

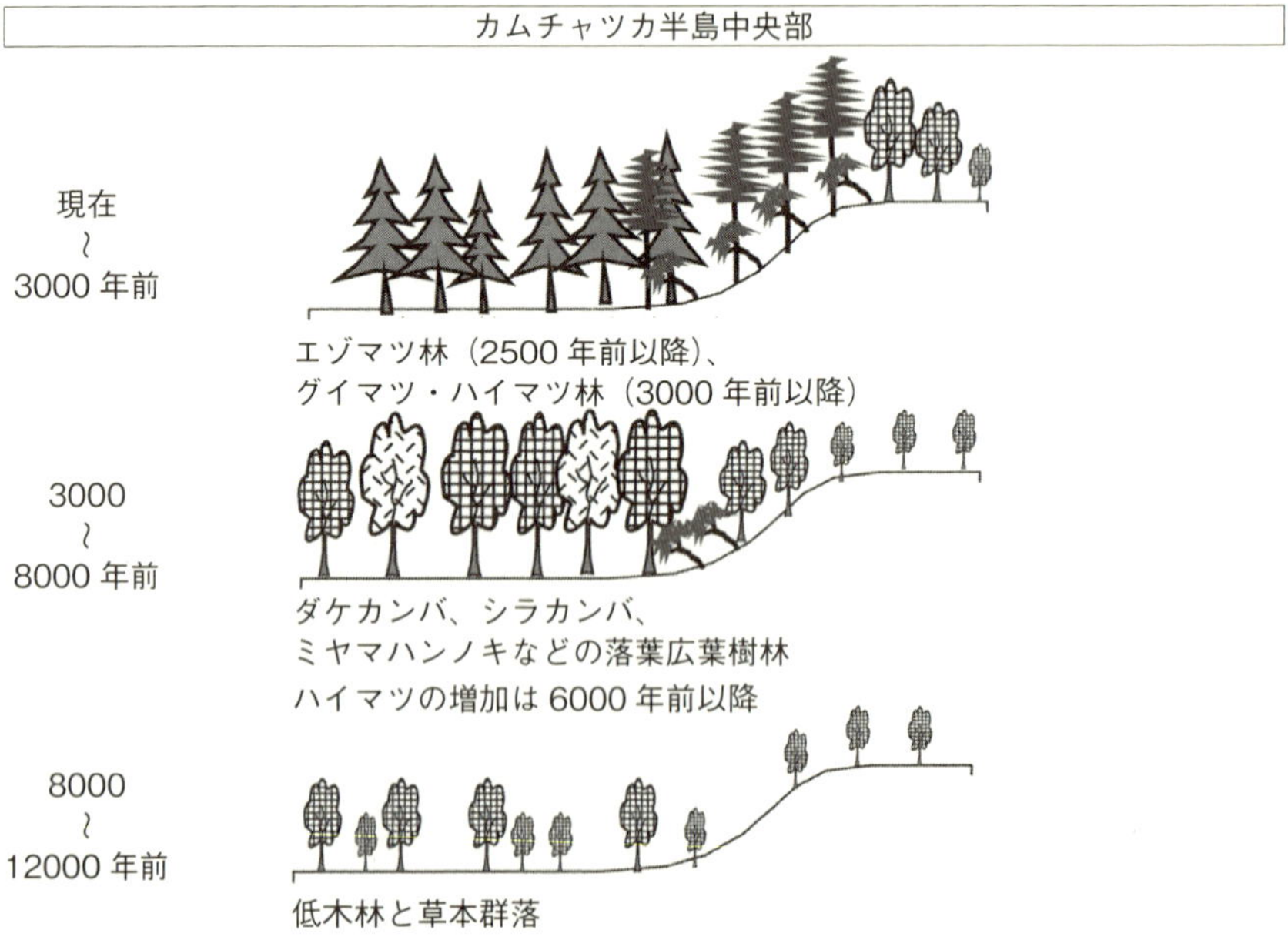

図７　カムチャツカ半島中央部における植生変遷

エゾマツもともなう植生が認められている。[26] その後、一万二〇〇〇年前頃の晩氷期には西海岸、東海岸でもエゾマツが増加し、常緑針葉樹林となるが、東海岸では晩氷期にもグイマツやカンバ類を中心とする植生が認められている。[27,28] 後氷期では、次に述べる北海道と同様に約八〇〇〇年前からミズナラなどの落葉広葉樹の増加が認められるが、北海道のようにこれらは優勢とはならず、エゾマツを主としてこれに落葉広葉樹がともなう植生であった。約五〇〇〇年前以降には、トドマツも増加し、エゾマツ、トドマツを中心とした森林が形成された。

ハバロフスク周辺のアムール川流域[30,31,32]では、最終氷期最盛期にはグイマツが散在し、カンバ類やハンノキ類などの低木、イネ科などの草本などからなる疎林状の植生が発達していた。晩氷期にはグイマツはやや減少した。約九〇〇〇年前には、ハルニレやヤチダモなどの落葉広葉樹が増加し、さらに、八〇〇〇年前以降には、モンゴリナラが優勢となり、これにハルニレ、シナノキ類、オニグルミ類、ヤチダモ、カンバ類などをともなう落葉広葉樹林が形成された。また、約二〇〇〇〜三〇〇〇年前から、チョウセンゴヨウの増加が認められ、エゾマツもやや増加する。このように、現在みられる針広混交林が形成されたのは、約二〇〇〇年前以降である。

また、オホーツク海に近いアムール川河口域[31]では、晩氷期にはグイマツが散在し、カンバやハンノキ類などの低木、イネ科などの草本などからなる疎林状の植生が認められている。後氷期初期には、カンバ類やハンノキ類の優勢な森林が発達し、約七〇〇〇年前には、エゾマツが優勢となり、エゾマツとカンバ類を中心とする常緑針葉樹林が形成された。また、この植生には、グイマツも含まれていた。

カムチャツカ半島[33,34,35,36]では、最終氷期最盛期の古植生は、まだ解明されていない。晩氷期から後氷期初期には、カンバ類とハンノキ類を中心とする落葉低木林が広がっていた。さらに後氷期中期にいたってもカンバ類とハンノキ類が優勢であるが、六〇〇〇年前にはハイマツが中央低地から周辺山地、沿岸部へと分布を拡大した。また、半島中央部では、約三〇〇〇年前にグイマツが増加し、現在みられるグイマツ・ハイマツの落葉針葉樹林が形成された。さらに、一五〇〇年前にはエゾマツが中央低地で分布を拡大した。後氷期の後期においても、中央低地以外の大部分ではカンバ類とハンノキ類からなる落葉低木林が分布していた。

北海道

北海道[37][38][39]について、最終氷期後期以降の植生変遷を模式的に図8に示した。最終氷期最盛期には、グイマツ、ハイマツからなる落葉針葉樹林が認められている。この植生は、現在のシベリアに広く分布するグイマツ林に類似している。一万二〇〇〇年前からエゾマツとトドマツが増加し、八〇〇〇年前まで常緑針葉樹林が優占する。八〇〇〇年前には、ミズナラ、ハルニレなどの落葉広葉樹が増加し、これにトドマツの混生する森林が形成され、現在にいたり、人間活動の影響によるシラカンバの二次林や、トドマツの植林地などが広がっている。北海道の植生変遷の詳細については、第二巻第1章に詳しく述べられている。

東北地方

東北地方について、最終氷期後期以降の植生変遷を模式的に図9に示した。最終氷期最盛期にはチョウセンゴヨウ、トウヒ類、コメツガ、モミ類などのマツ科針葉樹を中心とした森林が発達していた。特に宮城県以北の東北地方北部ではこれらに加えて、現在、シベリアからサハリンに分布するグイマツも認められている。仙台の富沢遺跡で発掘された埋没林で針葉樹林の根株が発見され、グイマツやトウヒ類の球果なども認められている。[51]

一万二〇〇〇年前以降には、これらのマツ科針葉樹は急速に衰退し、ナラ類を中心とする落葉広葉樹林が発達した。八郎潟《はちろうがた》ではナラ類は、晩氷期の一万二〇〇〇年前には増加を始め、また、ブナやスギは少なくとも一万二〇〇〇年前以降、連続して認められ、氷期から存在していたことが示されている。[48] 岩手県の春子谷地では一万三〇〇〇年前にはナラ類、シデ類などの落葉広葉樹林が優勢となり、さらに約一万年前からブナの増加が始まっている。[50] さらに、太平洋岸の宮城県宮城野海岸平野においては、一万一〇〇〇年前にはナラ類、ブナ、シデ類などからなる落葉広葉樹林が認められ、これらは後氷期を通じて存在していた。[52] このように、氷期終了後すぐにナラ類、シデ類さらにはブナが増加する地点が認められることは、氷期にはマツ科針葉樹を中心とする常緑あるいは落葉針葉樹林に覆われていたが、現在冷温帯林を形成している落葉広葉樹が小集団ながら存在していたことを示唆している。[42][48]

スギは多くの地点で、後氷期初めから、多くはないが認められており、東北地方に氷期から存在していたことが指摘されている。[48] このように最終氷期から完新世にかけて、

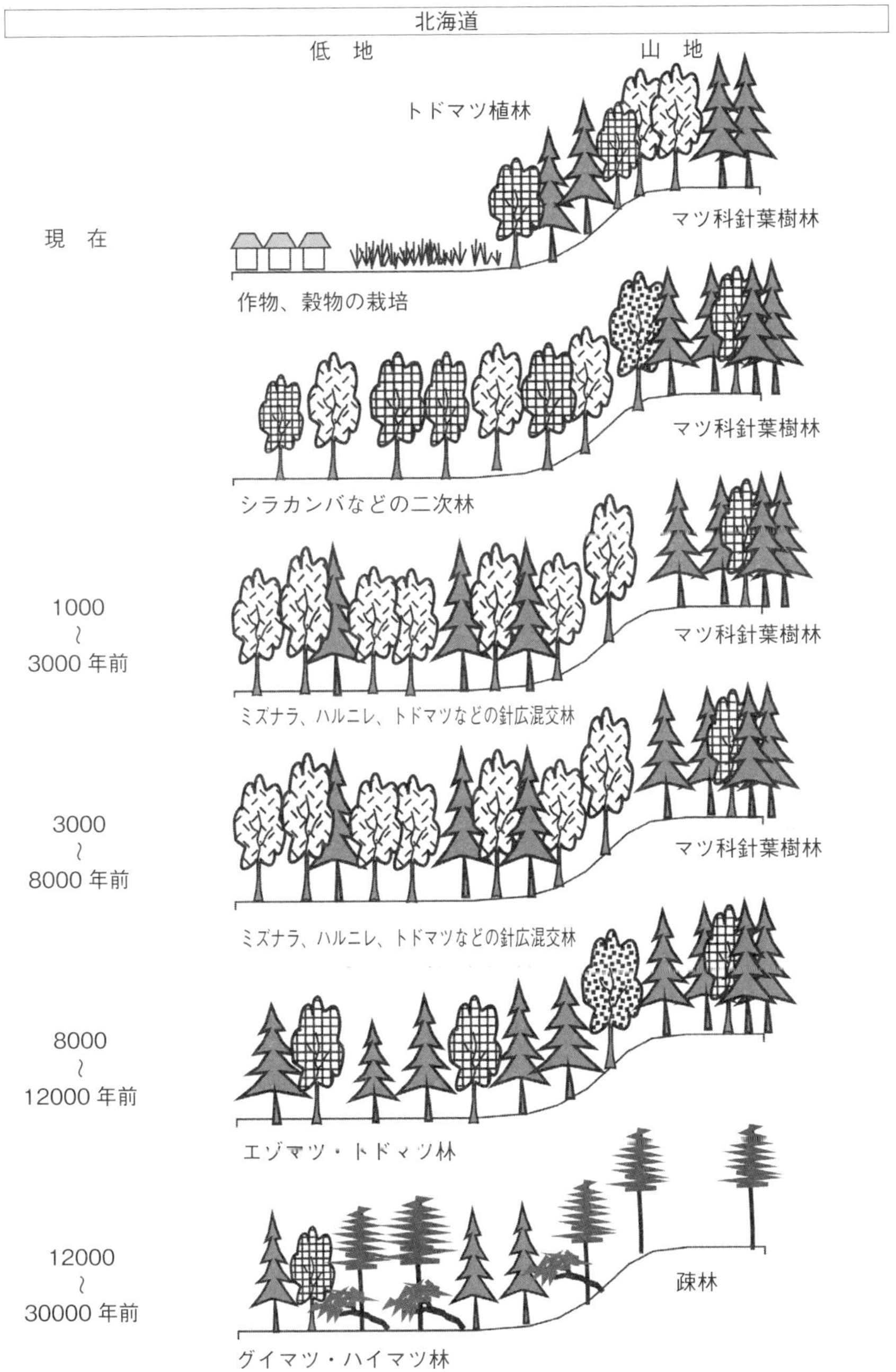
北海道
低 地
山 地
トドマツ植林
マツ科針葉樹林
現 在
作物、穀物の栽培
マツ科針葉樹林
シラカンバなどの二次林
1000
〜
3000 年前
マツ科針葉樹林
ミズナラ、ハルニレ、トドマツなどの針広混交林
3000
〜
8000 年前
マツ科針葉樹林
ミズナラ、ハルニレ、トドマツなどの針広混交林
8000
〜
12000 年前
エゾマツ・トドマツ林
12000
〜
30000 年前
疎林
グイマツ・ハイマツ林

図８ 北海道における植生変遷

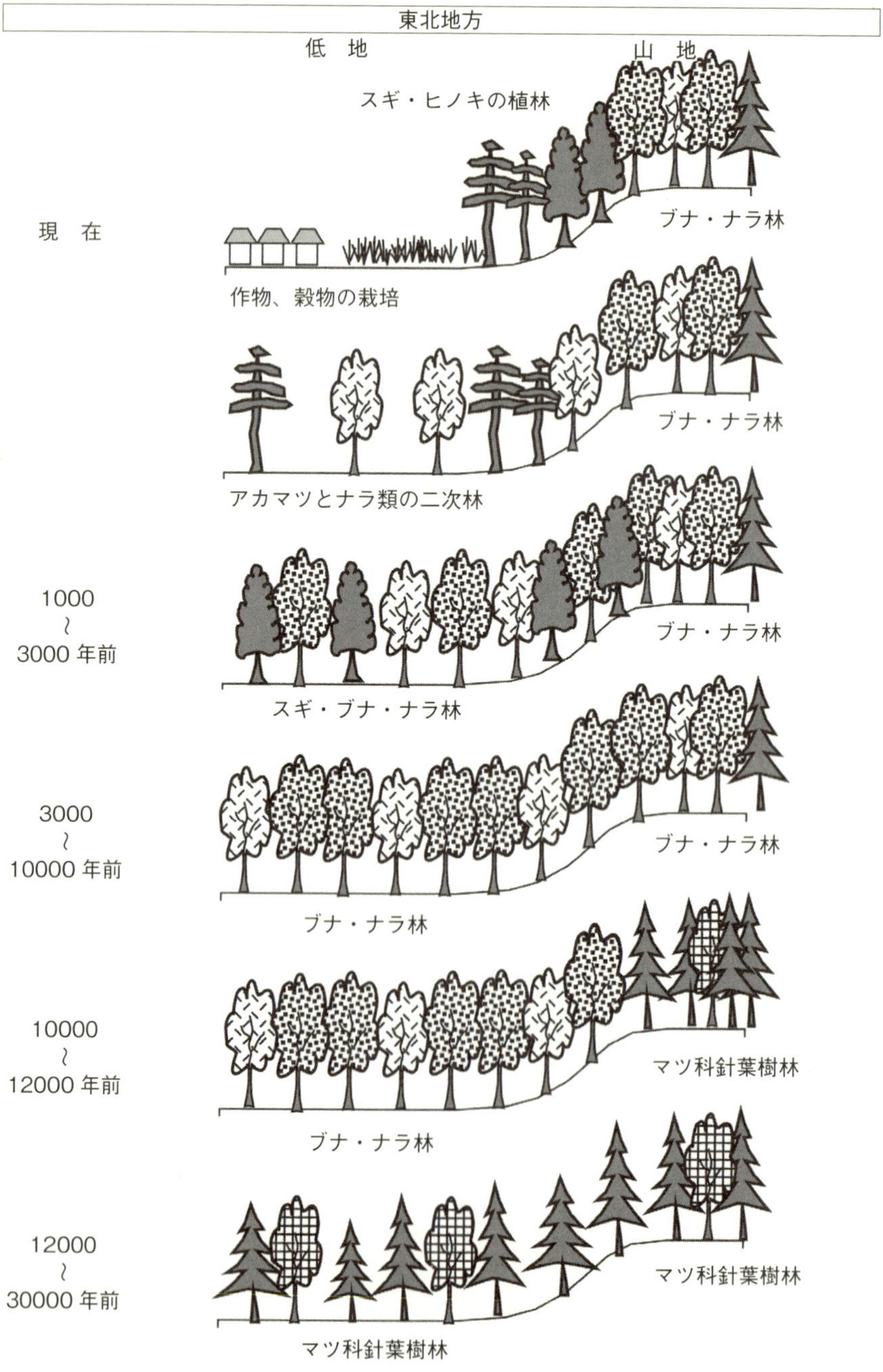
東北地方
低　地
山　地
現　在
スギ・ヒノキの植林
ブナ・ナラ林
作物、穀物の栽培
ブナ・ナラ林
アカマツとナラ類の二次林
1000
～
3000 年前
ブナ・ナラ林
スギ・ブナ・ナラ林
3000
～
10000 年前
ブナ・ナラ林
ブナ・ナラ林
10000
～
12000 年前
マツ科針葉樹林
ブナ・ナラ林
12000
～
30000 年前
マツ科針葉樹林
マツ科針葉樹林

図９　東北地方における植生変遷

東北地方ではスギは優勢とはならないものの確かに分布しており、三〇〇〇年前頃以降に増加している。

青森県の三内丸山《さんないまるやま》遺跡や大矢沢野田《おおやざわのだ》遺跡では、縄文時代前期から中期の堆積物中に火事を示す微粒炭量が増加し、火事によって植生が変化しクリが増加したと考えられている。[44][45]

宮城県では約五〇〇年前からマツ（ニヨウマツ類）が増加し、さらに植林によってスギが増加している。[40]

関東地方

関東地方における植生変遷は場所によって大きく異なり単純ではないが、代表的な植生変遷について模式的に図10に示した。

約二万年前の最終氷期の終盤には、マツ科針葉樹を中心とする針葉樹林が広がっていた。関東では標高五〇〇メートル以下の地域ではチョウセンゴヨウ、カラマツ、バラモミ類、シラカンバなどの温帯性針葉樹林、五〇〇～一〇〇〇メートルではシラビソ、トウヒ、カラマツ、ツガ類、ダケカンバを主とする亜高山性の針葉樹林であった。[55]

完新世初期の約一万年前にはナラ類を中心とした落葉広葉樹林が発達し、エノキ、ムクノキ、ケヤキなど、暖温帯の落葉広葉樹林が後氷期中期まで発達していた。照葉樹林の発達は、太平洋沿岸域では八〇〇〇年前にはシイ林の拡大が認められるが、関東の内陸域では、カシ類の優占する照葉樹林が発達するのは五〇〇〇年前以降で、地域によって異なっている。[53]

弥生時代にはイネの栽培による低湿地におけるハンノキ林の衰退など、植生に変化が起こり、さらに、一三～一五世紀からマツ林が増加し始め、一六世紀末～一七世紀初頭には大規模に照葉樹林が破壊され、マツ（ニヨウマツ類）が急増した。[55][56]

東海地方

東海地方東部について、最終氷期後期以降の植生変遷を模式的に図11に示した。

約二万年前までの最終氷期の終盤までの時期にはマツ類、ツガ類、モミ類、トウヒ類などのマツ科針葉樹に加えて、スギ、コウヤマキをともなう温帯性針葉樹林が広がっていた。[61][62] 二万年から一万年前の時期になるとマツ科針葉樹は衰退し、スギやブナを中心とする植生が成立し、さらに一万年前以降には、スギやコウヤマキが優勢となった。八五〇〇年前には沿岸部でシイ類が増加し、さらに七五〇〇年前

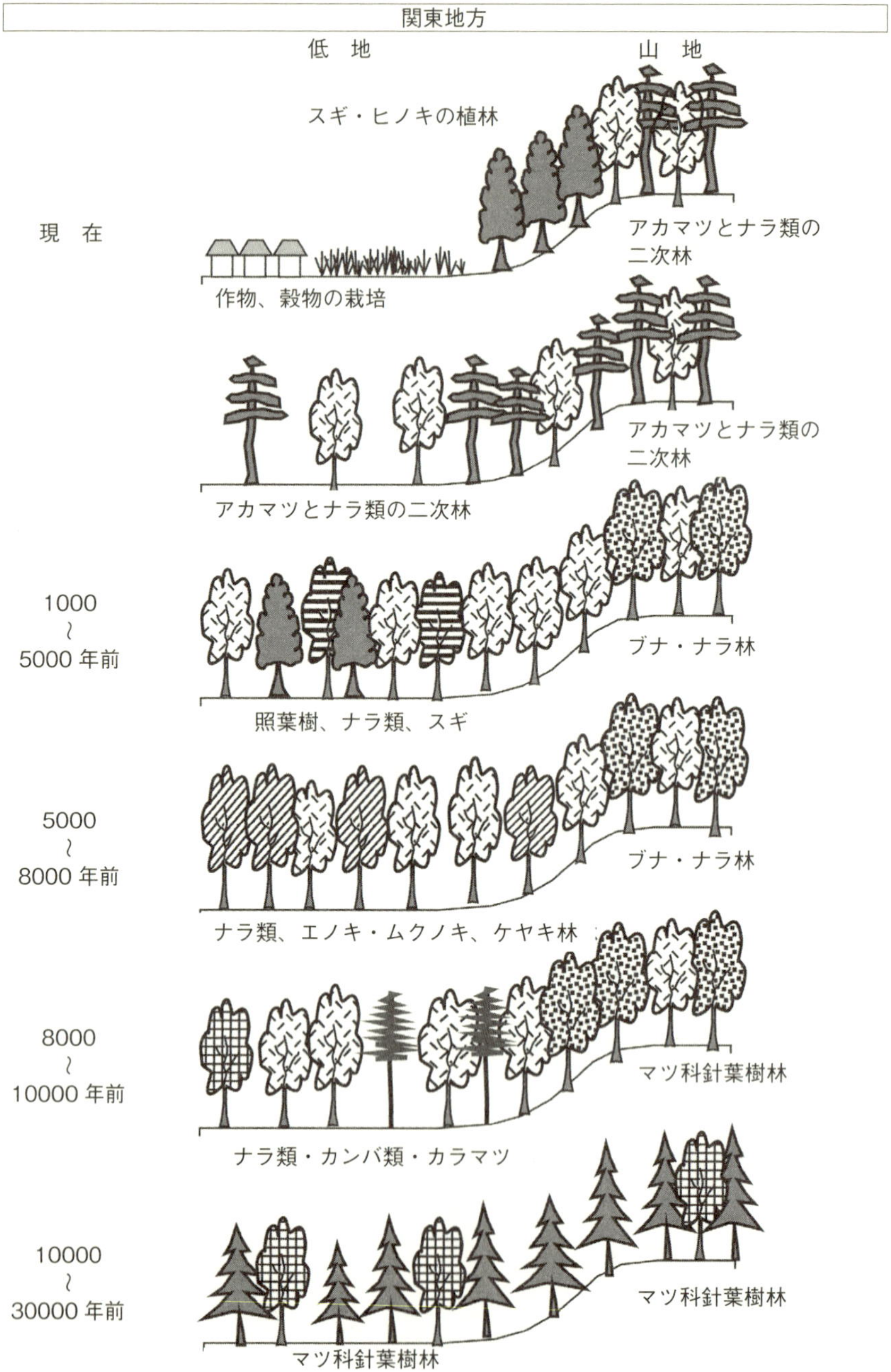
関東地方
低　地
山　地
スギ・ヒノキの植林
現　在
アカマツとナラ類の
二次林
作物、穀物の栽培
アカマツとナラ類の
二次林
アカマツとナラ類の二次林
1000
~
5000 年前
ブナ・ナラ林
照葉樹、ナラ類、スギ
5000
~
8000 年前
ブナ・ナラ林
ナラ類、エノキ・ムクノキ、ケヤキ林
8000
~
10000 年前
マツ科針葉樹林
ナラ類・カンバ類・カラマツ
10000
~
30000 年前
マツ科針葉樹林
マツ科針葉樹林

図10　関東地方における植生変遷

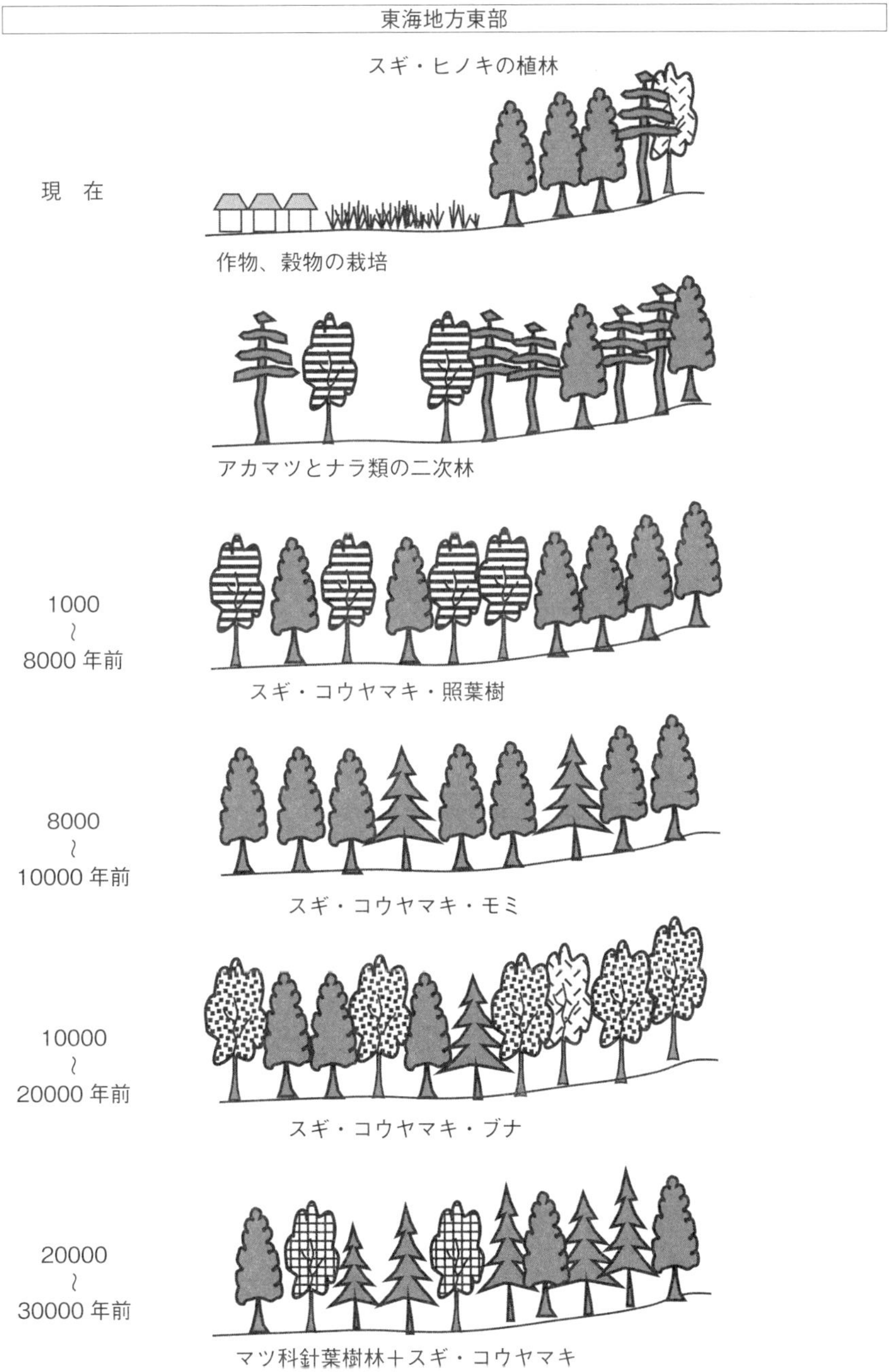

図 11　東海地方東部域における植生変遷

には常緑のカシ類が増加するが、スギは優勢を保っている。このように伊豆半島周辺の沿岸部における植生は、最終氷期最盛期においてもスギの植生に占める割合がきわめて高い。さらに、後氷期初期からスギやコウヤマキなどの温帯性針葉樹が広がっていた。[61,62] このようなスギの状況は西日本の日本海側地域と共通している。

詳細な年代は明らかでないが、約二〇〇〇年前以降には、スギやカシ類が減少し、マツ（ニヨウマツ類）が増加して、現在にいたっている。[61]

中部地方

中部地方日本海側地域と内陸地域とについて、それぞれの最終氷期後期以降の植生変遷を模式的に図12・図13に示した。

約三万年から一万二〇〇〇年前の最終氷期後期について、西日本と同様にマツ類、モミ類、トウヒ類、ツガ類などのマツ科針葉樹を中心とする針葉樹林が認められている。これらの中部地方各地の山地でのマツ科針葉樹林は、西日本の低地でみられた温帯性の樹種ではなく、トウヒ、コメツガ、シラビソなどの亜寒帯性針葉樹であったと考えられている。[66]

一万二〇〇〇年前以降、落葉広葉樹が増加し始め、特にカンバ類が優占する地域が多い。これに加えてナラ類、シデ類が増加し始める。標高の高い内陸では、まだコメツガ、マツ類などのマツ科針葉樹が残っている。

一万年前以降には、内陸部ではナラ類やシデ類が優勢となり、ブナもともなう落葉広葉樹林が形成され、基本的にこの植生が後氷期後期まで続いていた。日本海側では、ブナとナラ類が優占する落葉広葉樹林が形成され、四〇〇〇年前以降には、スギが優占はしないものの増加する傾向にある。

中部地方でも各地で、現在に近い時代にはニヨウマツ類の増加が認められる。長野市飯綱高原[71]では、約四〇〇〇年前の完新世中期に、植生がモミ類など針葉樹の多い植生からナラ類の落葉広葉樹林へ移行し、一三〜一四世紀には火事が多発し、草本が増加した。その後、ニヨウマツ類の顕著な増加が認められている。しかし、中部地方の山間部上部では、このようなニヨウマツ類の増加はほとんど認められない。

浜名湖など中部地方の太平洋沿岸部では、後氷期初期にマツ類、モミ類、ブナ、クリなどからなる針広混交林が認められ、七五〇〇年前にはシイの優占する照葉樹林へと移

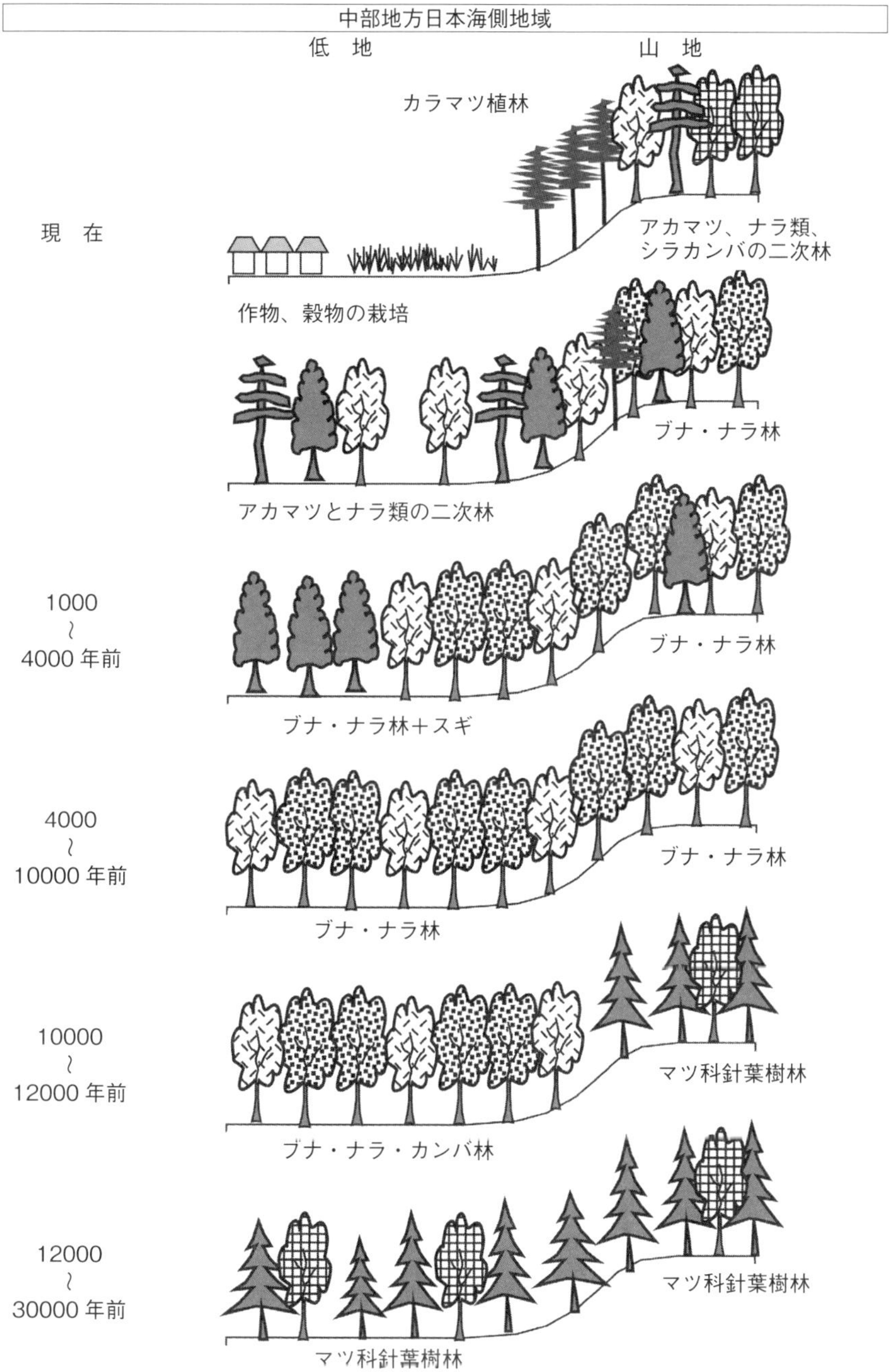

図 12　中部地方日本海側地域における植生変遷

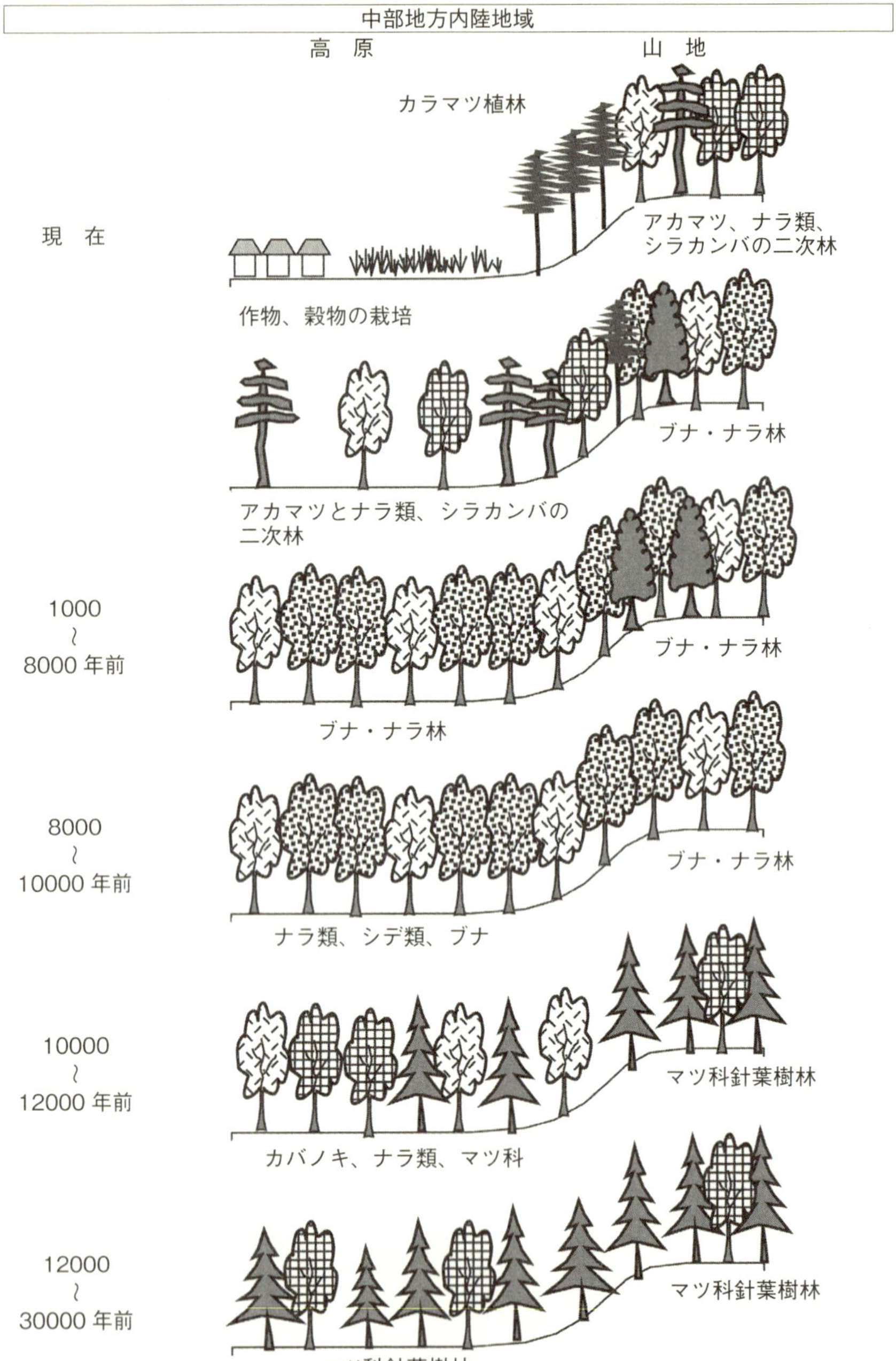

図 13　中部地方内陸地域における植生変遷

行する。[65]

西日本

西日本の日本海側、内陸、四国太平洋側、九州中央部について、それぞれの最終氷期後期以降の植生変遷を模式的に図14・15・16・17に示した。

西日本のいずれの地域も、約三万年〜一万二〇〇〇年前には、主にマツ科針葉樹を中心とする針葉樹林が広がっていた。これらの針葉樹はモミ、ツガ、チョウセンゴヨウ、トウヒ類などの温帯性のマツ科針葉樹を中心としていた。また、特に陸化していた瀬戸内海の周辺では、乾燥気候のために、ゴヨウマツ類の優占する森林が広がっていた。このようにマツ科針葉樹の優占する時代であったが、当時、本州とつながって半島となっていた日本海側の隠岐島では、これらのマツ科針葉樹とともにスギも多い傾向にあった。[101] また、四国沿岸部の室戸岬周辺においても、スギが比較的高い割合でブナやモミ類、ツガなどと混じって生育していたことが示されている。[89] 最も寒冷で乾燥していた最終氷期最盛期には、ブナやナラ類などの落葉広葉樹は沿岸域を中心に分布していたが、最終氷期最盛期前後にはナラ類は西日本全域において存在していた。このようなナラ類などの落葉広葉樹とチョウセンゴヨウが混生する植生は、現在のロシア、ハバロフスク周辺などアムール川流域でみられる植生（図18）に類似している。

この時代の約三万年前には九州の鹿児島湾に近い姶良カルデラで巨大な噴火が起こり、大量の火山灰が日本列島に降下した（図19）。特に九州南部では火山灰が厚く堆積し、広範囲にわたって植生が衰退したと考えられる。しかし、熊本や大分、[73][79] 福岡など各地でマツ類、[74] モミ類、トウヒ類、ツガ類などマツ科針葉樹の優占する植生が認められている。また一方、阿蘇地域などではイネ科など草本が優占する植生も認められ、[85][86] 微粒炭の分析によって火による影響であることが示されている（第二巻第4章）。[87][88]

一万二〇〇〇年前以降の氷期末期にあたる晩氷期には、マツ科針葉樹林は衰退し、各地で広葉樹林へ移行する。特に、西日本の日本海側地域では、ブナが急激に増加し、低地から山地までブナ林が広がる。しかし、内陸部や太平洋側では、ブナの増加は日本海側ほど著しくなく、落葉広葉樹のナラ類やマツ類などが比較的多い傾向にあった。九州でもブナを含む落葉広葉樹が晩氷期から八〇〇〇年前まで分布拡大する。[79など] 宮崎県の沿岸部では、この落葉広葉樹拡大時期に、常緑のカシ類が優勢とはならないまでも増加し始

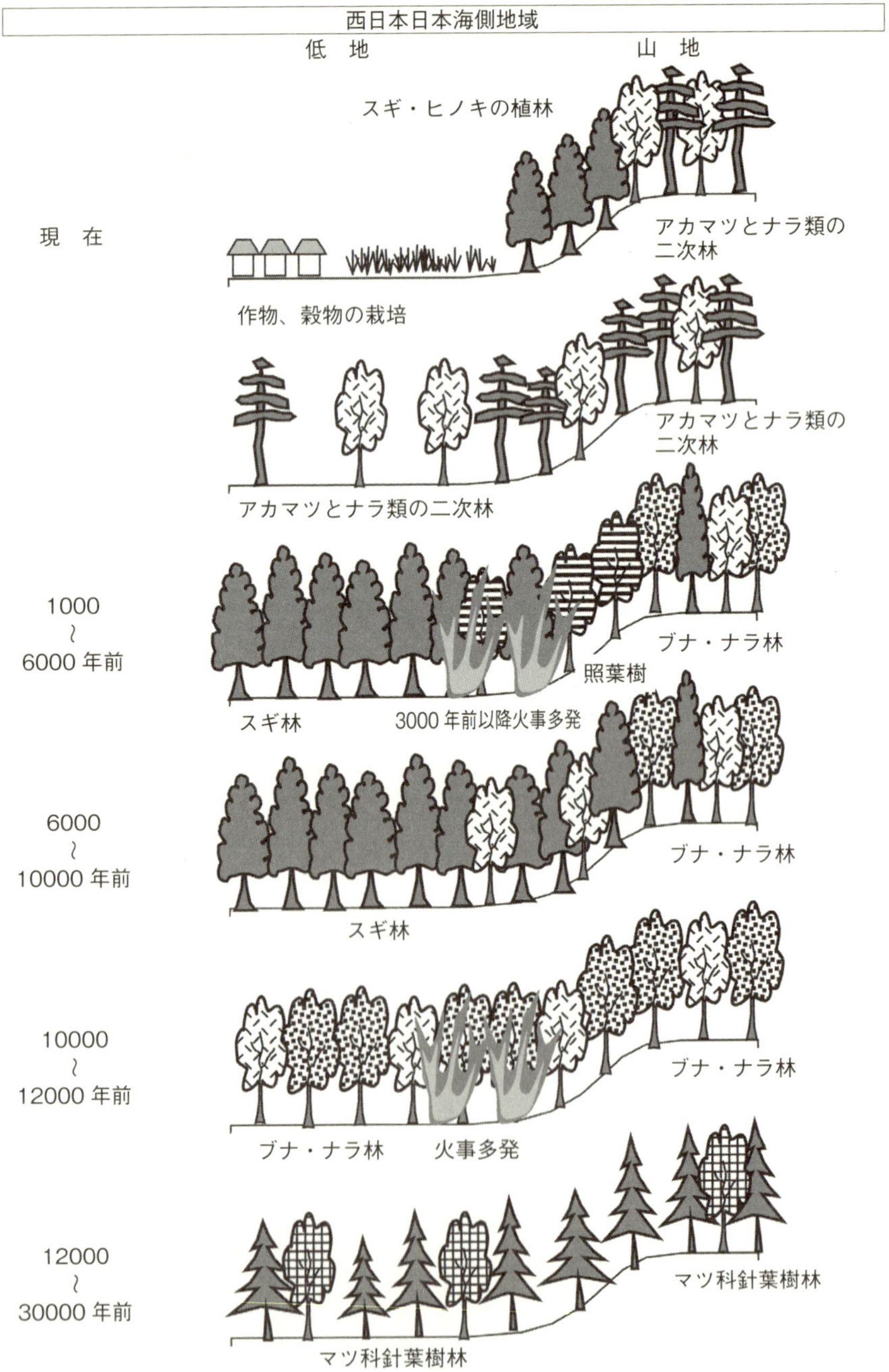

図 14　西日本日本海側地域における植生変遷

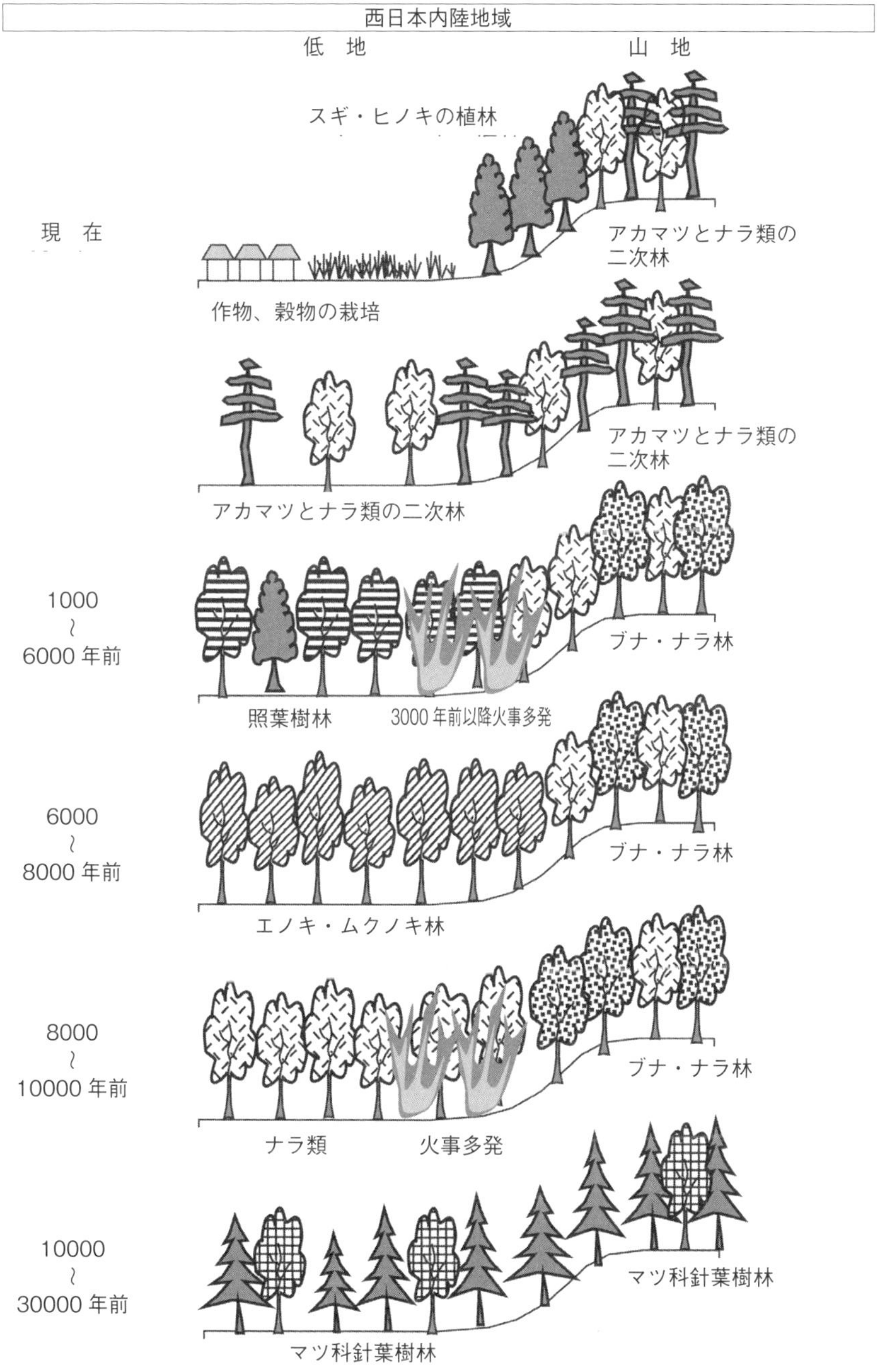
西日本内陸地域
低　地
山　地
スギ・ヒノキの植林
現　在
アカマツとナラ類の
二次林
作物、穀物の栽培
アカマツとナラ類の
二次林
アカマツとナラ類の二次林
1000
〜
6000 年前
ブナ・ナラ林
照葉樹林
3000 年前以降火事多発
6000
〜
8000 年前
ブナ・ナラ林
エノキ・ムクノキ林
8000
〜
10000 年前
ブナ・ナラ林
ナラ類
火事多発
10000
〜
30000 年前
マツ科針葉樹林
マツ科針葉樹林

図 15　西日本内陸地域における植生変遷

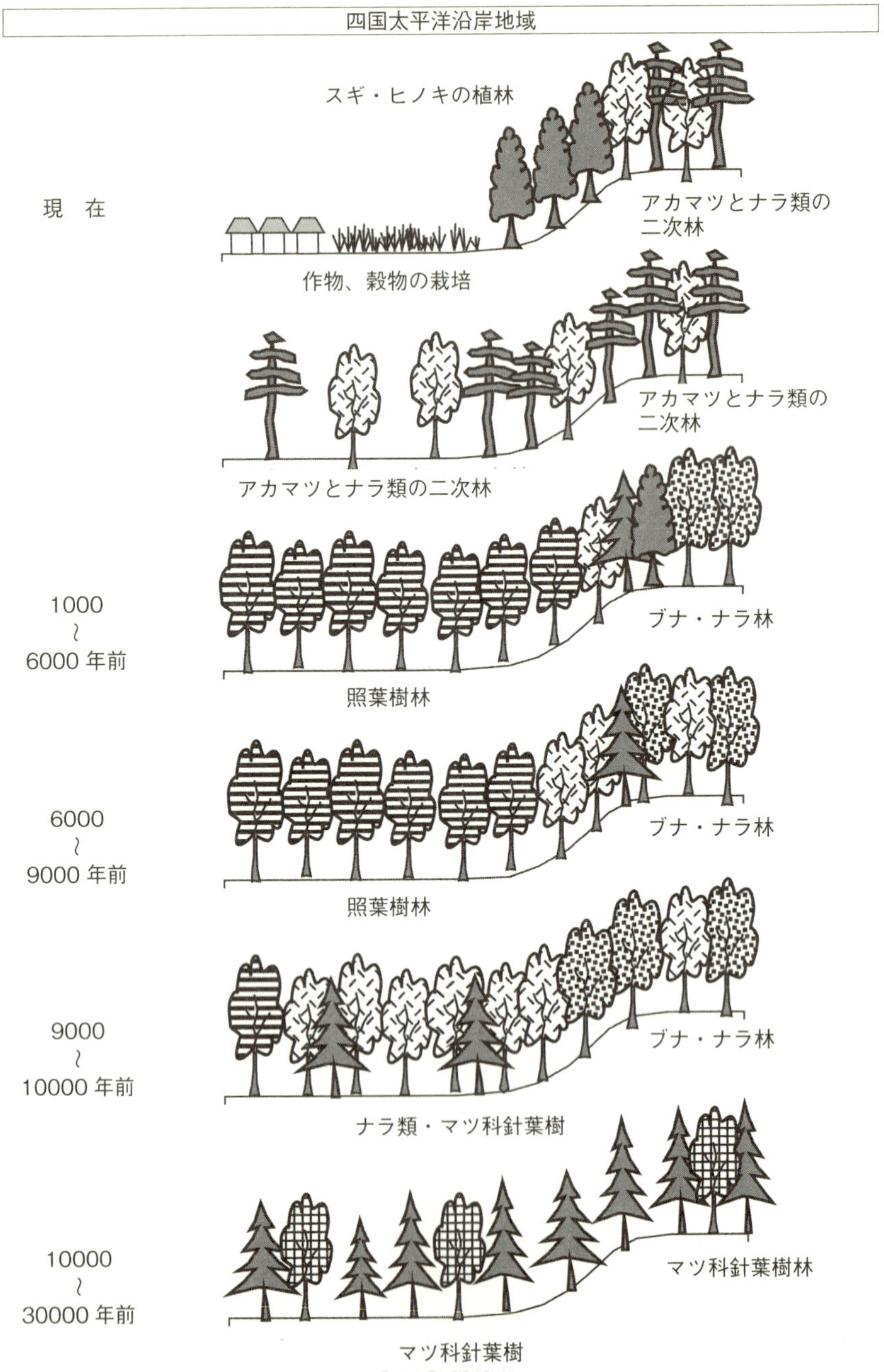

図 16　四国太平洋沿岸地域における植生変遷

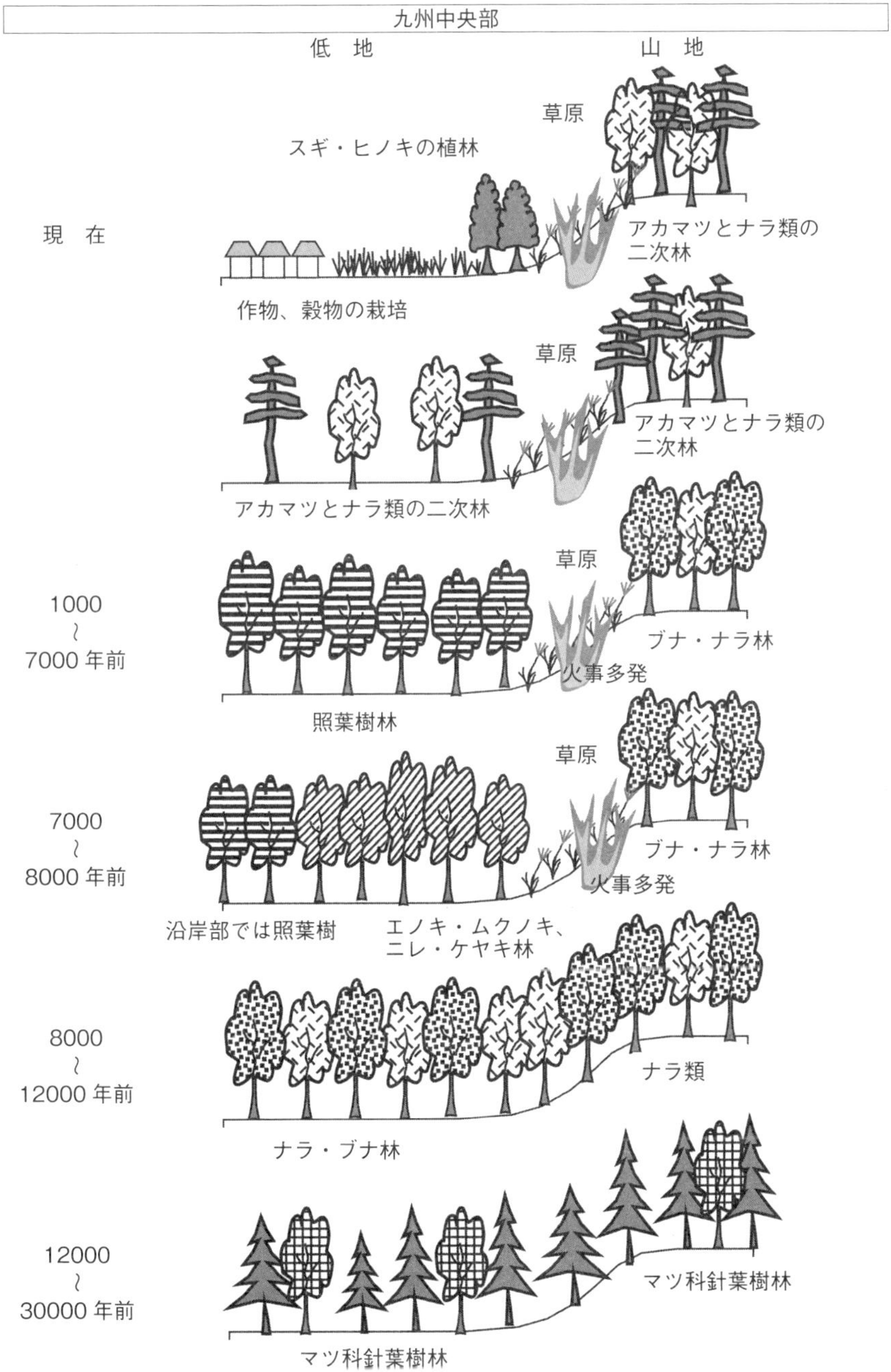
九州中央部
低　地
山　地
現　在
草原
スギ・ヒノキの植林
アカマツとナラ類の
二次林
作物、穀物の栽培
草原
アカマツとナラ類の
二次林
アカマツとナラ類の二次林
1000
〜
7000 年前
草原
ブナ・ナラ林
火事多発
照葉樹林
7000
〜
8000 年前
草原
ブナ・ナラ林
火事多発
沿岸部では照葉樹
エノキ・ムクノキ、
ニレ・ケヤキ林
8000
〜
12000 年前
ナラ類
ナラ・ブナ林
12000
〜
30000 年前
マツ科針葉樹林
マツ科針葉樹林
図 17　九州中央部における植生変遷

図 18　アムール川流域のチョウセンゴヨウ（林冠から飛び出した四角い樹冠、矢印）と落葉広葉樹の混交林

図 19　約 3 万 年前に降灰した姶良 Tn 火山灰（矢印下の約 20 cm 厚の白い層。京都府南丹市神吉盆地）

めていた[104]。

後氷期の前半には各地で落葉広葉樹のエノキ、ムクノキが増加する。この時期は九州では約八〇〇〇～七〇〇〇年前、近畿地方では八〇〇〇～六〇〇〇年前である。エノキ、ムクノキが衰退する時期は照葉樹林の発達時期でもある。エノキ、常緑広葉樹であるカシ類やシイからなる照葉樹林の発達は、九州では約七〇〇〇年前、西日本内陸では六〇〇〇年前に起こった。四国沿岸部の室戸岬ではシイを中心とする常緑広葉樹林が八五〇〇年前にはすでに成立していた[84]。しかし、西日本の日本海側では、特に丹後半島において、晩氷期からスギが増加し、約九〇〇〇年前以降優勢となり、低地帯を中心にスギ林が拡大していった。照葉樹林の発達は顕著ではないが、約五五〇〇～五〇〇〇年前に増加する。

以上のように後氷期の中期には、日本海側地域でスギ林が顕著に発達し、太平洋側から内陸にかけては照葉樹林が拡大していった。地域によって詳細な年代は異なるが、およそ一〇〇〇年前には、これらの森林は人間活動によって破壊され、アカマツやコナラなどの二次林が形成された。

琵琶湖堆積物における微粒炭の研究[77]によると、一万年前～一五〇〇年前までは、微粒炭量が多く、比較的大きい微粒炭が多く認められている。このことは晩氷期から後氷期初期には頻繁に火事が起こっていたことを示している。特に一万年前～八〇〇〇年前頃の後氷期初期に微粒炭量が最大になる。これらの微粒炭がどこから飛来、流入したのかを明らかにするため、琵琶湖周辺や丹波山地における堆積物の微粒炭分析が進められた。その結果、琵琶湖東岸の彦根市曽根沼[78]、京都盆地の深泥池[94]などにおいても、後氷期初期に微粒炭量が多く認められ、これらの地域でも火事が多発していたことがわかってきた。

前述の曽根沼では、この時代に優占するナラ類を中心とする落葉広葉樹林に、耐火性のあるカシワの割合が多かったことが、走査電子顕微鏡による花粉分析によって明らかにされている[75]。さらに、四国南西部の高知県具同低湿地[91]でも、一万年～九五〇〇年前に微粒炭量が最大値を示している。中国地方西部の山口県宇生賀《うぶか》[105]では後氷期初期から中期、島根県沼原[98]では、七〇〇〇年前前後に微粒炭の急増が報告されている。九州ではくじゅう[95]や阿蘇カルデラ[80][87]では、完新世初期以降の堆積物に微粒炭が多量に認められ、草原植生が卓越していたことが示されている。

後氷期後期になると、前述の琵琶湖東岸の低地帯、丹後半島などでも、約三〇〇〇年前から微粒炭量が増加し、イネ科花粉が増加し、森林に覆われていない立地が増加した

地域	氷期			後氷期			
	亜間氷期(60-30)	亜氷期(30-15)	晩氷期(15-10)	初期(10-7)	中期(7-4)	後期(7-2)	歴史時代
サハリン	常緑針葉樹林(マツ科)	落葉針葉樹林(グイマツ)	落葉針葉樹林(グイマツ)	常用針葉樹林(マツ科)	常用針葉樹林(マツ科)	常用針葉樹林(マツ科)	常用針葉樹林(マツ科)
北海道	常緑針葉樹林(マツ科)	落葉針葉樹林(グイマツ)	常緑針葉樹林(マツ科)	針広混交林	針広混交林	針広混交林	針広混交林
東北	常緑針葉樹林(マツ科)	常緑針葉樹林(マツ科)	常緑針葉樹林(マツ科)	落葉広葉樹林	落葉広葉樹林	落葉広葉樹林	アカマツ増加
中部	常緑針葉樹林(マツ科)	常緑針葉樹林(マツ科)	落葉広葉樹林	落葉広葉樹林	落葉広葉樹林	落葉広葉樹林	アカマツ増加
関東	温帯性針葉樹林(スギ・ヒノキ科)	温帯性常緑針葉樹林(マツ科)	落葉広葉樹林	落葉広葉樹林	常緑広葉樹林	常緑広葉樹林	アカマツ増加
西日本(太平洋側)	温帯性針葉樹林(スギ・ヒノキ科)	温帯性常緑針葉樹林(マツ科)	落葉広葉樹林	落葉広葉樹林	常緑広葉樹林	常緑広葉樹林	アカマツ増加
西日本(日本海側)	温帯性針葉樹林(スギ・ヒノキ科)	温帯性常緑針葉樹林(マツ科)	落葉広葉樹林	落葉広葉樹林	温帯性針葉樹林(スギ・ヒノキ科)	温帯性針葉樹林(スギ・ヒノキ科)	アカマツ増加

図20　日本列島における各地域の植生変遷の対比

ことを示している。しかし、植生が大規模に変化することはなかった。約一〇〇〇年前になると、近畿地方では、地点によって詳細な年代は異なるが、微粒炭の増加とともに植生は大きく変化し、マツや陽樹の落葉広葉樹が増加し、二次林化が急速に進行したと考えられる。この植生の変化とともに、多くの地点で、日本では栽培植物であるソバ花粉が出現していることから、焼畑によって森林が破壊されソバ栽培が行われていたことを示している（第三巻第1章参照）。このような焼畑は、現在でも九州の宮崎県椎葉村などでみることができる。

まとめ

これまで、日本列島を中心に極東ロシアも含めて、最終間氷期以降の植生変遷について模式図を示して解説してきた。これらを地域ごとに大きくまとめて、六万年前以降について、時期を追って現在までを図20にまとめた。各時期を縦に見ていくと、その時期における北から南までの植生配置を概観できる。また、図2に示したように一〇万年スケールで日本列島の植生をみると、本州以南ではスギやヒノキ科の樹木などを中心とする温帯性針葉樹林が、長期間にわたって優占し、北海道ではマツの仲間からなる常緑針葉樹林が優占していた。そのようななかで、特に寒冷期には、本州以南では常緑針葉樹林が、北海道では落葉針葉樹林が広がり、温暖期には、西日本で常緑広葉樹林、東日本で落葉広葉樹林、北海道では針葉樹と落葉広葉樹が混交する針広混交林が発達した。このように、氷期・間氷期の繰り返しによって起こった植生の変化は、単純な植生帯の南北移動によるものではなく[55]、気候の状況によって、現在ではみられない植生が存在していた。このような大陸気候、海洋気候の複雑な組み合わせによる植生変化が、日本列島の多様な生物相を維持してきたのであろう。さらに、このような視点は、将来の気候変動に対応して植生がどのように変化するかを予測する場合にも重要である。

第2章　DNA情報からみた植物の分布変遷

瀬尾明弘
村上哲明

はじめに

現在、日本列島には五六八五種もの維管束植物が生育している。[23] これらの中には、過去に北から日本列島に入ってきた寒冷な気候を好む北方系の植物、逆に南から入ってきた温暖な地を好む南方系の植物など、さまざまな由来をもつ植物種が含まれている。当然ながら、前者は日本列島の北部（あるいはより高地）に、後者はより南部（あるいはより低地）に分布している傾向がみられる。さらに、それぞれの植物種の地理的分布にみられる違いは、一般的にそれぞれの種がどこまで低い気温に耐えられるかの違いによると説明されている。実際、多くの暖温帯性植物種の分布北限は最寒月である一月の平均気温の等温線とほぼ一致している。[11] このように現在の日本列島におけるさまざまな植物種の地理的分布は、それぞれが耐えられる最寒月の平均気温の違いによって決まっているようにみえる。[9]

しかし、日本列島の平均気温自体、ずっと同じだったわけではない。約二六〇万年前に第三紀から第四紀に入ると、温暖な気候から寒冷な気候へと急激に変化した。さらに、第四紀では、非常に寒冷な時期（氷期）と比較的温暖な時期（間氷期）とが交互に繰り返し現れるようになった。また、約二万年前は最終氷期最盛期とよばれる最後の氷期の中でも最も寒冷な時期であった。その後、約一万年前に最終氷期が終わって地球が急速に温暖化し、現在の温暖期に至っている。したがって、最寒月の気温によって地理的分布が決まっているとされている日本列島の植物たちは、更新世以降の気候変動の影響を大きく受けて、その地理的分布も大きく変化させてきたことになる。日本列島の植物の現在の地理的分布は、このような歴史的影響も反映されたものになっているに違いない。

本書の第1章でも述べたように、花粉化石などの分析結果から、実際に第四紀以降の気候変動にともなって日本列島の植物も南北に移動し、その分布を変化させたこと、さらには最終氷期最盛期には多くの植物種が大きく南下し、その後、気候が温暖化すると北上したと考えられている。[14][27]しかしながら、花粉化石の情報だけでは植物の分布変遷を解明するのに不十分である。たとえば、暖温帯常緑広葉樹林（照葉樹林）だけをみても、そのレフュージア（寒冷期の逃避地）と想定される地域からの花粉化石のデータは非常に少ない。[20]さらに照葉樹林の主要構成種を含むクスノキ科植物の花粉は土中で分解され、花粉化石としてはほとんど残らないことが知られている。[21]また、地理的に近い地域から侵入した可能性が高いけれども、中には遠距離（人による！）の種子散布や、実は地理的障壁のために近くの場所からは移動を妨げられていいることもあるので、予想できない分布の広がり方をしているかもしれない。つまり、化石はある地域にその植物が分布したことの直接的証拠にはなるが、そのデータだけでは地域間の関係がよくわからないことがある。

分子情報は化石情報ではよくわからない地域間の関係を遺伝的関係という形で明らかにでき、このことで化石情報の不十分さを補うことができる。私たちはこれまで、生物地理学の研究によく用いられてきた葉緑体DNAやミトコンドリアDNAの解析に加えて、核DNAの分子情報も用いて研究を行ってきた。そして、化石情報を補完する形で第四紀以降、特に最終間氷期・最終氷期以降の気候変動にともなって日本列島の植物がどのようにその地理的分布を変化させてきたのかを解明することを目指してきた。さらに、地球環境の周期的な変動だけではなく、先史以来の人間活動が植物の分布にどのような影響を与えてきたのかについても考えてみたい。

一　分子情報を用いることの利点と欠点

陸上植物では、細胞内の核に大部分のDNAが含まれている（核DNAとよばれる）が、それ以外に細胞内小器官である葉緑体とミトコンドリアにも少量ながら固有のオルガネラDNAが含まれている（それぞれ葉緑体DNA、ミトコンドリアDNAとよばれる）。生物地理学的研究において種内の遺伝的多様性を解析する場合、その情報源として植物では葉緑体DNA、動物ではミトコンドリアDNAを用いることが多い。その理由としては、これらが核ＤＮＡとは異なり、基本的に母性遺伝（母親のＤＮＡのみが子孫に伝わる）をし、各個体には一種類のＤＮＡしか含まれていないので解析が容易であること、また遺伝的多様性のみられる一つの種が複数の小さな集団に分かれたときには、父母由来の二種類のＤＮＡが含まれている核ＤＮＡよりも、オルガネラＤＮＡの方が集団ごとに異なったＤＮＡをもつように固定する可能性が高いことがあげられる（図1）。オルガネラＤＮＡは一方の親からしか遺伝せず（二分の一）、しかも核ＤＮＡの半分（二分の一）である。そのため、オルガネラＤＮＡの集団サイズは核ＤＮＡの四分の一（二分の一×二分の一）となる。[30] 遺伝的多様性の高さは集団の大きさに依存している。オルガネラＤＮＡは核ＤＮＡよりも集団サイズが小さいため、地理的に離れた場所では異なるオルガネラＤＮＡのタイプ（一組のゲノムのタイプであるので、ハプロタイプという）になりやすくなり、種内の遺伝的変異の分布に地理的構造がみられる可能性も高くなる。

　生物はその種内で形態・生態・遺伝的形質において均質ではなく、異質的なものを含んでいることが多い。[6] それらは地理的な傾向（地理的クライン）を示すことがある（たとえば、ブナの葉の大きさ、[8] ボタンボウフウの植物体の大きさ）。[25] つまり、生物は何らかの構造をもつ集団から構成されている。この構造の地理的なパターンである空間構造は、集団間の遺伝子流動が制限されていることによって形成される。この遺伝子流動には競争や被食捕食関係などの生物間相互作用によるものも含む。何の障壁もなく遺伝子流動が起きていれば、地域間の対立遺伝子[*1]の頻度は均一化されてしまう。しかし、前述したような要因や地理的な障壁（たとえば、標高の高い山や幅の広い川）によって、遺伝子流動が妨げられることで均質化が妨げられ、対立遺伝子の頻度に差が生じ、場所によって異なる形質をもつことになる。

　遺伝子流動が妨げられている条件下では、地理的に離れた場所での対立遺伝子頻度は時間が経つにしたがい、それぞれが独立に変動していく。このような現象を遺伝的浮動という。本章では植物の分子情報にもとづく分布変遷の議論は、遠く離れた場所では地域間の遺伝子流動が妨げられ遺伝的浮動によって対立遺伝子頻度が変化し、それが再び

＊1　ある遺伝子が位置づけられる場所を遺伝子座といい、そこに位置する変異のある遺伝子のことを対立遺伝子という。

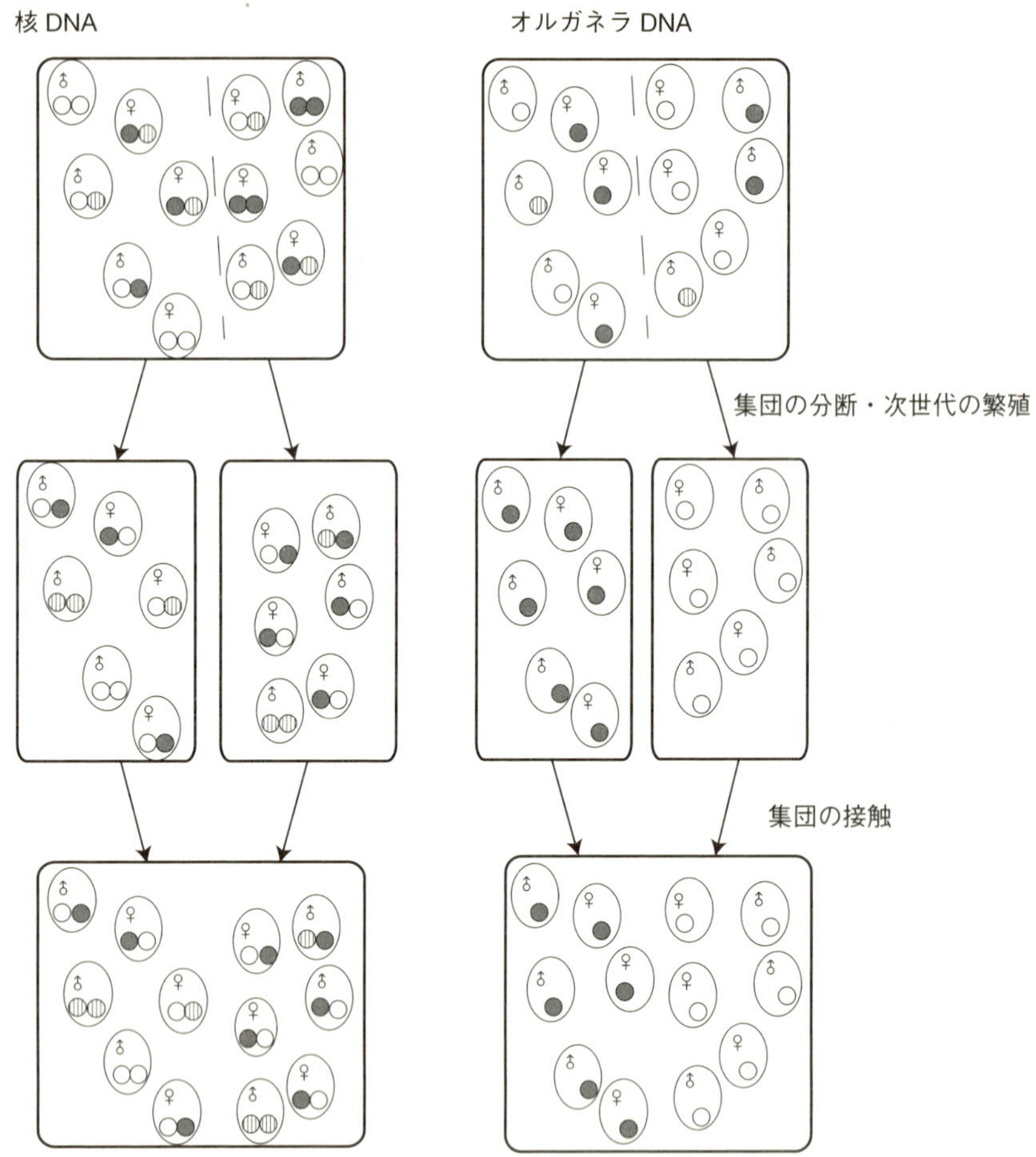

図1　核DNAとオルガネラDNAの遺伝様式・集団サイズの違いによる遺伝的多様性の変化の概念図
楕円は1個体の生物を示す。楕円の中の丸は遺伝子型を示す。二倍体の生物を想定しているので、核DNAでは2つの丸がある。一方、オルガネラDNAは1つだけであるので、丸は1つである。点線で示した遺伝子流動の障壁の出現後、集団が2つに分かれ、その後、障壁がなくなり1つの集団になったことを示している。核DNAでは対立遺伝子の種類を示す丸印の模様の数は変わっていない。しかし、母親からしか遺伝しないオルガネラDNAでは種類が減少している。

出会うという考え方をしている。なぜなら、後述しているように、人間社会の歴史を考える時間スケールと比べると生物のＤＮＡの変化するのに必要な時間は長いので、最終氷期以降に分布を変えながらＤＮＡの塩基配列も変化するということは考えにくいからである。したがって、本章で扱うような分子情報は生物が周囲の環境変化に適応していく過程を反映していない場合がほとんどである。ただし、全ゲノムを解析すれば、環境変化に適応した遺伝子も少数ながら検出されて、生物の分布変遷にともなう適応進化を解明できるかもしれない。この点は今後の研究に期待をしたい。

本章で述べる遺伝構造は異なるレフュージアから分布を広げた対立遺伝子組成の異なる集団の地理的構造である。野生植物種の遺伝構造を調べることで、その種がどのような分布変遷の歴史を経てきたのかということを明らかにできる。さまざまな野生植物種の分布変遷の歴史を明らかにすることは、その保全を合理的に策定するのに役立つのみならず、人間社会の歴史を解明することにもつながる可能性がある（たとえば[1]）。

植物の葉緑体ＤＮＡの場合は、種子と花粉の両方で移動できる核ＤＮＡと異なって、母性遺伝するために種子を通じてしか移動することができない。一般的に、花粉よりも種子の方がその移動能力がはるかに小さいので、ひとたび集団ごとに異なるＤＮＡタイプに固定すると、葉緑体ＤＮＡのほうで遺伝構造が長期間維持されることになる。このように、葉緑体ＤＮＡを解析したほうが地理的な遺伝構造を検出しやすいのである。オスの方がメスよりも生まれた場所から遠くまで移動して交配相手を探す動物のミトコンドリアＤＮＡを解析する場合も、同じことがいえる。

一方、葉緑体ＤＮＡには欠点もある。最大の欠点は、葉緑体ＤＮＡの塩基配列が進化的に変化する速度（分子進化速度とよばれる）は非常にゆっくりで（通常、一〇〇万年間に一〇〇〇塩基の配列中の一塩基が変化する程度）、そもそも一つの種内にみられる遺伝的多様性が非常に小さい場合が多いことである。また、一万年前に最終氷期が終了して地球が急速に温暖化して植物が分布を大きく変化させた場合に、移動しながら塩基配列に変化が生じることは期待できないことにもなる。したがって、葉緑体ＤＮＡの塩基配列の変化を追跡、地理的分布の変化を跡づけることは不可能である。

それに対して核ＤＮＡは葉緑体ＤＮＡと比べて分子進化速度が一〇倍程度早いとされている。さらに、第３章で紹介したように、核DNAの中でもマイクロサテライトのように変化速度の特に早い領域の情報を用いれば、種内により多くの遺伝的変異がみられることが期待できることになる。また、過去の移動の歴史を塩基配列の変化を通じて追跡できる可能性も高くなる。しかし、核DNAのほうが地理的な遺伝構造が形成されにくく、形成されても少ない遺伝子流動(たとえば花粉を通じての)でも崩壊しやすいので、一長一短ということである。葉緑体DNAだけでも十分な種内の遺伝的変異がみられる場合も、後述するように日本産の複数の落葉広葉樹種でみられている。私たちは、オルガネラDNAと核DNA(マイクロサテライト解析を含む)の両方の解析を行って、種内の地理的遺伝構造を探索した。マイクロサテライトとはATとかGCGといった短い配列が何回も繰り返し並んでいる領域のことで、ゲノム上に多数存在している。第3章でも述べられているが、変異をする速度が速く、多くの対立遺伝子が検出され、その分得られる情報量も多くなる。後述するスダジイおよびタブノキについてのマイクロサテライト解析では、メッセンジャーRNA(スダジイはスダジイならびにブナ科植物の、タブノキはDNAデータベースに登録されていた近縁種のアボカドの)の中にみられた繰り返し配列にもとづいて作成をしたマイクロサテライトマーカーを利用した。これらの分子情報は、集団内の遺伝的多様性の高低や集団サイズの歴史的変遷等の量的解析をするうえでも有用である。[5]

二　日本列島に生育する植物種の分布と種内の地理的な遺伝構造

植物の地理的な分布は非生物的要因(気温や降水量)および生物的要因(競争など生物間相互作用による)によって説明されることが多い。[11][32] これらの要因のうち、特に植物の地理的分布は気温や降水量でよく説明されてきた(蛇紋岩のような特殊な土壌が要因になっている植物種もある。コラム2)。たとえば、温度条件の一つの指標として吉良[15]による温量指数(暖かさの指数)がある。これは月平均気温五度以上の月の平均気温から五度を引いた数値を、一年分加算したものである。この温量指数が四五〜八五度の地域には冷温帯落葉広葉樹林、八五〜一八〇度の地域には暖温帯常緑広葉樹林、一八〇度以上の地域には熱帯および亜熱帯林が成立するとされている。[11][16] この指数にしたがうと、屋久島以南の琉球列島は亜熱帯林が成立するはずである。実際、この地域には亜熱帯林を特徴づける木生シダのヘゴ類やマングローブ林などがみられる。しかし、琉球列島の森林を形成する樹木種をみると、暖温帯広葉樹林と同じ種が多数分布している。[11]

現在の気候下では、日本列島では暖温帯常緑広葉樹林は西南日本に広く成立している。このタイプの林は、タブ林・シイ林・カシ林に大別することが可能であり、相互に連続性をもちながらも、生育環境を異にして分布している。[28] たとえば、海岸に近い林ではタブノキが多く、少し内陸に入るとスダジイが多くなる。[10] 常緑広葉樹林が成立するはずの西南日本の低地は、昔からヒトの活動が非常に活発な地域であり、開発の影響を古くから受けていると考えられる。[11] そのため、現在、暖温帯常緑広葉樹林は断片的な地理的分布をしている。この森林にはスダジイ・コジイ（ともにブナ科）・タブノキ（クスノキ科）に加えて、イスノキ（マンサク科）やヤブツバキ（ツバキ科）などが主要な構成種として生育している。また、林床にはカナワラビ属やベニシダ類などのオシダ科のシダ類が多くみられるのが特徴である。[28]

これまでの研究で、暖温帯常緑広葉樹林を構成する植物種の多くは種内の葉緑体ＤＮＡの多型が非常に少ないことがわかっている。[2] そこで、その優占種の解析には核ＤＮＡのマイクロサテライト領域を用いることにした。まず、私たちは暖温帯の常緑広葉樹林の主要な構成種であるスダジイとタブノキについてのマイクロサテライトマーカーを作成し、それを用いて解析を行った。[*2] 日本列島における分布域を網羅するようにこれら二種の植物サンプルを収集し、それぞれの遺伝構造を明らかにした。スダジイでは三二遺伝子座、タブノキでは八遺伝子座を用いて解析をした。[*3] それぞれの集団ごとに得られたマイクロサテライトマーカーの各遺伝子座の対立遺伝子頻度にもとづいて、いくつの祖先集団に属することが統計的にもっともらしいクラスタリングを行うことで、スダジイおよびタブノキの遺伝構造を

＊2　解析は近縁種であるコジイも対象としている。解析の結果、スダジイとコジイは外部形態的には類似しているけれども、遺伝的に明瞭に分化していた。コジイはスダジイに比べると内陸側や瀬戸内海に分布していて、スダジイおよびタブノキとは地理的分布が異なる。本章ではほぼ同じ分布域をもつスダジイとタブノキについてのみ遺伝構造の地理的分布を示すことにする。

＊3　青木ら、瀬尾ら未発表データ

明らかにした。この解析の結果、スダジイでは若狭周辺と紀伊半島を結ぶ地域を境として、タブノキでは若狭周辺と高知県を結ぶ地域を境として東西で遺伝的分化がみられた（口絵3－a、b）。琉球列島のスダジイは、これらとは別の遺伝的まとまりを示した。これはスダジイの変種のオキナワジイとよばれているものである。このように、マイクロサテライトマーカーによる解析結果ではスダジイとタブノキでは近畿・四国地方を境として東西に遺伝的に分化をしているという遺伝構造を示した。厳密に同じ地域を境界としていたわけではなかったが、ほぼ同じ地域を境界として東日本と西日本（本章でいう東日本と西日本とは、日本を東西に二分した場合のことを指す）に分かれるという遺伝構造が種間で共通してみられたことは現在の植物の分布形成を考えるうえで非常に興味深い。

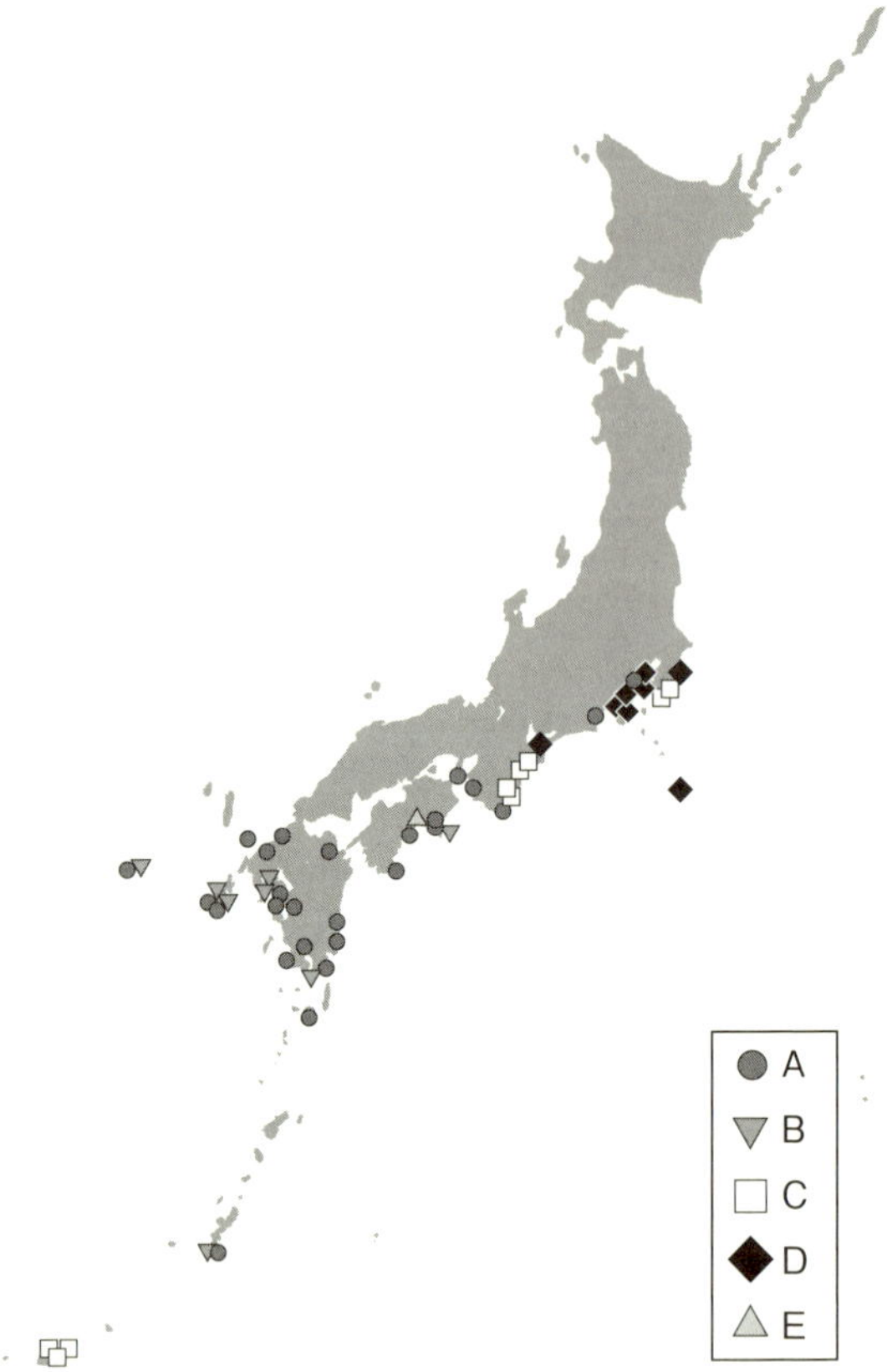

図1　ホルトノキにおける葉緑体DNAハプロタイプの地理的分布（(2)を改変）
一つのマークは一個体の葉緑体DNAハプロタイプを示す。それぞれのハプロタイプは観察された個体数が多い順にA, B……とつけてある。

　スダジイならびにタブノキの集団内の遺伝的多様性にも、次のように共通した地理的傾向がみられた。中部地方日本海側から東北地方にかけての集団では遺伝的多様性（ここでは平均ヘテロ接合度という指数を用いた）が減少していく傾向がみられた。これらの集団は最終氷期が終わった後、より南の集団の少数個体に由来する子孫が急速に北に分布を広げることで生じたと考えるのが最も自然である。ただし、西日本と東日本で遺伝的に異なっているので、西日本の集団から東日本の地域へと集団を拡大したのではない。したがって、低い遺伝的多様性を示した北に位置する集団（スダジイは中部地方北部、タブノキは東北地方北部）は、①東日本のどこかの集団から拡大をした、または②現在の分布域と地理的にそれほど変わらない場所で寒冷期を小さな集団でやり過ごすことができた（たまたまその場所の気温が適当であった）のどちらかと考えられる。

また、先にも述べたように、暖温帯常緑広葉樹林を構成する樹種では葉緑体DNAの種内多型が少なすぎて、明瞭な遺伝構造がみられないことが一般的であった。しかし、構成樹種の一つであるホルトノキでは紀伊半島を境にして、やはり東西に異なる塩基配列の葉緑体DNA（それぞれ、別のハプロタイプとよばれる）が分布していることがわかった[2]（図1）。さらに、日本のシイ林を構成する植物のうち、種内の葉緑体DNAの変異量が比較的高い六種（バクチノキ、ハナミョウガ、コショウノキ、ホルトノキ、コバノカナワラビ、ホソバカナワラビ）について、葉緑体DNAハプロタイプの地理的分布パターンを調べた結果[2]、九州南部に加えて、紀伊半島や室戸岬でもハプロタイプの多様性および独自性が高かった。これまで、日本列島では九州南部の地域に加えて、太平洋沿岸の半島すべてが照葉樹林の最終氷期におけるレフュージアであった可能性が指摘されていた[9][10][18]。上記の遺伝構造の解析結果は、その中でも室戸半島〜紀伊半島周辺は特にレフュージアとして特に重要な地域であったことを強く示唆する。つまり、太平洋沿岸にあったと考えられる暖温帯常緑樹種のレフュージアは九州南部と室戸半島〜紀伊半島に地理的に分かれて少なくとも二つは存在していたことを示している。

三　特定の植物種と共に生活をしている動物種の遺伝構造

暖温帯常緑広葉樹林の詳細な分布変遷の歴史を解明するために、動物の分子情報（ミトコンドリアDNAの塩基配列多型）も用いて解析をした。前述したように植物の葉緑体DNAは遺伝構造を形成しやすく、いったん形成されれば遺伝構造が長期間維持されるという長所がある。一方、その分子進化速度が遅いために種内変異量が少なく、最近の数万から数百万年間の分布の変化を追跡する遺伝マーカーとしては十分ではない。それに対して、動物のオルガネラＤＮＡであるミトコンドリアＤＮＡは、その分子進化速度が核ＤＮＡの約一〇倍速いといわれ、植物の葉緑体ＤＮＡと比べると約一〇〇倍も速い。したがって、これを利用すれば十分な量の情報が得られることが期待できる。さらに、高い寄主特異性をもつ（特定の植物種しか食べない）昆虫の種であれば、過去の気候変動のもとで宿主植物の分布の変化に合わせて一緒に移動した可能性が高いと考えることができる。私たちが研究対象としたシイシギゾウムシという昆虫は、卵をスダジイ・コジイの未熟果に産み、幼虫は堅果の中身を食べて成長する。このようにシイシギゾウムシは生活史の一部を特定の植物種（スダジイ・コジイ）に大きく依存しており、スダジイ・コジイの分布に強く影響されるはずである。これらの特徴を利用することで、多くのＤＮＡの種内変異を検出できるこの昆虫種の遺伝構造から宿主植物であるシイ類の最近の分布拡大を読み取ることが可能となり、またその塩基配列がどの程度異なっているかをみることで分布変遷の時間的経過も推定できる可能性がある。

実際にシイシギゾウムシのミトコンドリアＤＮＡ多型を解析してみた結果、やはり植物では考えられないほど種内のＤＮＡ変異量が高かった(3)。六二地点で計二〇四個体を解析して、一一四もの異なるＤＮＡハプロタイプを得ることができた。シイシギゾウムシは大きく三つの地域に遺伝構造が分かれた（口絵４）。まず、琉球地域と九州以北の地域ではシイシギゾウムシは遺伝的に大きく分化していた。琉球地域では遺伝的多様性がかなり高く、この地域にはシイシギゾウムシの安定した大きな集団が氷期、間氷期を通じて長期間維持されていたと考えられる。九州以北では、中国・四国地域を境に東の集団と西の集団の二集団に遺伝的に大きく分化していた。これら二地域の集団サイズの変動をハプロタイプの塩基配列多型にもとづいてベイズ法を用いて集団サイズの時間的変遷を解析してみると、シイシギゾウムシは東西どちらの集団においても約二〜六万年前に最も集団サイズが小さく、その後急激に集団サイズが増加したという結果になった。集団が小さくなった時期が最終氷期の期間とほぼ一致することから、シイシギゾウムシは氷期の気温低下にともなって集団サイズが縮小し、その後の温暖期に急激に集団サイズを増大させたことが示唆された。また、マイクロサテライトマーカーを用いてスダジイを解析して得られた遺伝構造とシイシギゾウムシをそのミトコンドリアＤＮＡ多型を用いて解析して得られた遺伝構造はよく似ており、シイシギゾウムシはスダジイと共に地理的分布を変えてきたと考えられた。したがって、幼虫が食べる堅果の提供者であるスダジイの集団サイズも最終氷期には減少していたことが考えられる。

さらに、スダジイなど常緑のシイ属のみならず常緑のカシ類（アカガシやウラジロガシ、イチイガシなど）あるいは落葉樹のナラ類（ミズナラなどのコナラ属）・クリなどさまざまなブナ科植物の堅果にも卵を産むクリシギゾウムシについてもシイシギゾウムシと同様にミトコンドリアDNA多型の解析を行った。[4] カシ林は暖温帯常緑広葉樹林のなかで垂直分布では最も標高の高いところに成立し、スダジイが優占するシイ林よりも高度の高い（より気温が低い）地域に成立している。[28] つまり、シイ林に加えて、より幅広いタイプの林に生息しているクリシギゾウムシでもシイシギゾウムシと同じように中国・四国地域を境として東と西の地域間で大きな遺伝的分化がみられた。[4] 一方、クリシギゾウムシのサンプルを、どの植物種の堅果から採集したかによって区別して解析しても、宿主の植物種によるクリシギゾウムシの遺伝的分化は観察できなかった。つまり、スダジイ・カシ類・ナラ類のどれにもつく昆虫（クリシギゾウムシ）とスダジイのみにつく昆虫（シイシギゾウムシ）の遺伝構造が非常によく似ていたことになる。その理由としては、ナラ林（夏緑林）とシイ・カシ林（常緑林）は氷期中、地理的に近いレフュージアで生き残っていた可能性も考えられる。現在は、異なる生育環境に分かれて生育している落葉樹と常緑林も、一番寒冷で厳しい氷期には仲よく近くに一緒に生えていたのかもしれない。

四　温帯落葉広葉樹林を構成する植物種にみられた遺伝構造

さらに、私たちは温帯落葉樹林を構成している樹種の遺伝構造も調べた。前述したように温量指数が八五度以上の地域には常緑林が形成されるが、冬の寒冷気候のために、そのような場所であるにもかかわらず中部地方から東北地方にかけての地域にはコナラやアカシデなどのシデ類を主要な構成種とする暖温帯落葉樹林が広がっている。これらとブナ林を代表とする冷温帯落葉樹林をあわせて、ここでは温帯落葉樹林とよぶことにする。まず、この林を構成している合計三四種の樹種について種内の遺伝的変異量の予備的解析を行った。日本列島の落葉樹種では常緑樹種と比べて、はるかにより大きな葉緑体DNAハプロタイプ多型が検出された。[12] その中でも、特に大きい種内変異がみられたウワミズザクラ、ツリバナ、ホオノキ、アカシデの四種を材料として選んで詳しい解析を行った。すなわち、日本列島における分布域を網羅する形で植物サンプルを収集し、葉緑体ＤＮＡの多型を調べた。解析サンプル中で高頻度（五％以上）に出現するハプロタイプの地理的分布パターンをこれら四種で比較をしたところ、日本海側地域、関東地域、西日本地域の三つの地域間では必ず高頻度ハプロタイプの構成が大きく異なっているという結果が得られた（口絵３―ｃ）。興味深いことに、共通した遺伝構造は日本海側・太平洋側という明確な遺伝構造を示すだけではなかった。常緑樹種でも見られたような中国地方西部、四国、近畿地方の地域を境として東と西に遺伝的分化をするという共通した遺伝構造もみられたのである。

一方、低頻度（五％未満）ハプロタイプは、若狭湾周辺、関東・中部地方南部、紀伊半島、中国地方日本海側、四国、九州南部などの地域に分布するということが少なくとも複数種でみられた。これらの地域が寒冷期のレフュージアであったことは花粉化石などの情報からも示唆されている。

ところが、これら四種とは異なる遺伝構造を示した落葉樹種もあった。それはクマシデとイヌシデである（口絵３―ｄ、口絵５）。これらは東日本、中部日本、西日本という三つの地域間で遺伝的に大きな分化がみられるという遺伝構造を示した。東日本と中部日本の境界はフォッサマグナ周辺であった。一方、中部日本と西日本の境界は近畿地方であり、これは前述の落葉樹種のみならず常緑樹種でもみられた遺伝構造とも類似する地理的パターンであった。

五　さまざまな植物・動物の間で共通してみられた遺伝構造

現在は、暖温帯常緑広葉樹林と温帯落葉広葉樹林として、異なる環境に分かれて生育している植物種についても、それらの遺伝構造については、中国地方から近畿にかけての地域を境にして東と西で遺伝的にはっきり分化をしているという共通パターンがみられた。もちろん、このような遺伝構造の境界線は異なる種間で完全に一致していた訳ではなかった。さらに、シデ類など特定のタイプの林を構成する樹種でのみみられた遺伝的境界線もフォッサマグナ周辺に見出された。しかし、そのような境界線は、常緑広葉樹林の構成樹種では今のところ見出されていない。

さらに興味深いことに、生活史の一部を特定の常緑樹や落葉樹種あるいは種群に強く依存しているシイシギゾウムシやクリシギゾウムシだけでなく、落葉広葉樹林や常緑広葉樹林などに生息している複数の哺乳類（サル[17]、シカ[7][22]、ツキノワグマ[24][29]、イノシシ[31]）でもほぼ同様の遺伝構造の地理的パターンがみられること、すなわち近畿地方付近を境界として東西の集団間で遺伝的に大きく分化していることが報告されている。このように異なる生息・生育環境を好む動植物の種間で共通した遺伝構造がみられることは何を意味しているのだろうか？

共通した遺伝構造がみられるということは、共通する過去の気候や地形の変化のような地史的イベントの影響を受けている可能性があると私たちは考えている。同所的に生活している生物は、環境変動などの地史的イベントの影響を等しく受けるはずである。そのため、それらが類似した分布の変化をしても当然であると考えられる。さらに、山脈など移動の大きな妨げになるものが存在すれば、どの生物種も同じように移動が制限されるであろう。たとえば、フォッサマグナ地域には日本アルプスという明確に生物が移動をするうえで物理的障壁になると考えられる高い山脈が存在する。しかし、中国地方から近畿地方など、もう一つの遺伝構造の境界線がみられた地域には生物の移動を妨げる高山や海などのはっきりした物理的障壁が認められない。さらに、気温、降水量、さらには土壌など植物の生育に大きな影響を与えると考えられる環境要因がこれらの境界線を境にして東西で大きく異なるわけでもない。にもかかわらず、暖温帯、冷温帯の気候帯を超えて多くの動植物種でこの地域に共通して遺伝構造の境界線がみられる原因を説明するものとして、二つの仮説を立てた。

一つ目は、この共通した遺伝構造は地史的イベントによるものという仮説である。たとえば、日本列島には氷期のレフュージアは九州と紀伊半島に大きく分かれて二つ存在し、そこから別々に分布を拡大して現在の分布状況になったという仮説である。実際、東西間の遺伝的分化の程度は種ごと・生物群ごとに異なっている。分子進化速度も考慮すると、これら東西の遺伝的分化の形成開始時期は、最終氷期以前ということになる。第四紀における複数回の氷期・間氷期の環境変動にともなう分布変遷過程を通じてずっと東西間の遺伝子交流は妨げられてきたことになる。そうでなければ、このような東西間の大きな遺伝的分化は維持されえないからである。第1章の古生態研究グループによる最新の花粉分析の研究結果を合わせて考えると、レフュージアは各地に複数存在し、それぞれの地域集団はその集団サイズを拡大、縮小させたり、そこから分布を広げたと考えられている。その中で、多くの生物種の集団は東西で地理的に分断され続けてきたことになる。すなわち、従来考えられてきたように環境変動にともなって、生物が南北に（日本列島では東西にでもある）大きく移動したのではないということである。

もう一つの仮説としては、人間活動による影響によって東西に分断され続けてきたというものを私たちは考えている。前述したように、速い分子進化速度をもつ核ＤＮＡでさえ変化するのは十万年という単位であり（葉緑体ＤＮＡの変化は百万年単位）、二万五〇〇〇年前からの日本列島で人間活動と比較するためには時間スケールが合わないという印象を持つかもしれない。しかし、人間活動がみられるよりも以前に生じたＤＮＡ多型が、蓄積されたそれぞれの地域の集団内から遺伝的浮動により消滅したり、遺伝子流動によって異なる土地へ移動をするという振る舞いを解析することで、植物の分布変遷と人間活動の影響の関係を議論することは可能であると考える。中国地方で多くの動植物種に共通してみられた遺伝構造の境界線は、黒ボク土とよばれる土壌の分布[19]とおおよそ重なっている。現在、黒ボク土の分布は半自然草原の分布と重なると考えられている。[26]この半自然草原は人が火を入れて維持し続けてきたものであるとされている（第二巻第５章）。そこで、この草原と遺伝構造の境界線の一致は、先史以来の人間活動が野生植物の分布に強い影響を与えたことを示唆しているとも考えられる。降水量の多い日本列島の大部分の地域は、放置しておけば森林になってしまう。ところが、定期的に火入れをして草原を維持し続けることで、森林に遷移することを妨げられていた。そして東西の異なるレフュージアから分布を拡大してきた植物種、あるいはそれと一緒に移動してきた動物は草原地帯を越えて分布を拡大することはできなかったため、半自然草原が長く存在し続けてきた地域にさまざまな動植物種間で遺伝構造の境界線が共通してみられているという仮説である。実際、落葉樹種の中には中国地方以外にも、九州において阿蘇地域より北と南で異なるハプロタイプをもつものがホオノキやツリバナなど複数種でみられた。阿蘇地域も黒ボク土が分布し、長期間にわたって半自然草原が維持されてきたと考えられる地域である。

長い期間にわたる人間活動も一つの要因となって影響を及ぼし、日本列島の自然が形成されていったとすれば、非常に興味深い。いずれにしても、この二つの仮説は互いに排他的ではないし、もちろんこれまでのデータだけで十分に支持されているわけでもない。しかし、今後、検証していく価値のある興味深い仮説であることは間違いない。

第3章　植物化石とDNAからみた温帯性樹木の最終氷期最盛期のレフュージア

津村義彦
百原　新

はじめに

氷期や間氷期など地球の長期間の気候変動の結果、森林は分布変遷を繰り返し行い、現在の森林が形成されてきている。また現在に最も近い氷期である最終氷期最盛期は約二万年前で、この時は平均気温が現在よりも七℃ほど低く、東京には亜高山性の針葉樹が分布していたといわれている。氷期の間には温帯性樹木は温暖な生育適地に避難していたと考えられている。この地域のことをレフュージア(refugia　逃避地)とよぶ。その後、温暖な気候になって温帯性樹木は分布拡大を行い、現在の森林が形成されてきたことになる。

最終氷期最盛期の温帯性樹木のレフュージアの地理分布は、これまで主に花粉化石の記録を用いて議論されてきた。[56][57]花粉はかなり広い地域から飛来してきたり、水流によって運搬されてくるため、化石から堆積した場所の周囲の古植生の空間配置や、植物が生育していた場所を特定することは難しい。しかも、当時の森林で優占していた風媒性の樹種の花粉の存在量が過大に評価されるため、レフュージアで個体数がきわめて少なかった樹種の存在をとらえることが難しい。したがって、最終氷期の温帯性樹種のレフュージアの地理分布を精度高く推定することは容易ではない。近年、放射性炭素年代の測定や、広域に降下した火山灰の同定によって、堆積年代が詳細に明らかになった植物化石資料が蓄積され、温帯性樹木の時間的・空間的分布についての情報が増えてきた。それでも花粉化石は、特徴的な花粉形態を持つものを除いて属レベルよりも詳しい同定ができないため、森林の種組成の詳細までは把握できないという欠点がある。それを補足できる化石資料として、種レベルの同定が可能な種子や果実、球果などの大型植物化石がある。しかしながら、湖沼や湿原などに広く堆積し、水分の多い場所で保存されやすい花粉化石に比べると、大型植物化石が保存される機会は少ない。

一方、種内または集団の個体間には形態的な変異が存在している。これは環境条件によってもたらされるものもあるが、多くは遺伝子型の違いによって生じている。個体間の遺伝子型の違いで、集団としては多くの異なる遺伝子型が存在し、遺伝的な多様性を持った集団となる。遺伝的多様性は、生物多様性のなかで生態系多様性、種多様性とならぶ重要な多様性要素の一つで、最も根本的な要素である。集団間で保有している遺伝子頻度が異なってくると、集団間で遺伝的な違いが生じ、地理的にみると遺伝的な構造が形成されることになる。

近年のＤＮＡ分析技術が急速に進展してきたため、現在の森林を対象に比較的短期間で特定の種の遺伝的多様性および遺伝的分化などの種内の遺伝構造を明らかにすることができるようになってきた。しかし、遺伝的分化に関するデータからだけでは、それぞれの種における森林の遺伝的な違いは把握できても、そのような違いができた正確な時期の把握ができない。これは遺伝的解析に用いたそれぞれの遺伝子の突然変異率が正確には推定できないためである。そのため、花粉や種子・果実といった植物化石データと遺伝的多様性データを統合することにより、より正確に過去の森林の分布変遷を把握することができるようになる。ここではこれまでに蓄積された植物化石データと遺伝的多様性データの両方を用いて、日本列島における温帯性樹木の最終氷期最盛期のレフュージアの位置について論ずる。

一　解析技術の進展

地層や植物化石データの編年法

森林を構成する樹木の時間的・空間的分布を明らかにするには、植物化石の正確な年代推定が必要不可欠である。最終氷期の年代測定は、堆積物に含まれる植物遺体の放射性炭素同位体（^{14}C）を用いて行われてきた。一九八〇年代までの炭素年代測定の多くは、有機物を構成する^{14}Cが窒素^{14}Nに壊変する際に放出されるベータ線の量を測定するベータ線計測法によるものであった。これには長い測定時間と多量の試料が必要となり、推定した年代の誤差も大きく、約三万四〇〇〇年前より古い年代は測定できなかった。

しかしながら、一九九〇年代には、試料に含まれる^{14}C原子そのものの数を加速器質量分析計で計数測定するＡＭＳ（Accelerator Mass Spectrometry）法が普及し、一～二ミリグラム程度の微量な試料の分析が短時間で行えるようになった。これにともなって、五～六万年前までの年代測定が高い精度（数千年～一万年前の試料で数十年の誤差）で可能になった。さらに、樹木や化石サンゴなどの年輪ごとの^{14}C年代測定によって、大気中の^{14}Cの濃度の時代による変動が明らかとなった。その変動曲線にもとづいて、現在では、測定された^{14}C年代がＡＤ、ＢＣの暦年代（calendar year）に補正されて使われている。

このように、正確な放射性炭素同位体年代測定法が発達してくると、これまでの測定値を再検討する必要に迫られるようになった。たとえば、ベータ線測定法で測定された試料の大部分は、泥炭層中の木材片によるものが多かった。木材は、地上部よりもむしろ地下部の根のほうが地層中に保存されることが多く、測定対象の地層よりも新しい年代が検出されている可能性がある。また、古い地層から洗い出された木材が再堆積する可能性も高い。そこで、軟弱で再堆積の可能性の少ない、葉や種子といった木本の地上部を使って年代値の再検討を行う必要がある。

離れた場所の地層は、堆積物に挟まれる広域に分布する火山灰を見つけて同定することで、同時間面でつなぐことが可能である。最終氷期の広域火山灰で最も大規模なものに、最終氷期最盛期初頭の約二万九〇〇〇年前に九州南部の姶良《あいら》カルデラの噴火により形成され、本州北部にまで灰が降下した姶良丹沢テフラ（ＡＴ）がある。このように降灰年代が明らかになっている火山灰を堆積物中に見つけることで、堆積物の年代を知ることができる。

放射性炭素同位体年代が利用できない約六万年前よりも古い堆積物では、広域火山灰の対比が、地層の年代決定の最も有効な手段となってくる。火山灰は、そこに含まれるカリウム－アルゴンなどの放射性同位体の測定などによって年代推定が可能である。グローバルな地層の対比方法として、地層に残留している磁気を測定することにより、磁極の位置の変動や逆転といったイベントを検出する古地磁気層序編年、海成層に含まれる微生物化石の時代による消長を検出する微化石層序編年といった方法もある。最近では、海洋底堆積物や氷床コアの酸素同位体変動の研究がさらに発展した。氷期－間氷期変動だけではなく、それよりもさらに短い周期で発生するＤ－Ｏサイクルといった海水準や気温の変動サイクルが酸素同位体比曲線（第1章）から詳細に復元された。酸素同位体比曲線は、太陽と地球との位置関係の天文力学的軌道計算にもとづいて年代尺度が入れられ、約三〇〇万年前までの氷期－間氷期のピークの年代が詳細に明らかになってきた。これらの地層編年法の発達にともない、湖沼や海洋のボーリング試料の高精度編年にもとづいた花粉分析データが蓄積され、グローバルな気候変動と植生変化との関係が次第に明らかになってきた。

DNA解析技術

DNAの解析技術の進展は目覚ましく、多くの生物種で遺伝子情報が取得され、多数のDNAマーカーが開発されている。これらを用いて種の集団遺伝学的研究がなされてきた。また分析コストも急激に下がり、多くの個体の分析が比較的安価にできるようになってきた。特に塩基配列の解読やPCR（Polymerase Chain Reaction）法にもとづく特定のDNA領域の増幅では多検体が短時間で処理できるようになり、分析技術の進展は目を見張るものがある。そのため近年、多数の樹種で系統地理学的なデータが蓄積されてきた。

また年代のわかった化石材料のDNA解析ができると、現生のデータと比較することにより分岐年代の推定がより正確に行えるようになる。化石サンプルのDNA分析は一九八〇年代の後半から盛んに行われ、多くの成果が得られてきた。[11] 一般的に古いDNAは損傷を受けているため、解析に供することが難しいことが多い。しかしPCR法の開発により、微量のDNAでも解析ができるようになった。[34] PCR法とは微量のDNAの特定部分を試験管内で、数十万倍から数百万倍に増幅する方法である。後に、この画期的なPCR法の開発者であるキャリー・マリス博士はノーベル化学賞を受賞している。ただし、PCR法は微量のDNAからでも増幅が可能なため、古いサンプルのDNAに現生のサンプルのDNAがわずかでも混入していると、現生のサンプルのDNAを増幅してしまうことがよくある。これは古いサンプルのDNAが微量であり損傷を受けているのに対し、現生のDNAは損傷が少なく量も多いため、PCRで量の多いDNAを優先的に増幅してしまうためである。またDNAを分析する研究室では、化石サンプルと近縁な現生種のDNAを扱っていることが多いため、現生の両方のDNAが混入した分析結果を疑わずに公表してしまっていることも多い。そのため西暦二〇〇〇年以前の分析ではは現生のＤＮＡの混入、解析技術や設備の問題からデータの信憑性を問うような指摘もされている。[4] 植物の化石サンプルからのＤＮＡ解析については、これらの問題点を整理して以下のようにまとめている。[33] 外部のＤＮＡの混入がないように、実験場所、設備、操作を厳密に行うこと、同じサンプルを複数の独立した研究室で分析し、得られたデータの再現性を確認することなどである。

これまでにわが国での化石材料での分析は数が少ない。例として、約一五万年前のモミ属化石花粉からＤＮＡを抽出し種同定を行った研究がある。[36] これによると当時はモミとシラビソの二種の分布域が近かったことが示されている。また島根県の三瓶山で約三五〇〇年前の噴火で埋没したスギ林の材から抽出したＤＮＡから核遺伝子の塩基配列を解読し、現生のものと比較した結果、埋没スギは現生の一部の集団と同じ遺伝子を共有していることが明らかになっている。[47] このように年代が明らかな古いサンプルのＤＮＡの解析ができると、その年代の種組成が明らかにできる。最終氷期のころの化石サンプルから種同定ができると当時の植生が明らかにでき、どの地域がレフュージアであったかの特定が可能になる。

二　樹木の化石データ

最終氷期最盛期は暦年代で今からおよそ三万年前から一万九〇〇〇年前とされている。[18] 広域テフラであるＡＴテフラの年代値は、暦年代で約二万九〇〇〇年前で、放射性炭素年代は約二万一〇〇〇～二万五〇〇〇 yBPを示す。[19] 暦年代の一万九〇〇〇年前の放射性炭素年代が、約一万七〇〇〇yBPであることを考慮すると、放射性炭素年代測定値がおよそ二三〇〇〇～一七〇〇〇yBPの範囲にあり、ＡＴテフラの直下やその上位に含まれる化石群が、最終氷期最盛期の化石群であるということになる。このような大型植物化石群は、少なくとも二〇地点から報告されている（図１）。比較的よく目につくマツ科の球果（まつぼっくり）や球果鱗片、種子だけが採集されることも多いが、化石記録を一覧すると、当時の針葉樹林は現在の本州の亜高山帯針葉樹林とは種組成が大きく異なることがわかる。最終氷期最盛期の化石群に最も多く含まれているのが、現在のヒメマツハダ、ヤツガタケトウヒ、ヒメバラモミ、アカエゾマツに類似した比較的小型のトウヒ属バラモミ節の球果である。次に多いのがチョウセンゴヨウとカラマツ属である。

北海道や青森県からは、現在のサハリンや千島列島より北にしか分布していないグイマツが産出し、宮城県以南ではカラマツが産出する。宮城県北部の富沢遺跡ではグイマツとカラマツの中間的な形態をもつ球果の化石も報告されている。[72] バラモミ類やカラマツ、チョウセンゴヨウといった、現在では本州中部内陸部に分布が限られる樹種が日本列島に広く分布していたことは、当時の大陸的で乾燥した気候を反映していると考えられる。それらと比較すると、現在の亜高山帯針葉樹林の主要構成種であるシラビソ、コメツガ、トウヒの産出記録は少なく、オオシラビソの報告はない。落葉広葉樹のカバノキ属では、現在の亜高山帯で優占するダケカンバの記録は非常に少なく、シラカンバがごく普通に産出する。

一方、現在の温帯域に分布する落葉広葉樹は、花粉化石の組成から針葉樹林と広葉樹林の混交林の北限だったとされている、東北地方南部の海岸沿いの地域よりも南の地域からしかに化石が産出しない記録が限られる（図1）。これらの地域の化石群では、針葉樹の葉や球果に混じって、ブナ、ナラ類、サワグルミ、オニグルミ、ハンノキ、ハシバミ、トチノキ、カエデ類、エゴノキなどがまれに含まれる。中部地方から北関東、中国地方の内陸部からは、温帯性の落葉広葉樹の産出記録はきわめて少ない。しかしながら、三重県北部の多度町の約一万八三〇〇yBPの化石群には、バラモミ類、カラマツ、チョウセンゴヨウ、ツガとともにブナ、ミズメ、コナラ、トチノキ、ヒメシャラ属が産出する。[21] 当時の多度町は、伊勢湾が陸化していたために、海から遠く離れていた。それを考えると、中部地方以西の内陸部でも、バラモミ類やカラマツ、チョウセンゴヨウが優占する針葉樹林の中で、温帯性落葉広葉樹が小規模な林を形成していたことになる。一方、九州南部、宮崎県えびの市加久藤盆地のAT火山灰層に被われる地層（溝園層）には、トウヒ、シラビソ、ウラジロモミ、コメツガ、ネズコ、シラカンバといった北方系の樹種とともに、ツガ、ウラジロモミ、スギ、ミズメ、サワシバ、イロハモミジ、ミズキ、オオバアサガラなどの温帯性の樹種が含まれる。[20] トウヒ、シラビソ、ウラジロモミ、ネズコ、シラカンバは現在の九州には分布していない。この植物化石群は最終氷期最盛期よりも少し前に形成されたと考えられるが、最終氷期での北方系樹種の分布南限を示す重要な資料である。

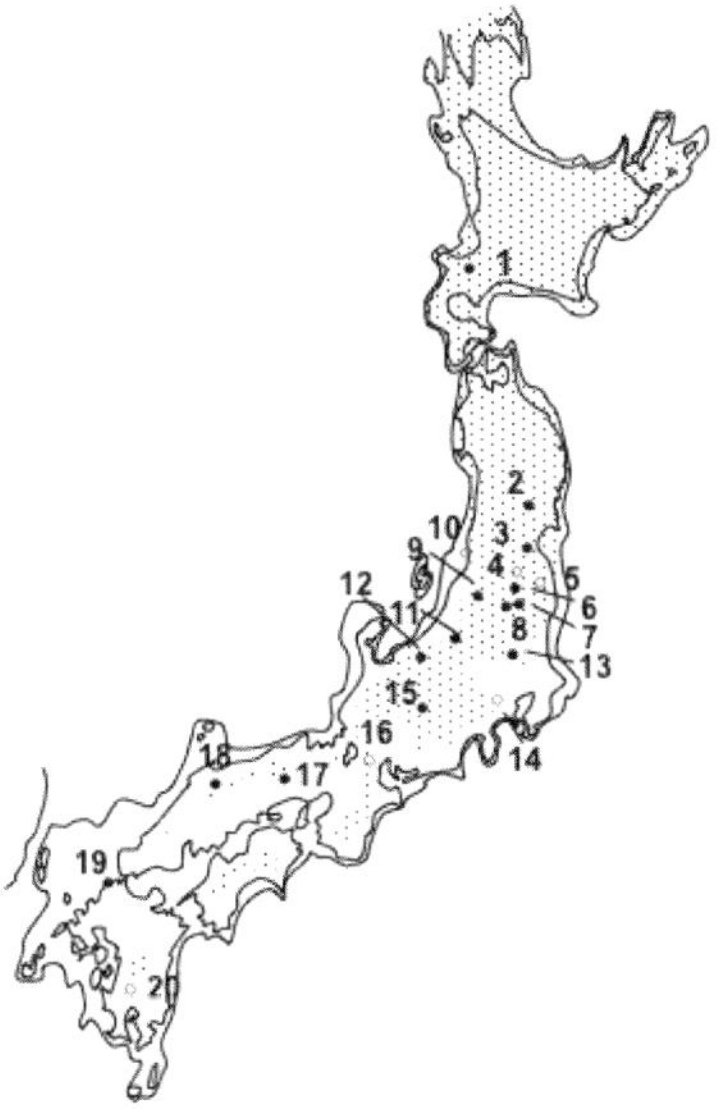

	北海道〜東北									中部〜関東						近畿〜九州				
	1	2	3	4	5	6	7	8	9	10	11	12	13	14	15	16	17	18	19	20
チョウセンゴヨウ	·	●	●	●	·	●	●	●	●	●	●	·	●	●	·	●	·	●	●	·
ヒメコマツ	·	·	·	·	·	·	·	·	·	·	·	·	·	·	●	·	●	·	·	·
ヒメマツハダ類	·	●	●	●	●	●	●	●	·	·	●	●	●	●	●	●	●	·	●	·
トウヒ節	·	●	·	·	·	●	·	●	·	●	·	●	·	·	●	·	·	·	·	●
グイマツ	●	●	●	·	·	·	·	·	·	·	·	·	·	·	·	·	·	·	·	·
カラマツ	·	·	●	·	·	●	·	·	·	·	·	●	●	●	·	●	·	·	·	·
シラビソ	·	·	·	·	·	·	●	·	●	·	·	·	·	·	●	·	·	·	·	●
ウラジロモミ	·	·	·	·	·	·	·	·	·	○	·	·	·	·	·	·	·	·	·	○
コメツガ	·	·	·	·	·	·	·	●	●	●	·	·	·	·	●	·	·	●	·	●
ツガ	·	·	·	·	○	·	·	·	·	·	·	·	·	·	·	○	·	·	·	○
ネズコ	·	·	·	·	·	·	·	●	·	●	·	·	·	·	·	·	·	·	·	●
スギ	·	·	·	·	·	·	·	·	·	○	·	·	·	·	·	·	·	·	·	○
ケヤマハンノキ	·	·	●	·	·	●	·	·	·	·	·	·	·	·	·	·	·	·	·	●
ハンノキ	·	·	·	○	○	·	·	·	·	○	·	·	·	·	·	·	·	·	·	·
シラカンバ	·	·	●	·	·	●	●	·	·	·	·	●	●	·	●	·	●	·	·	●
ミズメ	·	·	·	·	·	·	·	·	·	·	·	·	·	·	·	○	·	·	·	○
ハシバミ	·	·	·	·	·	·	·	·	·	○	·	·	·	·	·	·	·	·	·	·
ツノハシバミ	·	·	·	·	·	·	·	·	·	○	·	·	·	○	·	·	·	·	·	·
サワシバ	·	·	·	·	·	·	·	·	·	·	·	·	·	·	·	·	·	·	·	○
オニグルミ	·	·	·	○	○	·	·	·	·	·	·	·	·	·	·	·	·	·	·	·
サワグルミ	·	·	·	○	·	·	·	·	·	·	·	·	·	·	·	·	·	·	·	·
ブナ	·	·	·	·	·	·	·	·	·	○	·	·	·	·	·	○	·	·	·	·
コナラ（ナラ類）	·	·	·	○	·	·	·	·	·	·	·	·	·	·	·	○	·	·	·	·
コブシ	·	·	·	·	○	·	·	·	·	·	·	·	·	·	·	·	·	·	·	·
ヒメシャラ属	·	·	·	·	·	·	·	·	·	·	·	·	·	·	·	○	·	·	·	·
スモモ	·	·	·	○	·	·	·	·	·	·	·	·	·	·	·	·	·	·	·	·
トチノキ	·	·	·	·	·	·	·	·	·	·	·	·	·	·	·	○	·	·	·	·
イロハモミジ	·	·	·	·	·	·	·	·	·	·	·	·	·	·	·	·	·	·	·	○
キハダ	·	·	·	○	·	·	·	·	·	·	·	·	·	·	·	·	·	·	·	·
ミズキ	·	·	·	·	·	·	·	·	·	·	·	·	·	·	·	·	·	·	·	○
エゴノキ	·	·	·	○	·	·	·	·	·	○	·	·	·	·	·	·	·	·	·	·
オオバアサガラ	·	·	·	·	·	·	·	·	·	·	·	·	·	·	·	·	·	·	·	○

図１　最終氷期最盛期（約 23,000 〜 17,000 yBP）の大型植物化石群の種組成

左図は右表の大型植物化石群の産出地点（●：亜寒帯性樹種だけを含む化石群、○：温帯性樹種を含む化石群）、最終氷期最盛期の日本列島の海岸線と、亜寒帯性針葉樹が優占していた地域（網かけ）、針葉樹と落葉広葉樹の混交林が主に分布していた地域（白抜き）を示す（(28)にもとづく）。右表は●は亜寒帯性樹種、○温帯性樹種の産出を示す。ヒメマツハダ類には、アカエゾマツ、ヒメマツハダ近似種、ヒメマツハダ、ヒメバラモミ、トミザワトウヒ（*Picea tomizawaensis*）、コウシントウヒ（*P. pleistoceaca*）として記載された中〜小型のトウヒ属バラモミ節の球果化石を含む。

1：北海道広島町（北広島市）音江別川
標高 32 m　22,700 ± 1000 yBP (70)
2：岩手県一関市花泉町金森
標高 32 m　21,430 ± 800 yBP (39)
3：宮城県仙台市富沢遺跡
標高 7m　23,010 ＋ 940-840 〜 20,530 ± 360 yBP (39)(72)
4：福島市鳥谷野
標高 60 m　21,000 ± 850y BP (73)
5：福島県相馬郡新地町
標高 18 m　21,400 ± 400 yBP (39)
6：福島県桑折町根岸
標高 74 m　18,750 ± 500 yBP (39)
7：福島県安達郡安達
標高 198m　21,820 ± 700 yBP (39)
8：福島県安達郡白沢村（本宮市）糠沢
標高 238 m　20,700 ± 620 yBP (39)
9：福島県新鶴村（会津美里町）松坂
標高 354 m　17,900 ± 600 yBP (40)
10：新潟県村上市
標高 15 m　23,000 ± 350 yBP (12)
11：新潟県十日町市新町新田
標高 170 m　22,600 ± 850yBP (6)
12：長野県野尻湖上部野尻湖層ヌカ層準
標高 650 m　AT テフラの上下(26)
13：栃木県二宮町（真岡市）原分
標高 48 m　20,290 ± 780 yBP (54)
14：東京都小金井市野川
標高 45 m　21,370 ± 610 yBP (39)
15：長野県木曽郡楢川村（塩尻市）平沢
標高 930 m (35)
16：三重県桑名市多度町標高 50 m
18,340 ± 430 yBP　21,150 ± 930 yBP (21)
17：兵庫県篠山市板井寺ヶ谷遺跡
標高 208 m　AT テフラの直上(32)
18：鳥取県日南町下花口
標高 485m　22,030 ± 1,240 yBP (30)
19：福岡県北九州市小倉南区貫川
標高 4 m　20,100 ± 250 yBP (8)
20：宮崎県えびの市飯野
標高 300 m　AT テフラの直下(20)

三　樹木の遺伝的多様性データ

日本列島に分布する樹種の遺伝的多様性及び遺伝構造の研究は、一九九〇年代当初は針葉樹を主たる材料として酵素の電気泳動法と活性染色法を組み合わせたアロザイム研究が多かった。[58] その後、ＤＮＡ解析技術の進展により葉緑体ＤＮＡやミトコンドリアＤＮＡの多型を用いた研究や塩基の単純繰り返し配列であるマイクロサテライトマーカーなどさまざまなＤＮＡマーカーを用いた研究も次第に多くなり、日本列島に分布するの主要な樹木種での遺伝的多様性データが蓄積されてきた（表１）。

　これまでの研究では使用される遺伝マーカーによってその突然変異率が異なるため、得られた結果がどの時代の遺伝構造を最も反映しているかは遺伝マーカーによって異なる。たとえばアロザイムの酵素多型はその酵素のアミノ酸配列が変化した場合に、異なる対立遺伝子として認識される。アロザイムの突然変異率は1×10^{-8}程度と低いために、このマーカーで得られた結果は数十万年から数万年くらいの古い時代に生じた突然変異がその後の分布変遷などの結果で生じた遺伝構造であるといえる。葉緑体やミトコンドリアＤＮＡなどのオルガネラＤＮＡ多型の突然変異はさらに低いため、数十万年以上前に生じた突然変異とその後の分布変遷で生じた遺伝的な違いを反映していることが考えられる。一方、マイクロサテライトマーカーの突然変異率は1×10^{-3}～1×10^{-5}と他の遺伝マーカーと比較して高いため、数万年から数千年と比較的近年の遺伝構造をよりよく反映できる可能性がある。また高い突然変異率のため、種内に見られる多型性も非常に高く、対立遺伝子数も最も多い遺伝マーカーである。そのため、感度よく多型性の高い集団を特定することができる。したがって最終氷期のレフュージアを論じるにはマイクロサテライトマーカーを用いた結果を用いた方がよいと考えられる。しかし、マイクロサテライトマーカーはその多型性の高さから、自然な集団の縮小だけでなく最近起こった人為的な伐採や開発による集団の縮小も検出してしまう可能性があることと、同じサイズをもつ対立遺伝子ではあるがその起原が異なる、いわゆるサイズホモプラシーの現象がみられるため注意が必要である。これまでにマイクロサテライトマーカーを用いた日本列島に分布する樹木の遺伝構造は九種で明らかにされている（表１）。これらによると、分布域全体に多くの集団を調査することによってレフュージアの特定が可能な場合があることが示されている。詳細についてはスギおよびブナなどの解析結果を次節で解説する。

四　遺伝的多様性及び化石データから推定される樹木の最終氷期最盛期のレフュージア

針葉樹のレフュージア――スギを中心として

針葉樹のレフュージアについてはモミ属、トウヒ、スギなどで調査されている。しかし、モミ属とトウヒについては遺伝マーカーとしてオルガネラDNAが主に使われており、また調査された集団数が多くないため、いつの時代にどの地域がレフュージアであったかの詳細は明らかになっていない。モミ及びウラジロモミについては紀伊半島、四国、九州の集団の遺伝的多様性が高く、しかもユニークなハプロタイプを保有しており、この地域がレフュージアであった可能性がある。[60] しかし、そのレフュージアがいつの時代に形成されたものかは現時点では不明である。トウヒについてはオルガネラDNAとマイクロサテライトマーカーの両方の解析結果がある。[1][2] これらの研究によると本州のトウヒ（*Picea jezoensis* var. *hondoensis*）は大陸から朝鮮半島を経由して入ってきたものであるが、北海道のトウヒ（*P. jezoensis* var. *jezoensis*）はサハリンを経由して分布拡大したことが明らかになっている。大型遺体の調査から、これらの分布拡大の時期は第四紀の初め頃だと考えられる。[24] マイクロサテライトマーカーでの結果ではアジア大陸の集団でまれな対立遺伝子の遺伝的多様性が高いことから、トウヒは大陸から分布拡大し日本列島に到達したことがわかる。しかし、その時期はオルガネラDNAの解析結果から、かなり古い時代であることがわかっている。

スギについては分布域全体に二九集団についてマイクロサテライトマーカーおよびCAPSマーカーで分析が行われている。[44][63] これらの研究によると西日本集団の遺伝的多様性が高いことが明らかになっている。また日本海側集団と太平洋側集団が遺伝的に明瞭に分化していることが明らかになった。花粉分析の結果[56]にもとづいて最終氷期にスギのレフュージアだったと考えられていた伊豆半島周辺、若狭湾沿岸、隠岐島、屋久島のスギの集団が、マイクロサテライトマーカー解析の結果から現在でも高い遺伝的多様性を保有していることが明らかになっている（図2）。すなわち遺伝的多様性を表すパラメータのうち、まれな対立遺伝子頻度および集団に固有な対立遺伝子頻度の値が、最終氷期にレフュージアになっていたと考えられる現在の集団でも高い値を示した。[41] 解析したこれらの森林は、現在では伐

分析集団数または個体数	遺伝子座数または領域数	遺伝子多様度(*h*)または塩基多様度(π)	遺伝子分化係数	文　献
7	1	0.443	$G_{ST}=0.102$	(62)
33	3	0.552	$G_{ST}=0.233$	(1)
21 *4	14	$\pi=0.00027$	—	(3)
59	14	$\pi=0.00031$	—	(3)
21	3	—	—	(29)
45	2	—	—	(7)
73	14	$\pi=0.00084$	—	(3)
127	5	—	—	(13)
44	6	$\pi=0.00055$	$G_{ST}=0.853$	(29)
105	2	—	—	(28)
11	3	0.790	$\phi_{ST}=0.620$	(66)
42	5	$\pi=0.00046$	$\phi_{CT}=0.510$	(4)
7	2	0.741	$G_{ST}=0.859$	(60)
8	2	0.604	$G_{ST}=0.479$	(60)
7	2	0.000	$G_{ST}=0.000$	(60)
5	2	0.292	$G_{ST}=0.198$	(60)
12	2	0.039	$G_{ST}=0.260$	(60)
15	2	0.717	$G_{ST}=0.863$	(48)
33	3	0.073	$G_{ST}=0.901$	(1)
17	3	0.031	$G_{ST}=0.963$	(51)
16	4	—	—	(15)
11	22	0.054	$G_{ST}=0.144$	(39)
18	4	0.157	$G_{ST}=0.015$	(25)
6	2	0.305	$G_{ST}=0.003$	(36)
11	12	0.202	$G_{ST}=0.045$	(65)
5	9	0.178	$G_{ST}=0.015$	(59)
17	12	0.196	$G_{ST}=0.04$	(49)
8	7	0.169	$G_{ST}=0.042$	Uchida et al. unpublished data
10	12	0.088	$G_{ST}=0.022$	(67)
16	11	0.272	$G_{ST}=0.044$	(48)
18	19	0.271	$G_{ST}=0.17$	(46)
22	14	0.259	$G_{ST}=0.073$	(22)
14	14	0.202	$G_{ST}=0.014$	(43)
23	11	0.187	$G_{ST}=0.038$	(50)
7	12	0.222	$G_{ST}=0.146$	(23)
60	20	0.265	$F_{ST}=0.144$	(68)
11	14	0.281	$G_{ST}=0.047$	(61)
25	148	0.322	$G_{ST}=0.050$	(64)
25	51	0.331	$G_{ST}=0.039$	(65)
29	11	0.770	$G_{ST}=0.028$	(44)
25	13	0.700	$G_{ST}=0.040$	Matsumoto *et al.* 未発表
33	4	0.811	$G_{ST}=0.101$	(2)

表1　わが国の樹種で明らかになった遺伝的多様性と遺伝的分化

分析ゲノム	マーカー	学　名	和　名
葉緑体 DNA	RFLP[*1]	*Abies mariesii*	オオシラビソ
	RFLP	*Picea jezoensis*	トウヒ
	塩基多型	*Daphne kiusiana*	コショウノキ
	塩基多型	*Elaeocarpus sylvestris* var. *ellipticus*	ホルトノキ
	塩基多型	*Fagus crenata*	ブナ
	塩基多型	*Fagus crenata*	ブナ
	塩基多型	*Prunus zippeliana*	バクチノキ
	塩基多型	*Quercus* spp.	コナラ属
	塩基多型	*Quercus mongolica* var. *crispula*	ミズナラ
	塩基多型	*Stachyurus praecox*	キブシ
	塩基多型	*Magnolia stellata*	シデコブシ
	塩基多型	*Photinia glabra*	カナメモチ
ミトコンドリア DNA	RFLP	*Abies firma*	モミ
	RFLP	*Abies homolepis*	ウラジロモミ
	RFLP	*Abies mariesii*	オオシラビソ
	RFLP	*Abies sachalinensis*	トドマツ
	RFLP	*Abies veitchii*	シラビソ
	RFLP	*Pinus parviflora*	ゴヨウマツ
	RFLP	*Picea jezoensis*	トウヒ
	RFLP	*Fagus crenata*	ブナ
	RFLP	*Fagus crenata*	ブナ
核 DNA	アロザイム	*Abies mariesii*	オオシラビソ
	アロザイム	*Abies sachalinensis*	トドマツ
	アロザイム	*Chamaecyparis obtusa*	ヒノキ
	アロザイム	*Chamaecyparis obtusa*	ヒノキ
	アロザイム	*Cryptomeria japonica*	スギ
	アロザイム	*Cryptomeria japonica*	スギ
	アロザイム	*Larix kaempferi*	カラマツ
	アロザイム	*Picea glehnii*	エゾマツ
	アロザイム	*Pinus parviflora*	ゴヨウマツ
	アロザイム	*Pinus pumila*	ハイマツ
	アロザイム	*Pinus thunbergii*	クロマツ
	アロザイム	*Fagus crenata*	ブナ
	アロザイム	*Fagus crenata*	ブナ
	アロザイム	*Alnus trabeculosa*	サクラバハンノキ
	アロザイム	*Camellia japonica*	ヤブツバキ
	CAPS[*2]	*Cryptomeria japonica*	スギ
	CAPS	*Cryptomeria japonica*	スギ
	CAPS	*Chamaecyparis obtusa*	ヒノキ
	マイクロサテライト	*Cryptomeria japonica*	スギ
	マイクロサテライト	*Chamaecyparis obtusa*	ヒノキ
	マイクロサテライト	*Picea jezoensis*	トウヒ

分析集団数または個体数	遺伝子座数または領域数	遺伝子多様度(h)または塩基多様度(π)	遺伝子分化係数	文献
25	6	0.930	R_{ST}＝0.257	(69)
23	11	0.361	F_{ST}＝0.062	(52)
11	4	0.740	ϕ_{ST}＝0.290	(66)
12	10	0.756	F_{ST}＝0.043	(53)
23	14	0.839	F_{ST}＝0.027	(9)
16	13	0.659	F_{ST}＝0.023	(10)
35	47	0.663	G_{ST}＝0.120	Ueno *et al.* 未発表
38	15	0.424	F_{ST}＝0.053	Tsuda *et al.* 未発表
48	14	0.356	F_{ST}＝0.044	Tsuda *et al.* 未発表
63	32	0.644	G_{ST}＝0.122	Aoki *et al.* 未発表
36	38	0.636	G'_{ST}＝0.073	Matsumoto *et al.* 未発表
7	1	1.000	F_{ST}＝0.014	(14)

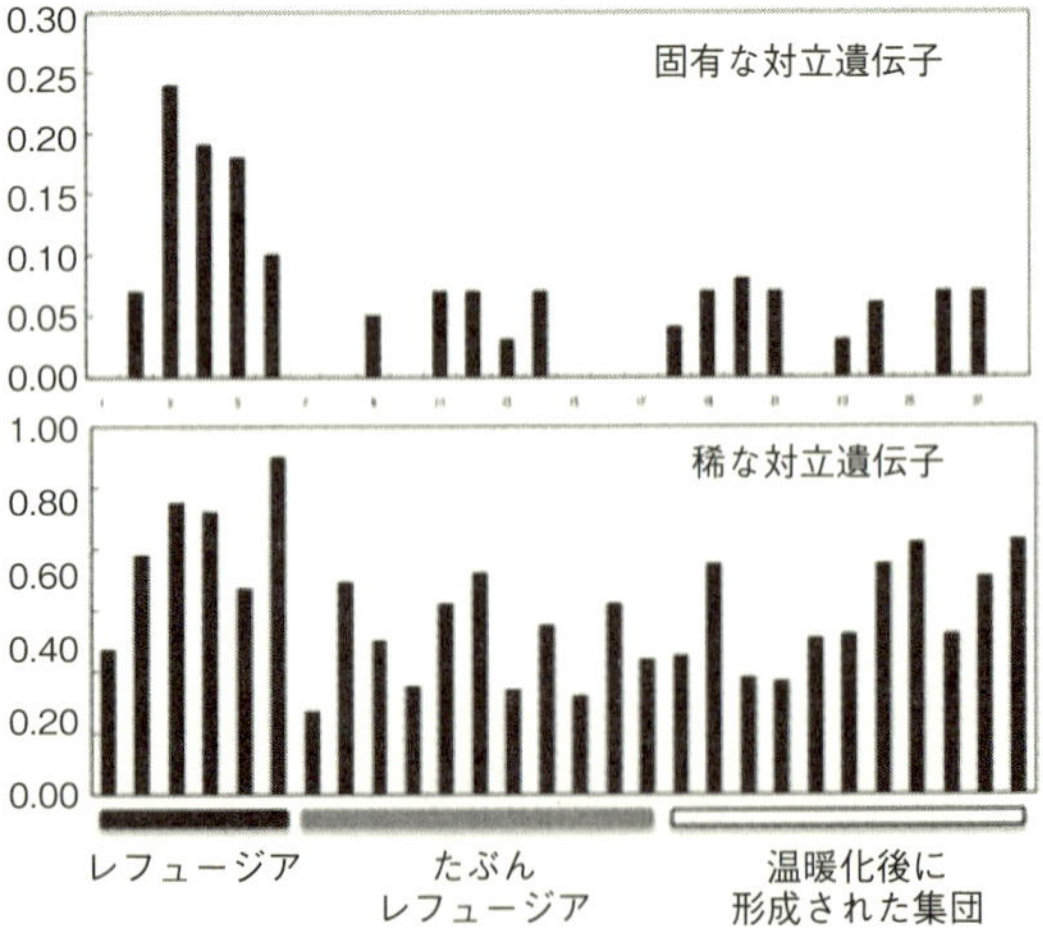

図２　最終氷期にレフュージアだった森林とその後に形成されたスギ天然林の遺伝的多様性

マイクロサテライトマーカーでスギ天然林を解析した結果にもとづく(44)。「レフュージア」「たぶんレフュージア」は(56)にもとづく

表1（続き）

分析ゲノム	マーカー	学　名	和　名
	マイクロサテライト	*Castanopsis* spp.	シイ属
	マイクロサテライト	*Betula maximowicziana*	ウダイカンバ
	マイクロサテライト	*Magnolia stellata*	シデコブシ
	マイクロサテライト	*Cerasus jamasakura*	ヤマザクラ
	マイクロサテライト	*Fagus crenata*	ブナ
	マイクロサテライト	*Fagus japonica*	イヌブナ
	EST-SSR ＊3	*Camellia japonica*	ヤブツバキ
	EST-SRR	*Cerasus jamasakura*	ヤマザクラ
	EST-SRR	*Betula maximowicziana*	ウダイカンバ
	EST-SRR	*Castanopsis* spp.	シイ属
	EST-SRR	*Quercus mongolica* var. *crispula*	ミズナラ
	S-locus	*Prunus lannesiana* var. *speciosa*	オオシマザクラ

＊1：RFLP: restriction fragment length polymorphism.
＊2：CAPS; cleaved amplified polymorphic DNA.
＊3：EST SSR; expressed sequence tag-simple sequence repeat.
＊4：ゴシック体の数字は個体数を示す。

採や開発によって残存林の規模がどれも数ヘクタールと小さくなっている。このように小集団化しているにもかかわらず遺伝的には多様性の高い集団が現在でも残っているのだ。

塚田がスギのレフュージアと考えた地域[56]の多くでは、樹木花粉の約五%以上の割合で最終氷期の堆積物にスギ花粉が含まれているが、それ以外の場所でもスギ花粉がまわりの地域よりも高率で産出し、レフュージアが広く分布していた可能性を示している。たとえば、東京都野川泥炭層のATテフラよりも上位の地層では、スギ花粉は木本花粉の約一〇%を占める。[54] さらに、中部地方内陸部から東北地方南部までの地域では数%前後の割合でスギ花粉が含まれる地域が分布する。日本海側の地域では新潟県北部村上市（標高一五メートル）の一万三〇〇〇±三五〇 yBP の泥炭層上部からはスギの枝条やブナの殻斗とともに、スギ花粉が樹木花粉の一・五%程度産出している。[12] 新潟県中部の野尻湖（標高六五四メートル）の二万二〇〇〇〜一万九〇〇〇年前の地層では、その前後の地層と比較してスギ花粉が増加し、木本花粉の五%程度の割合で含まれる。[16][17] 関東地方北部では栃木県南部二宮町原分（標高四八メートル）の二万二九〇〇±七八〇 yBPの年代値が測定された泥炭層に、樹

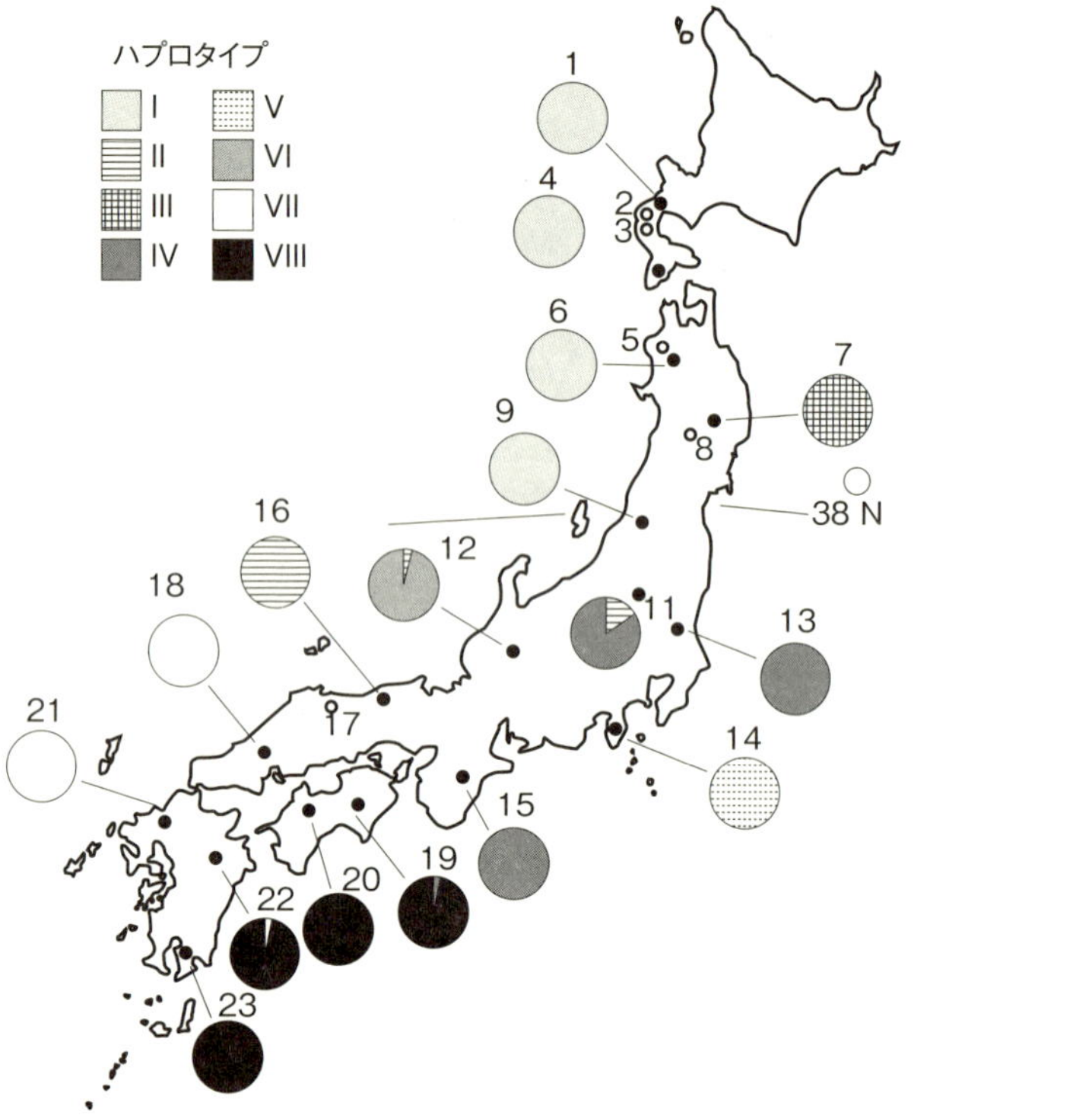

図３　ブナのミトコンドリア DNA の地域変異（(51)を改変）
円グラフはそれぞれの集団がもつミトコンドリア DNA タイプの頻度を示す。西日本の集団ほど多くのミトコンドリア DNA タイプが存在する。

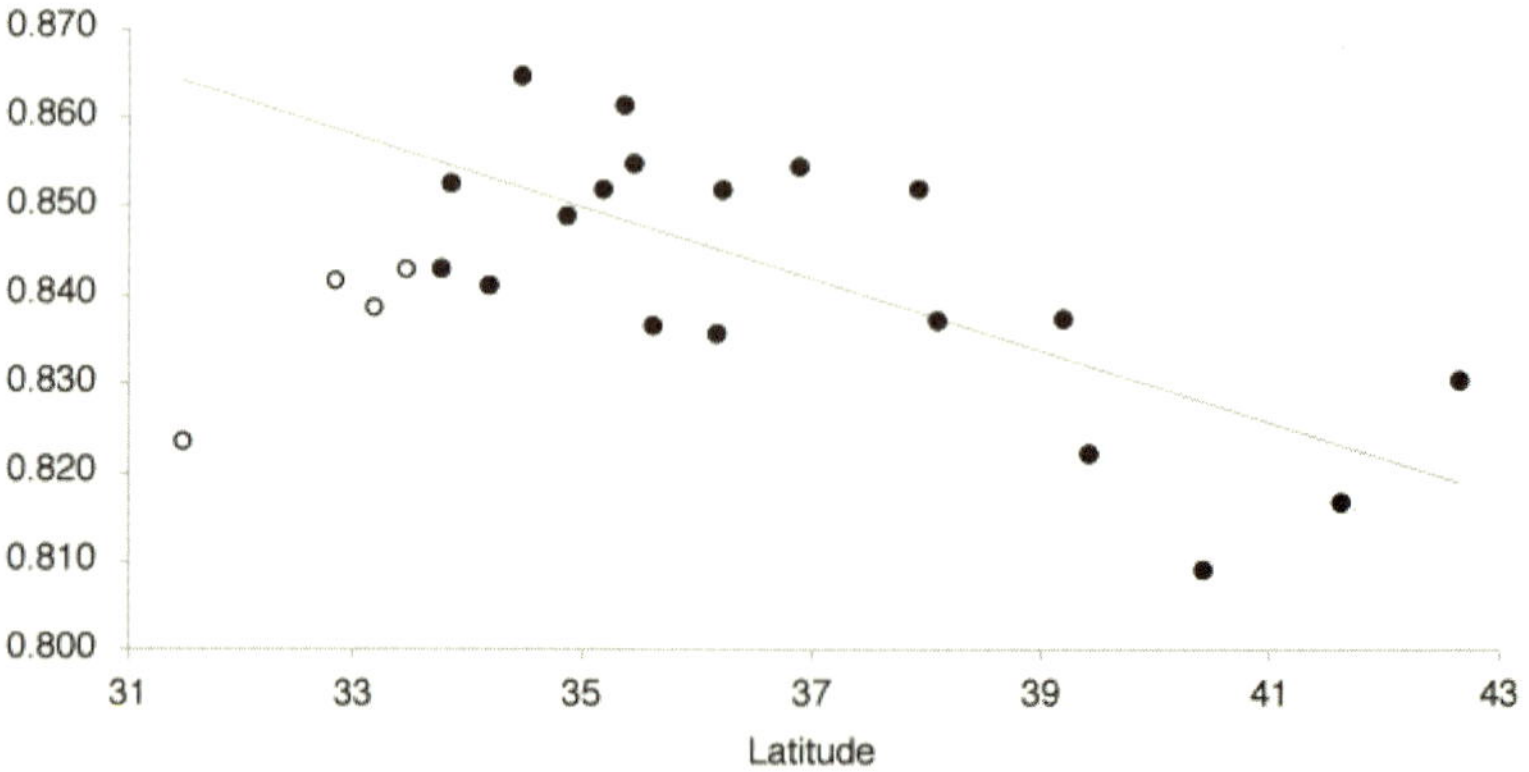

図４　ブナ 23 集団のヘテロ接合度（*He*）と緯度との関係（(10)を改変）
○の集団は九州の集団。緯度が上がるにしたがって *He* が減少している。

木花粉の三〜五％の割合で含まれる。[55] これらの地域の花粉組成はモミ属、ツガ属、トウヒ属、マツ属といった針葉樹花粉が圧倒的に優勢で、カバノキ属、ハンノキ属以外の、コナラ属などの落葉樹花粉は少ない。したがって温帯性落葉広葉樹の分布域から離れた、亜寒帯の針葉樹林域の中にもスギのレフュージアがあった可能性が考えられる。

広葉樹のレフュージア――ブナを中心として

ブナの系統地理学的研究は、アロザイム多型を用いた研究から始まった。[50] アロザイム多型解析法の結果は、西日本の集団で遺伝的多様性が高く、北へ行くほど遺伝的多様性が低くなる明瞭な地理的な勾配がみられた。ミトコンドリアDNAの多型を用いた研究では集団間に明瞭な地理的分化を示し、過去に西日本のレフュージアから東北日本に分布拡大したことが示唆される結果であった[15,51]（図3）。その後、葉緑体DNA多型を用いた解析でも、同様に明瞭な地理的な分化が報告された。[7,29] ブナではマイクロサテライトマーカーを用いた研究も行われており、日本海側集団と太平洋側集団の明瞭な遺伝的分化が明らかとなった。[9]

また、太平洋側と日本海側の集団では、それぞれ遺伝的多様性の頻度に違いがみられた。太平洋側の集団間では遺伝子頻度に違いはほとんどなかったが、日本海側の集団では遺伝子頻度に明瞭な地理的な勾配がみられた。日本海側の北緯三五度以北ではヘテロ接合度[*1]が減少しており、北緯三七度以北では対立遺伝子多様度（アレリックリッチネス）が減少している（図4）。これらの結果から、過去のブナ集団の急激な分布拡大が原因でこの勾配が形成されたと考えられる。

最終氷期最盛期の花粉記録からは、図1の針葉樹と温帯性落葉広葉樹の混交林域ではコナラ属コナラ亜属の分布量は多かったが、ブナの分布量はきわめて少なかったと考えられている。しかしながら、針広混交林域の北限の新潟県北部村上市や、内陸部の三重県多度町からもブナの大型植物化石が産出することや、針広混交林域の各地で最終氷期末期の約一万二〇〇〇yBPにコナラ属コナラ亜属とともにブナ属の花粉が同時に増加することを考えると、最終氷

＊1 生物集団のなかで、調査した遺伝子座がヘテロ接合であった個体の割合。ヘテロ接合度が高い集団は遺伝的多様性が高いと判断される。

期の針広混交林域にはブナの小さな林が広く分布していたと考えられる。

最終氷期最盛期に亜寒帯性針葉樹林が広がっていたとされる東北地方北部や北海道南部にも、約一万二〇〇〇yBPに起きた最終氷期末期の温暖化とともにブナ属とコナラ属コナラ亜属の花粉が同時に増加する場所がある。秋田県八郎潟では一万二二四〇±一八〇 yBP より前の最終氷期末期の地層からもブナ属やコナラ属コナラ亜属花粉が木本花粉の一〇~二〇%の割合で連続的に産出している。(73) 北海道渡島半島東部の横津岳の標高五八〇メートルの地点では、約一万二〇〇〇 yBPに堆積した濁川テフラの下位の層準でコナラ属と同時にブナ属花粉が増加し、樹木花粉の一三%を占めるようになる。(45) 北海道ではブナは七〇〇〇yBP に低地から拡大が開始したと考えられてきた。(26) しかし、横津岳では最終氷期終の末期の急激な温暖化とほぼ同時にブナが増加し始めたことになり、渡島半島南部に最終氷期最盛期のブナのレフュージアが存在した可能性を示している。ただし、周囲の森林の樹木の分布密度が低い場所では、湿原の周囲からもたらされた花粉の割合に対して、遠方から飛来する花粉の割合が多くなることもある。したがって、北海道のブナのレフュージアの存在の検証には、さらに多くの地点での花粉分析や大型植物化石の調査が必要だと考えられる。

おわりに

現生のDNAを調べることで、過去の集団サイズの変遷や地理的な分布変遷が明らかになる。化石DNAの分析は細心の注意が必要であるが、過去の植生やその遺伝的多様性が明らかになるため画期的な手法である。しかし、前述のようにDNA分析だけでは年代推定ができないため、対象サンプルの年代測定は必要である。化石の年代測定は微量のサンプルで測定できるAMS法の普及によりかなり正確になってきた。両方を合わせることにより、ほぼ正確にいつの時代にどのような植物が生育していたかを知ることができる。現生の森林の遺伝的多様性や遺伝的分化データから、過去のレフュージアの正確な位置がわかるかという問いには、時期は特定できないがある時期にその場所がレフュージアであったということはいうことができる。そこに植物化石情報が追加されるとレフュージアの時期の特定もできることになる。

植物化石データの蓄積により、スギやブナといった温帯性樹木の最終氷期最盛期のレフュージアが本州北部から北海道南部にかけての地域にも存在していた可能性が高くなってきた。[52] しかし、最終氷期末期の急激な温暖化とともに、本州中部の低地からブナが内陸部や本州北部へと急速に水平移動したというよりも、本州北部や本州内陸部の低標高域にもブナのレフュージアが少ないながらも存在し、そこから周辺や高標高域へと分布拡大したと考えることもできる。そうなると、地域集団間の遺伝的分化や、日本列島の南から北への遺伝的多様性の減少傾向は、最終氷期最盛期に形成されたというよりも、より古い時代の氷期―間氷期の気候変化の過程で形成されたことになる。最終氷期よりも古い時代の植物の空間的・時間的分布を明らかにすることはきわめて困難であるが、堆積年代が明らかな化石記録とDNAデータの両方を用いることで、多くの樹木種の氷期のレフュージアの位置や、氷期―間氷期の気候変動にともなう分布域の変化が明らかになり、現在の森林でみられる地域的な遺伝構造形成時期や遺伝的多様性の変遷を明らかにすることができる。

コラム1　日本養蜂史探訪

清水　勇

日本における養蜂史を歴史年表的に振り返ると、六四三（皇極二）年と一八七七（明治一〇）年の二か所に蛍光ペンでマークを入れることになるだろう。いずれも養蜂技術を海外から導入、あるいは革新した記念すべき年である。ミツバチは家畜化されたカイコなどとは違い、野外における送粉共生系の重要なメンバーで、その行動特性を利用した養蜂のあり方は、日本の植生に大きな影響を与えてきたと思える。ここでは日本の養蜂史をかけ足で概観してみよう。

縄文、弥生時代を通じて先史時代にミツバチを利用していたという考古学的な証拠はないが、記録として「蜜蜂」の文字が最初に現れるのは日本書紀である。日本書紀二四の皇極二年の項目に「是の歳、百済の太子餘豊、蜜蜂の房《ス》四枚をもって、三輪山に放ち養《カ》ふ。而《シコウ》して終に蕃息《ウマハ》らず」と記されている。皇極二年は大化の改新の二年前で、古代日本が政治的激動期を迎えようとしていた頃である。この年、百済の太子、餘豊《よほう》が大和の三輪山において四枚巣盤でミツバチを飼育しようと試みたが、うまく繁殖しなかったという、それだけの記録であるが、史書に現れる養蜂の最初の記述である。

ここに出てくる餘豊という人物は、百済の最後の王であった義慈王《きじおう》の王子、扶余豊璋《ふよほうしょう》のことである。当時、百済と倭国（大和朝廷）は同盟関係にあり、餘豊は西暦六三一年頃に日本に渡来したとされる。政治的人質であったといわれているが、実際は駐日大使のような役割を果たしていたのであろう。この頃、百済から頻繁に使者が大和に来ている。日本側は、餘豊に貴族の娘をめとらせるなど待遇は賓客扱いであったが、後に唐によって滅ぼされた百済を再興するために大陸に渡り、数奇な運命をたどったとされ

る。(2)

当時の日本には、ミツバチを人が飼育するなどという概念も技術もなかったので、大陸で行われていた養蜂を、餘豊が誰かに伝授しようとしたものであろう。後の話になるが、続日本紀一三巻（七三九年）には、渤海国《ぼっかいこく》の使者が、蜂蜜の貢ぎ物を朝廷に献上したという記述があり、大陸ではトウヨウミツバチを用いた養蜂が盛んであったと推定される。中大兄皇子か誰かと故国の話をしているうちに蜂蜜や養蜂の話におよび、「餘豊さん、ちょっとやってくれないかね」と頼まれたかもしれない。

樹洞で見つけたニホンミツバチの自然巣を切り出し、木箱か樹木をくり抜いて作った巣に移し替えて飼育を試みたと想像できる。古代から神山として崇められてきた三輪山《みわやま》（奈良県桜井市）は、現在はスギやヒノキなどが優占しているが（図1）、当時は蜜源となるヤブツバキ、クスノキ、シイ、サカキなどの照葉樹が密生していて、それを取り囲む里では万葉集で歌われた草花が咲き乱れていたに違いない。(7) この頃は万葉寒冷期にさしかかってはいたが、まだ比較的温暖な気候であったと思われる。野外でハチを扱うといった危険な作業を、餘豊のような貴人が直接に行うわけがなく、百済からついてきた経験のある従者が行ったもの

図1　三輪山の風景

だろう。巣は山の斜面ではなく、おそらく麓に置いたのではないか。

古代日本の文明や文化の形成には、大陸からの渡来人の知識や技術が大きな位置を占めており、製鉄、稲作、養蚕、酒造、製紙などの主要な産業技術は六世紀末頃までに伝播していたとされている。[1] 養蜂については、このときに初めて試行されたといえる。当時としてはバイオ技術の導入といった感覚があったかもしれない。

日本書紀は八世紀の奈良時代にできたもので、神話部分などほとんど創作ではないかといわれており、歴史時代の記事の記載も錯誤が多いとされている。この「餘豊ハチを三輪山に放つ」の記事も、今では真偽を確かめるすべがないが、重要な政治的事件（蘇我入鹿《そがのいるか》による山背大兄王《やましろのおおえのおう》一族の滅殺）の記録と併記されているので、この時期に実際に行われたことはほぼ間違いない。そしてなによりも重要なことは、この記事が後代に継承される公的な文書を通じて、「人がミツバチを制御し飼育する」という概念、すなわち「養蜂」という概念を成立せしめたことである。

コロニーに女王蜂がいなかったか、あるいは扱いが悪くて巣から逃去したかで、日本初の試験養蜂は成功しなかった。巣分かれした分蜂群と違って、野外で営巣するミツバチのコロニーを別の場所に移して飼育するのは現在でも難しい。その後も餘豊がこれを繰り返しトライしたかどうかはわからないが、百済は唐に攻められ存亡の危機を迎えていたので、とてもそんな余裕はなかったに違いない。西暦六六三年の白村江《はくすきのえ》の戦いの敗戦後、多数の百済人が日本に亡命してきたとされているので、おそらく、その中の何人かの経験者が大陸の養蜂技術を、本格的に日本に伝播したのではないかと思われる。

現在は、日本全国の農村や山村の至るところでニホンミツバチの伝統養蜂が行われている。[3] その飼育方法は千差万別でさまざまな工夫がなされている。そのような形式の中に、大陸から伝播してきた養蜂技術の痕跡が、今でも認められるのかどうかは、今後の研究に待たねばならないが、対馬での伝統養蜂の形式にその一部が認められる。[5] 対馬はセイヨウミツバチを導入することなくニホンミツバチを用いて昔から盛んに養蜂が行われてきたが、ここの伝統的な巣箱はスギ、ヒノキ、ケヤキなどの丸太の中央をくり抜いて作った丸胴巣である。[6] 対馬では、これを「ハチドウ」とよんでいるが、この飼育の形式はもともと古代朝鮮の「ポルトン」（蜂筒）から由来したものと言われている。[4] 奈良に隣接する吉野熊野地方でも、対馬のハチドウによく似た丸胴巣によるニホンミツバチの養蜂が盛んである。

　ニホンミツバチのような閉鎖空間で集団生活を営む昆虫にとって、深山・奥山よりも、むしろ里山の方がすみやすい環境といえる。深山や奥山では巣となる樹洞をめぐって、シジュウカラのような鳥、ヤマネ、リス、ムササビ、モモンガなどの齧歯類、スズメバチなどの昆虫といった多くの競争者がひかえている。分蜂群が適切な大きさの空洞を発見できるかどうかは、そのコロニーにとって死活問題である。一方、里山にはミツバチが利用できる人工物や建造物が豊富に存在し、そこはクマやスズメバチなどの天敵が出現する頻度も比較的少なく、さらに四季を通じて資源が多様かつ豊富である。里山養蜂は、里における人とハチとの相利共生の形態といえる。

　中世になってからの里山の拡大が、こういった共生的養蜂を促したはずである。しかし、『古事類苑《こじるいえん》』などを渉猟しても、ミツバチについての説話がいくつか散見されるものの、養蜂そのものの記述は意外と少ない。「古事談《こじだん》」（一二一二年）や『十訓抄《じっきんしょう》』（一二五二年）に、藤原宗輔《ふじわらのむねすけ》が何箱もミツバチを飼育して「蜂飼大臣」とよばれていたという記載があるくらいであろうか。藤原宗輔は太政大臣にまで上りつめた貴族であるが、鳥羽殿に現れた蜂群を手ずから鎮めて取り込み、上皇にほめられたというユニークな人物である。ちなみに堤中納言物語《つつみちゅうなごんものがたり》に登場する「虫愛づる姫君」のモデルは、この宗輔の一人娘である若御前ではないかといわれている。

　ニホンミツバチを用いた養蜂は江戸時代になって集大成され、精緻な指南書や解説書がいくつも出版されるようになった。久世敦行《くぜあつゆき》の『家蜂畜養記』（一七九一年）、木村孔恭《きむらこうきょう》の『日本山海名産図会』（一七九九年）、小野蘭山《おのらんざん》の『重訂本草綱目啓蒙《ほんぞうこうもくけいもう》』（一八〇三年）大蔵永常《おおくらながつね》の『広益国産考《こうえきこくさんこう》』（一八五九年）、そして田中芳雄の『蜂蜜一覧』（明治五年・一八七二年）などである。蔀関月《しとみかんげつ》の挿絵による日本山海名産図絵（図2）では、軒下の樽や巣箱から巣盤を切り出し採密する様子や、袋から巣箱に分蜂群を取り込んだり、奥の小屋で蜜を採る作業などを細かく描いている。まだ家内工業的ではあるが、次第に産業規模に発展しつつあるこの頃の養蜂の様相をかいま見ることができる。

　最後に紹介した『蜂蜜一覧』は、明治の初めにウィーン万博の出品物の解説として作られたものであるが、江戸期の養蜂技術をまとめて図解したものである。図3はその一部であるが、ここではさまざまな養蜂用具、蜂蜜の圧搾機、蜜蝋を取る器具などが描かれ、どれも西洋養蜂に負け

図２　『日本山海名産図会』の熊野蜂蜜の図

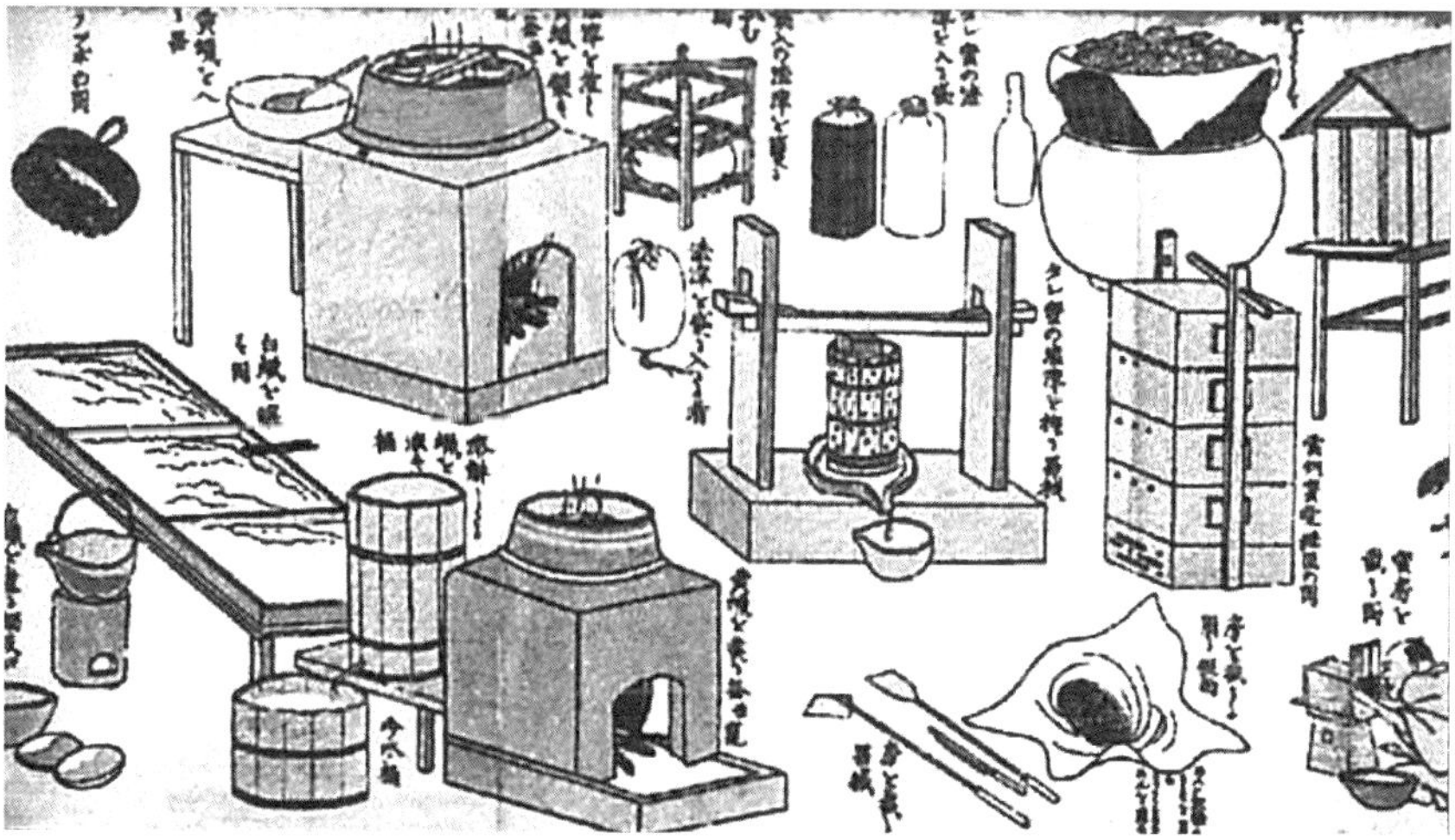

図３　『蜂蜜一覧』の部分図

ない優れた技術をうかがい知ることができる。歴史的に日本国が類いまれな農水産物の生産力を維持してきた背景として、一つは日本列島の生物多様性をあげることができるが、それを利用可能とした日本人の優れた技術力があったことが、ここでもわかる。

明治になりニホンミツバチを用いた伝統養蜂は廃れ、一八七七(明治一〇)年になってセイヨウミツバチを導入した近代養蜂が、それにとって代わることになる(これもすぐに成功したわけではないが)。江戸期までに確立した和養蜂の技術が、明治に導入された西洋養蜂の発展の基盤になったとされている。[5] それ以降は「共生の養蜂史」に対して「攪乱の養蜂史」ということになるが、これについての詳細は別の機会にゆずりたい。

コラム2　蛇紋岩を例とした日本の特殊岩地帯における植物

川瀬大樹

日本列島には高山、草原、湿原、森林、海岸などの多種多様な自然環境があり、そのような環境に生育する高山植物、湿原植物、照葉樹や針葉樹といった植物の姿は思い浮かべやすい。一方、あまりなじみがないが、特殊な岩石によって作り出される自然環境というものもあり、代表的なものとして石灰岩地帯や蛇紋岩地帯があげられる。特に蛇紋岩という岩石に覆われた場所は、北海道から九州にかけて散在して分布し、蛇紋岩地帯に特有な植生が知られている。このように地質を形成する岩石の違いにより、その場所特有の植物が認められることは、多様な地質環境が生物多様性の一面を支えているともいえよう。ここではそのようななかで、蛇紋岩地帯における植物について紹介したい。

蛇紋岩というのは、名前のとおり、岩石の表面に蛇のような艶合いと紋様をもつ。地中深くのマントルを構成するかんらん岩などの二酸化ケイ素含有量が非常に少ない岩石に由来し、黄緑色から黒色をしている。ときに蛇紋岩の種類によっては石綿を含む場合もある。蛇紋岩に由来する土壌は化学的、物理的に際立った特徴をもっている。たとえばマグネシウムの量が他の土壌に比べて圧倒的に多く、ニッケル、クロムといった重金属イオンを含んでいる。また土壌は、貧栄養で乾燥しやすく、大きな土砂崩壊も起こりやすい。蛇紋岩土壌のもつこれらの性質は、植物の生育に大きな影響を及ぼしている。蛇紋岩地帯に足を踏み入れると、アカマツなどがまばらに生育し、草の生育量が少なく、岩礫がそのままむき出しの状態が観察され、生物の多様性はいかにも低そうである。

しかしながら、蛇紋岩地帯には蛇紋岩地帯に固有の植物が数多く分布していることが知られている。たとえば、本州の群馬県に位置する至仏山《しぶつさん》と谷川岳、北海道の天塩地方の問寒別《といかんべつ》には、オゼソウというサクライソウ科に属するきわめて稀少な植物が隔離分布している。また、北海道の夕張岳、アポイ岳（蛇紋岩に近いかんらん岩が主）や、本州の早池峰《はやちね》山、至仏山、谷川岳にはナデシコ科のカトウハコベが隔離分布している（アポイ岳産のものではアポイツメクサという変種）。その他にも固有植物が多い高山のお花畑といわれる場所が、実は蛇紋岩地帯である場合があり、前述の夕張岳やアポイ岳、至仏山、谷川岳、早池峰山以外にも、長野県の八方尾根などが例としてあげられる。

　また一般の土壌環境にも生育する植物が蛇紋岩地帯に分布している場合、蛇紋岩地帯では植物の背丈が非蛇紋岩地帯に比べて小さい場合や、花や葉の色や形が異なる場合が多い。たとえば、中部地方から東北地方、北海道にかけて、田畑や牧草地、海岸に主に生育するアズマギク（キク科）は、至仏山、谷川岳ではジョウシュウアズマギク、アポイ岳ではアポイアズマギク、夕張岳ではユウバリアズマギクとよばれるように、各特殊岩地帯においてそれぞれ色や葉の形の異なる矮小型植物が分布している。このような蛇紋岩地帯におけるアズマギクについて、核ＤＮＡの塩基配列を用いて土壌タイプごとの系統関係を調べたところ、蛇紋岩地帯のアズマギクの系統は、近隣の非蛇紋岩地帯のものと近い場合が多く、各蛇紋岩地帯でそれぞれ独立並行的に進化した可能性を示唆していた。

　蛇紋岩地帯は、生物が生育していくには厳しい環境であるが、生物の固有性がきわめて高い場所である。現在の植物の分布のありようが、氷河期や後氷期の気候変動の要因によって強く影響を受けていることが理解されるようになったなか、蛇紋岩地帯という土壌環境は植物の生育場所としてどのような役割を果たしてきたのだろうか、そして蛇紋岩植物はどのようにして過酷な環境に適応し、生き残ってきたのだろうかなど、まだまだ興味は尽きない。ともすれば気温の変化だけで植物が移動するように考えられがちであるが、降水量や土壌の特異性を論じることも必要であろう。いずれにしても特殊土壌のもつ性質が、植物の分布の特異性や固有性を生み出してきた可能性は大きい。

　初夏を迎えると、高山の蛇紋岩植物はその可憐な姿を現し、鮮やかな色彩や風に揺れる姿は登山者の目を楽しませてくれる。岩石の特殊性と植物の固有性、それらの組み合わせを思い描きながら、目の前に広がるお花畑を眺めてみるとまた違った風景に映ってくる。

第4章　同位体からみた日本列島の食生態の変遷

米田　穣・陀安一郎・石丸恵利子・兵藤不二夫・日下宗一郎・覚張隆史・湯本貴和

はじめに

我々、現在の日本人の多くは、自ら食料の生産や獲得に携わることはほとんどない。多くの場合、スーパーマーケットなどに全国から集められた食材を購入している。それでも、時には郷里の味を懐かしく思うこともあるだろう。その「郷里の味」とはいったい何なのだろうか？　昔から伝統的に食べられている食材や、その土地に独特の調理法のことを漠然とイメージしているような気がする。それではその「昔」というのは、何時代のことなのだろうか。一、三百年前の江戸時代なのだろうか、それとも数千年前の縄文時代なのだろうか。

生鮮食料品の流通ネットワークが非常に発達した現代の日本における食生態の多様性と、過去の人びとの食生態とを比較することによって、日本列島における生態系の利用形態の時間的変遷を理解することができるのではないか、という発想が本研究の出発点である。これまで、食生活に関する研究は歴史学や民俗学、栄養学で主に扱われてきた。文化としての食生活（食文化や食事文化）の研究成果をみると、今日の食生活が形成されてきた過程を大まかに知ることができる。ここで簡単に日本の食生活の変遷について復習してみよう。

日本列島に本格的にヒトが住み始めたのは最終氷期にあたる四万年前頃ではないかとされている。しかし、いわゆる旧石器時代の食生活については、ほとんどわかっていない。わずかに、石器や陥し穴などの研究から、氷期に適応した大型哺乳類を中心とする狩猟採集生活を送っていたのではないかと推定されるだけである。[11] 本格的な食生活に関する研究が可能になるのは、貝塚などの遺跡にさまざまな生活の痕跡が残されるようになる縄文時代以降のことである。一万年以上の長期間にわたって継続した縄文時代には、食料は周辺の生態系から狩猟や漁撈、採集活動によって獲得されていた。農作物を一部利用していたという見解もあるが、一般的には縄文時代の人びとはいわゆる狩猟採集民であったと考えられている。

それに続いて、今日の食生活には欠かせない水稲の耕作が拡がったのが弥生時代である。水田稲作農耕文化の一部として、ブタやニワトリなどの家畜も大陸からもたらされた。しかし、古代には仏教思想の影響から獣肉を食べることが忌避された。文献の研究からは、今日の伝統的な食事文化はこの獣の肉を利用しない伝統にのっとり、中世の武家社会によって形作られたといわれている。江戸時代には、コメの生産高（石高）で税が決まり、基本的にコメで租税を納めねばならないコメを中心とした経済が発展している。その当時、本来の主要な食糧であるコメを収奪され、小氷期とよばれる寒冷期の影響もあって、飢饉による甚大な被害がしばしば記録されている。そして明治時代の「文明開化」によって牛鍋に代表されるような肉料理を含む西洋風の食習慣が導入され、その傾向は第二次世界大戦後ますます加速している。考古学と文献史学の断片的な情報を概観するだけでも、日本列島における食生活の時代変遷はダイナミックであることがよくわかる。

私たちは、ヒトの食生活と周辺環境の関係を生物学的・生態学的に理解するために、「食生態」という用語を使用する。しかし、実際に食生態のダイナミックスを定量的に示すような情報は非常に少ない。それは、過去の食生活を正確に復元することは容易ではないことに起因する。とくに文字記録がない先史時代の生活については、遺跡から出土するさまざまな遺物を手かがりに解明する必要がある。たとえば、縄文時代の人びとが残した貝塚には動物の骨や貝殻など、食料の残り滓がいろいろと含まれており、当時の食生活を復元するための貴重な情報源となっている。遺跡から出土する動物の遺存体を研究する動物考古学者によって、縄文時代に利用されたさまざまな動物種についての詳細なリストが作成されており、そのリストには日本列島に生息する主要な動物（哺乳類、鳥類、爬虫類、両生類など）がほぼすべて含まれているといっていいだろう。ただ一般的にいうとすれば、大型哺乳類としてはシカとイノシシが主な狩猟の対象だったようだ。[5][9]

動物だけでなく、縄文時代の人びとが植物をたくさん利用したことは、現代の狩猟採集民で植物質食料がはたしている重要な役割からも容易に想像できる。縄文時代の遺跡からも多様な植物の遺存体や、植物を加工するための磨石や石皿などの道具が出土している。(13) しかし、一般に植物そのものは腐食しやすく、動物の骨や貝殻のように長期間にわたって土中で保存されないので、低湿地などの例外的な環境でないと植物が遺物として残存することは難しい。また、腐食しやすいという性質ばかりでなく、イモや葉もののようにほとんどが可食部で、廃棄される部分がほとんどない食品の場合、さらに遺物として残る可能性が低いことになる。例外的な事例ではあるが、京都府の松ヶ崎遺跡からヤマノイモの球芽が報告されており、また石器に残留するデンプン粒の顕微鏡を用いた研究などからも、イモ類などの植物質食料資源が広く利用されていた可能性が示唆されている。(10)

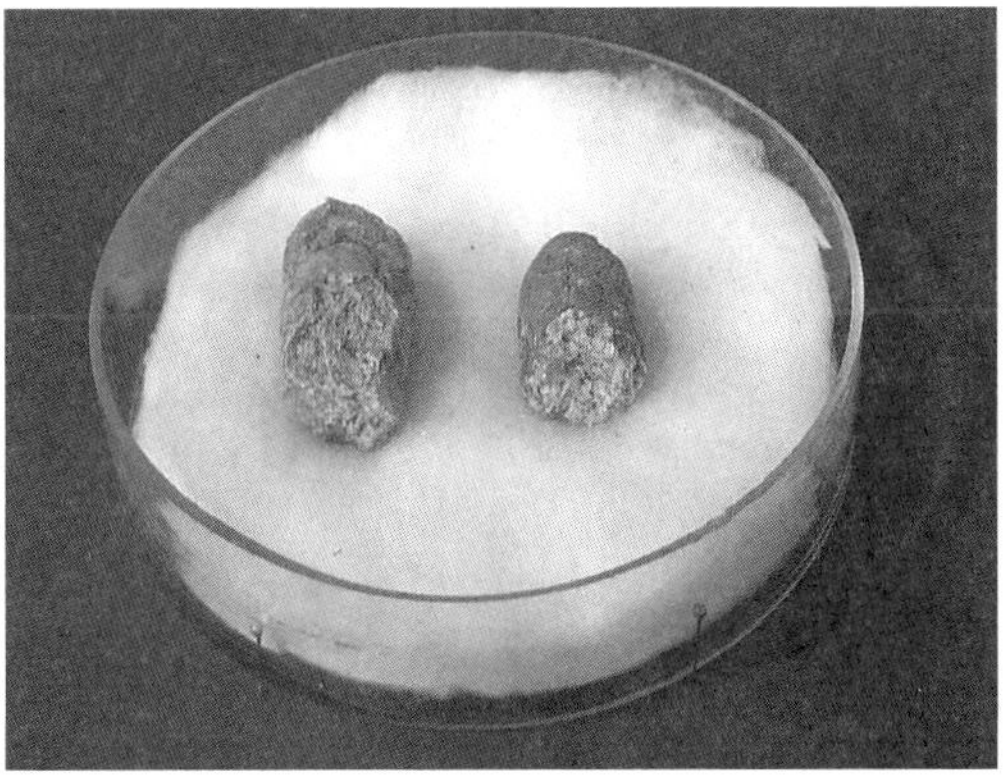
図１　千葉県曽谷貝塚から出土した縄文時代の糞石

　ヒトによって摂取され、消化・吸収されてしまうという本来的に食物がもっている性質は、遺物にもとづいて研究を行う考古学という分野にとって決定的に不利であることは否めない。それでは、消化されてしまった食料はどこにいったのだろうか。その答えの一つとして、貝塚遺跡から見つかることがある大便の化石「糞石」をあげることができる（図１）。出土例は多くないが、それに含まれている種子や骨、寄生虫の卵などから、いくつかの特定の食材がわかる場合がある。(6) しかし、糞石から得られるのは数日間の食事の情報だけであり、しかも利用した食料の一部分にすぎないので、残念ながら環境への適応に着目した食生態を復元するには十分とはいえない。

　食物のもう一つの行き先は人体組織である。遺跡から出土する古人骨はある意味では、一番直接的な食料に関する証拠であるといえる。消化管で消化・吸収された分子や原子のレベルでは、それが動物あるいは植物に由来したのか区別しない。そのため、イモのように腐食しやすい食物に由来する成分も、骨の中に元素レベルでは保存されていると考えられる。食物ごとの化学的な特徴に着目すれば、遺跡から出土する人骨の材料として、どのような食料が多く摂取されたか、ほとんど偏りなく知ることができることになる。

骨組織は常に少しずつ置き換わっており、古い骨組織が壊され、新しい組織が追加されている。この特徴は、骨からは長期間の食生活の平均的な様相を読みとれることを意味しており、環境とヒトのかかわりを知りたいという食生態の研究のためには、うってつけである。具体的には、死亡するまでのおよそ一〇年間の食生活を平均した情報を、古人骨は保存しており、糞石では得られなかった年間を通じて重要な食料資源を知ることができるというメリットがある。ただし、多くの狩猟採集民にとって、季節的に利用できる食料資源をうまく組み合わせることが、非常に重要であることを忘れてはならない。

一　同位体生態学とヒトの食生態復元

我々は有機物に多く含まれる炭素と窒素という元素に着目し、その中の「同位体比」という化学的特徴を手がかりに、過去の人びとの食生活を研究している。特殊な光合成をするアワやヒエなどの雑穀や、海の魚貝類を食べていたならば、シカやイノシシなどの一般的な草食動物とは異なる同位体の特徴が人骨に記録されると期待される。[15][16] 今日の生態系を研究するための手法の一つとして、化学的な目印「トレーサー」が広く用いられている。生態系のなかで時間的あるいは空間的に偏在している化学物質に着目して、その物質がどのように分布を広げていくのかを追跡調査する。本章は、生態系中での物質循環のトレーサーとして安定同位体に着目し、これを縄文時代と江戸時代の人骨、さらに現代人の毛髪に応用することで、過去の人びとと現代人の生態系における位置を比較する研究をまとめた。

同位体というのは、化学的性質を決める電子の分布は同じだが、原子核の重さ（質量数）が異なる元素のことを指す。たとえば、生物を形作る主要な元素である炭素では、天然に質量数が一二、一三、一四の同位体が存在しており、それぞれが全体で占める割合は九九％と一％と一×10^{-10}％である。同位体は元素記号の左上に質量数を記入して区別する。質量数一四の炭素は^{14}Cと記述する。窒素の場合は^{14}N（九九・六％）と^{15}N（〇・四％）という二種類の安定同位体が知られている。同位体はお互いに化学的に同じ性質を持っているので、我々の身体を構成する有機物含め、炭素や窒素を含むすべての物質には重い同位体（^{13}Cや^{15}N）が少量ながら含まれている。さまざまな動物や植物でその割合を調べた結果、生理的な条件や生息する環境によって同位体の存在する割合に違いがあることがわかってきた（口絵６）。たとえば、植物では大きく二つのグループに分かれるが、その原因は光合成の方法の違いである。比較的^{13}Cの含有量が少ないC_3植物とよばれる一般的な植物のグループには、堅果類を産する樹木やコメやムギなどの作物が含まれる。一方、^{13}Cを多く含む植物のグループはC_4植物とよばれ、トウモロコシやアワ、ヒエ、キビなどが含まれる。

一方、重要なタンパク質源の一つである海産物では、炭素と窒素の両方で重い同位体が多いという特徴がある。窒素の重い同位体が多い主な理由は、食物連鎖を通じて^{15}Nが生物体内に濃縮する効果（生体濃縮）のためである。地上生態系でも生体濃縮はみられるが、植物～草食動物～肉食動物とその濃縮を起こす食物連鎖は数段階にしか過ぎない。それに対し、海洋生態系では植物プランクトンを第一次生産者として、動物プランクトン～小魚～大型魚類～海生哺乳類と食物連鎖が多段階にわたるため、その効果がより明確にあらわれる。このような炭素や窒素の同位体の特徴を利用すれば、複雑に絡まりあった生態系に関して多くの情報をえることができる。生態系における物質の循環を追いかけるトレーサーとして同位体はさまざまな研究で利用されており、近年では「同位体生態学」とよばれる分野が確立している。[3]

一般的に、同位体比はデルタ値とよばれる数字で示され、$\delta^{13}C$値や$\delta^{15}N$値と表記される。同位体比の違いは非常に小さいので基準となる値からどの程度の割合でずれているかを千分率（‰）で表す。値が大きくなるほど軽い同位体（^{12}C、^{14}N）に対する重い同位体（^{13}C、^{15}N）の割合が増える。国際的に認められた標準として、炭素の場合は米国にあるＰｅｅＤｅｅ層から出土したベレムナイトの化石で定義された値（ＰＤＢ・ＶＰＤＢ）を、窒素の場合は大気に含まれる窒素ガス（ＡＩＲ）の値を基準に用いている。

雑食性のヒトは、同位体比の特徴が異なるさまざまな食物を摂取して、それを原料として体をつくっている。食物に重い同位体がたくさん含まれていれば、我々の体にも重い同位体比が多くなる。古人骨で分析できる生体由来の成分は、タンパク質であるコラーゲンが主である。コラーゲンでは、食物のタンパク質よりも炭素の千分率で表すと約四・五‰（パーミル）、窒素では約三・五‰ほど重い同位体が濃縮することが知られている。[1] よって、人骨のコラーゲンが変質していなければ、古人骨からその個体が生前に摂取したタンパク質の情報が得られる。現代日本人の人骨を入手することは容易ではないが、頭髪では炭素と窒素の同位体比が食物よりも、それぞれ約二・五‰、約四・一‰ほど濃縮することが知られている。[7] それぞれの濃縮係数を補正することで、縄文時代・江戸時代・現代の三つの時代の食生態を直接比較することが可能になる。ただし、骨のコラーゲンや毛髪のケラチンに記録されている食生態の情報は、体組織のタンパク質の材料となった食物中のタンパク質の相対的な割合であり、タンパク質摂取量として多い、少ないといった量的な議論はできないことに注意が必要である。また炭水化物の情報も得られていない。

二　同位体からみた縄文時代の食生態と多様性

縄文時代の古人骨で炭素・窒素同位体を分析した結果をもとに、彼らの食生態の特徴を検討してみよう。縄文文化は縄文土器の分布によって定義される文化圏である。土器型式からは地域的な多様性は認められるものの、その地域性は連続的なものであり、基本的に日本列島全域に通底する文化があったと考えられている。[14] その分布域は、千島諸島から沖縄諸島までが含まれており、宮古島以西の先島諸島でみられる先島新石器文化を除き、ほぼ現在の日本国の範囲と重なる。すなわち、縄文文化は南北四〇〇〇キロメートルを超え、亜寒帯、温帯、亜熱帯の多様な環境に適応した文化ということができる。

縄文時代のなかでの時間的変化を考慮する必要があるが、今回は比較的人骨の出土数が多い縄文時代後期を中心に地域性をみてみよう（口絵7）。日本列島で利用できる動植物の代表的な同位体比に、先述したコラーゲンの濃縮係数（炭素四・五‰、窒素三・五‰）を加えて、骨コラーゲンの同位体比と比較している。東日本の遺跡が多くを占めるが、これは縄文時代の遺跡分布の傾向を反映したものである。遺跡数や文化要素からみても東日本の縄文時代後期の食生態は、縄文時代を代表する典型的な食生態と考えてよいだろう。古人骨が残存する条件が良好な貝塚遺跡に偏る傾向があるが、なかには内陸の長野県保地《ほぢ》遺跡や淡水性の貝塚遺跡である宮城県青島貝塚から出土した人骨のデータも含まれており、東日本についてはおおむね食生態の多様性を検討することができる。

口絵7をみると、最初に北海道集団が非常に高い炭素と窒素の同位体比を示すことが目につく。北海道の縄文後期集団は、海生哺乳類を含む海産物を主要なタンパク質源としていたことは明らかである。今回分析した北海道の遺跡は主に道南に位置するが、噴火湾沿岸の遺跡、日本海に面する遺跡、千歳川沿いの内陸遺跡が含まれている。また、道北の礼文島の資料も含まれているが、北海道の分析結果は全般的に海生哺乳類と海生魚類の間に分布していることがわかる（口絵7）。なかでも、道北や噴火湾沿岸の集団では、非常に高い窒素同位体比を示しており、彼らの主要なタンパク質源は海生哺乳類と考えられる。この結果は、遺跡から海生哺乳類の骨と、狩猟に用いられたであろう骨製銛先が多量に発見されたことと矛盾しない。

もう一つ、特徴的な同位体比を示す集団がみてとれる。それは、沖縄の縄文時代後期に相当する貝塚時代前期の集団である。沖縄では、本土が弥生時代になった時期にも縄文時代の文化が継続するので、貝塚時代という別の文化の名前が用いられる。他地域の集団と比較すると、沖縄の縄文集団では炭素同位体比は比較的高いが、窒素同位体比が比較的低いという特徴がある。これは、陸上のC_3植物に加えて、比較的栄養段階の低い海産物、おそらく貝類や小魚を利用したことを示している。本州の貝塚遺跡に暮らした集団では、貝類よりも栄養段階が高い魚類の利用を示唆する傾向が得られているのと対照的である。縄文時代には、海進にともなって形成された入江を利用した漁撈が中心だったのに対して、沖縄諸島では沿岸部に広がるサンゴ礁の海産物を活用した生業形態が形成されていたと考えられる。

北海道と沖縄の集団が、海産物にかなり近い位置に分布するのに対し、本州（東北・関東・中部・中国）の集団はC_3植物と海生魚類を結んだエリアに位置している。北海道や沖縄よりも、C_3植物をより多く利用していたと考えられるが、植物の重要性については集団によって大きな違いがあったようである。たとえば、内陸に位置する長野県保地遺跡や宮城県青田貝塚でも、陸上の食料だけに強く依存した傾向は示されていない。堅果類やイモ類を含むC_3植物とともに、炭素・窒素同位体比が高い魚貝類を組み合わせて利用するパターンが特徴だといえる。貝塚には大量の貝殻が残されているにもかかわらず、貝類は必ずしも主要なタンパク質源ではなかったという推定は興味深い。また、中部高地での縄文時代に栽培されていた可能性が指摘されているC_4植物の雑穀（アワ・ヒエ・キビ）を積極的に摂取した集団も認められなかった。

本州の縄文集団における違いをみてみると、唯一の西日本の資料である岡山県の涼松《すずみまつ》貝塚で窒素同位体比が高い特徴がある。これは、食料資源の組み合わせの違いで説明することは困難であり、おそらく海産物の同位体比そのものが東日本のものとは異なる可能性を示唆している。本研究の一環として、日本各地の魚における炭素・窒素同位体比の地域差を比較検討した結果、瀬戸内海では高い窒素同位体比が報告されており[4]（コラム４）、涼松貝塚の人骨における結果と矛盾しない。個別の遺跡における具体的な食生態の復元には、同じ遺跡で出土した動物骨との比較が必要である。また、コラーゲンにおける集団間の比較に際しても、すべてが食生態の違いに起因しない可能性があることに注意せねばならない。

東日本の東北と関東では貝塚遺跡を中心に分析したが、両者の分布は互いに重なり合っており、北海道や沖縄との違いほど明確な相違は認められない。また、内陸に位置する中部地方の保地遺跡の資料では、沿岸の貝塚遺跡と同程度の魚貝類を摂取していたことが示された。本州の縄文集団なかでも特に高い炭素・窒素同位体比を示したのは、宮城県の川下遺跡と末崎細浦遺跡の資料であった。関東地方の千葉県の曽谷貝塚と姥山貝塚から出土した人骨資料も比較的高い炭素・窒素同位体比を示しており、資料によっては比較的高い海産物利用を示した東北地方の貝塚集団と近似する同位体比も認められる。

基本的に本州の縄文時代の人びとは、堅果類やイモなどのC_3植物と、魚類を中心とする海産物という二つの重要な食資源を組み合わせた生業を有していたということができる。しかし、本州では地域間の相違よりも集団内および地域内の相違が大きい傾向があり、それぞれの遺跡立地や伝統にもとづいた集落独自の生業形態をもっていたようだ。かなり狭い範囲での生態系に対して適応した食生態を発達させていたと考えられる。このことは、遺跡間での食料やヒトの日常的な移動が限定的であったことを示唆しており、考古学的にも興味深い。

以上の結果を総合すると、骨の同位体分析からは、縄文時代の日本列島には食料獲得に関する三つの適応戦略があったと考えることができる。まず、北海道では、海生哺乳類や大型魚類などの栄養段階が高い海洋生物を主要なタンパク質源とする食生態が復元された。この食生態は、本州ではみられない海生哺乳類という独自の食資源を活用してきたことを示すだけではなく、比較的冷涼な北海道の気候のお陰で、季節的にしか利用できない海生哺乳類やサケなどを保存加工する技術があったのではないかと推測させる。一方、日本列島の南端に位置する琉球諸島でも、海洋に特異的に適応した食生態がみられた点は興味深い。ここでは、比較的栄養段階の低い貝類や小型魚類が主要なタンパク質源だったようであり、サンゴ礁に近い海岸という遺跡の立地と整合的である。沖縄で「イノー」とよばれるラグーンを利用した海産物を重視する食生活を示したものと考えられる。それに対し、本州の縄文時代後期の集団は、主にC_3植物と海生魚類の間を結ぶ直線の付近に分布している。これは、北海道や沖縄ではあまり摂取されていないC_3植物が、本州ではより重要な食料資源であったことを示唆している。縄文時代の本州では、堅果類やイモなどの炭水化物と、魚類を中心とした海産物のタンパク質を組み合わせた食生態を基本として、周辺生態系からそれら二つを獲得するという適応戦略を発達させており、北海道や沖縄とは大きく異なる特徴を有しているといえる。

縄文時代人骨の分析結果からは、縄文文化という共通する文化をもつと考えられてきた日本列島で、少なくとも三つの異なる適応戦略が認められた。北海道と本州、そして沖縄という三つの区分は、亜寒帯、温帯、亜熱帯という気候区分に対応している点は重要である。動物の分布をみて見ても、この三つの地域の間にはそれぞれブラキストン線や渡瀬線といった動物地理区の境界が存在している。氷河期が終わり、温暖化したことによって広まった温帯広葉樹林に本州の縄文集団は積極的に適応し、植物資源を重視した食生態を進化させた。一方、北海道や沖縄では、海産物を中心とした食生態を送っていることから、三者の共通祖先である旧石器時代人のころから、海産物を利用していた可能性があるのかもしれない。しかし、旧石器時代の海産物利用については明確な考古学的証拠がなく、今後の旧石器時代や縄文時代草創期の人骨が発見されることに期待したい。

考古学的な証拠からは、弥生時代相当期に北海道と沖縄では水田稲作を受け入れなかったことから、北海道ではアイヌ文化につながる伝統が、沖縄では琉球王朝につながる伝統が、本州周辺とは異なる文化圏として発生したと考えられてきた[2]。しかし、本研究によって、縄文時代にすでにこの三つの地域では、まったく異なる食生態を有していたことが示された。これまで、弥生時代に水田稲作農耕が北海道や沖縄に伝播しなかった理由は、北海道の冷涼な気候や、沖縄の平地が少ない島嶼《とうしょ》環境に求められてきた。しかし、植物質の食料資源を重視した本州の縄文集団に対して、植物質をそれほど重要視しなかった北海道と沖縄の人びとにとって、そもそも水田稲作農耕という新しい生業は魅力的でなかったのかもしれない。今後、新しい視点で、日本列島における水田稲作農耕の開始と伝播を考えることが必要である。

三　同位体からみた江戸時代の食生態の多様性

それでは、鎖国政策を通じて外部からの物流が制限されていた一方で、北前船などで知られるように、蝦夷地とよばれた北海道から、琉球王国が栄えた沖縄までを含む列島内の流通経済が発達した江戸時代の食生態の地域性と多様性をみてみよう。図4に示したように、同位体分析の結果では予想に反して驚くほど高い多様性が示された。図3と同様に、古人骨コラーゲンの同位体比と、濃縮係数（炭素四・五‰、窒素三・五‰）を加えた食料資源のそれを比較している。北海道に暮らしたアイヌ民族は、縄文時代の北海道集団と同様に炭素・窒素ともに高い同位体比を示している。ただし、縄文時代の同位体比と比較すると低い値になっており、海産物が他の地域に比べて重要であることは縄文時代と同様であるが、主な海産物の内容が海生哺乳類などの非常に高い栄養段階のものから、比較的窒素が低いサケ・マスに変わったか、あるいは植物質の摂取が増加したものと考えられる。前者の仮説は、近世アイヌではサケを神聖な食物として、非常に重視していたという知見と矛盾しない。一方、近世アイヌの植物利用については、雑穀を含む農耕が行われていたことは知られているが、その量的な重要性については議論が分かれるところである。骨コラーゲンの炭素・窒素同位体比の分析結果だけでは、二つの仮説のどちらがもっともらしいのかを判別することは難しい。今後、別のトレーサーを使った議論が必要である。

沖縄諸島の人びとは、縄文時代にはサンゴ礁の海産物を利用する特異な食生態を有していた傾向が認められた。しかし、近世の分析結果からは生業形態が大きく変わった可能性が示された。近世になりサツマイモ栽培が普及して、それらを使った食生活が一般的になったことを同位体のデータも支持している。石垣島の集団などでは、炭素同位体比が高い資料も認められる。しかし、近世の先島ではアワ栽培が広く行われてきたこと、これらの分析結果は海産物ではないことから、窒素同位体比が比較的低いことから、これらの分析結果は海産物ではなく、C_4植物である雑穀の利用によって炭素同位体比が高くなったものと推定される。近世の沖縄の食生態では、縄文時代に比べて、サンゴ礁の海産物の重要性が減少したと考えられるのである。

同様に、C_4植物である雑穀利用のために炭素同位体比が高くなったと考えられる集団が東北（岩手県荒屋遺跡と青森県上野遺跡）でも認められる。そのため、本州の近世集団の炭素同位体比の変動は、縄文時代のそれよりも明らかに大きくなっている。一方、海産物の利用を主に反映する窒素同位体比では、縄文時代と同様に大きな変動を示している。これらのことから、本州では、縄文時代に認められた植物質の炭水化物と、魚類を中心とする水産物のタンパク質を組み合わせた食生態が基本的に維持されていたと考えることができる。ただし、C_4植物である雑穀の影響が認められる集団もあり、植物質の内容については、野生の堅果類・イモ類からコメやムギなどを含む栽培植物に置き換わっていることを反映している。しかし、タンパク質の炭素・窒素同位体比の分析だけでは、野生の堅果類・イモ類と栽培されたコメ・ムギなどのC_3植物を区別することは困難である。本章では、同位体生態学的な視点からみると、本州の人びとは、C_4植物という新たな炭水化物の利用を始めているが、魚類を中心としたタンパク質源と植物質の炭水化物源を組み合わせる食生態を有しており、その食生態にかかる適応戦略は縄文時代と類似していると結論しておきたい。

本州での地域差をみてみると、やはり地域差よりも地域内での集団差の方が卓越する傾向が認められる。これは縄文時代でも認められた傾向である。江戸時代でも周辺の生態系から得るタンパク質が重要であり、食生態に多様性が残されていたことを示唆している。

四　同位体からみた現代人の食生態の多様性

さらに時代を下り、グローバリゼーションの時代を迎え、世界規模での物流が発達している現代の日本人の食生態はどうであろうか。昔の人びとと同じ基準で比較できるところが安定同位体比の利点であるが、あいにく生きている人の骨からコラーゲンを取るわけにはいかない。しかし、幸い採取の簡単な髪の毛や爪のタンパクを測定することで、摂取されたタンパク質の同位体比を比較することができる。ここでは、本プロジェクトで多くの方々にご協力いただいた「日本全国髪の毛同位体比分布調査」の結果を示してみよう。

調査は、全国四七都道府県のボランティア（男性約五〇

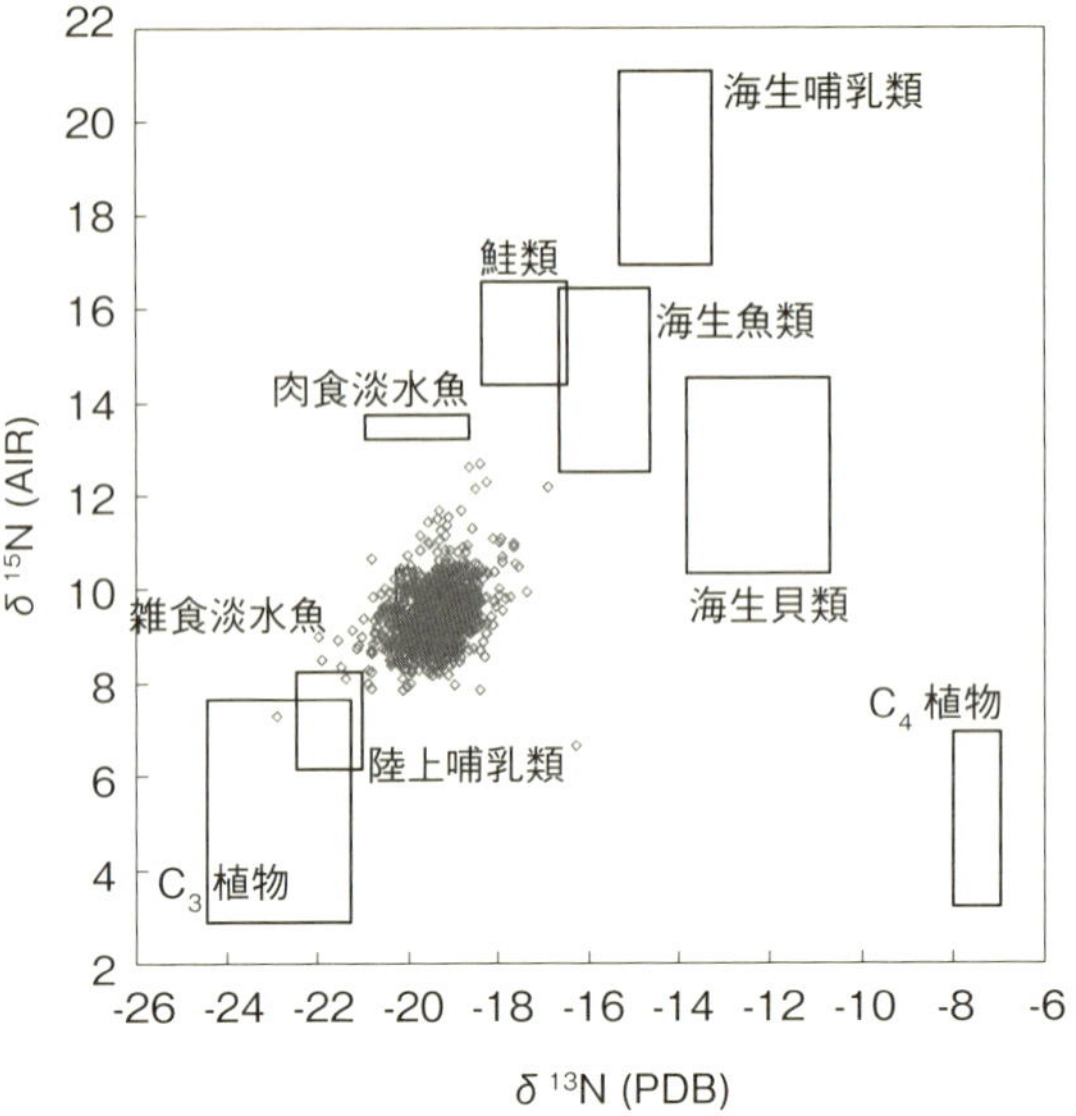

図2　現代日本人（男性約500名、女性約800名）の安定同位体比

2007～2009年に全国から髪の毛サンプルを集めたもの。四角は日本列島で利用された天然の動植物及び伝統的作物の代表的同位体比に、ケラチンへの濃縮係数（炭素2.5‰、窒素4.1‰）を加えたもの。

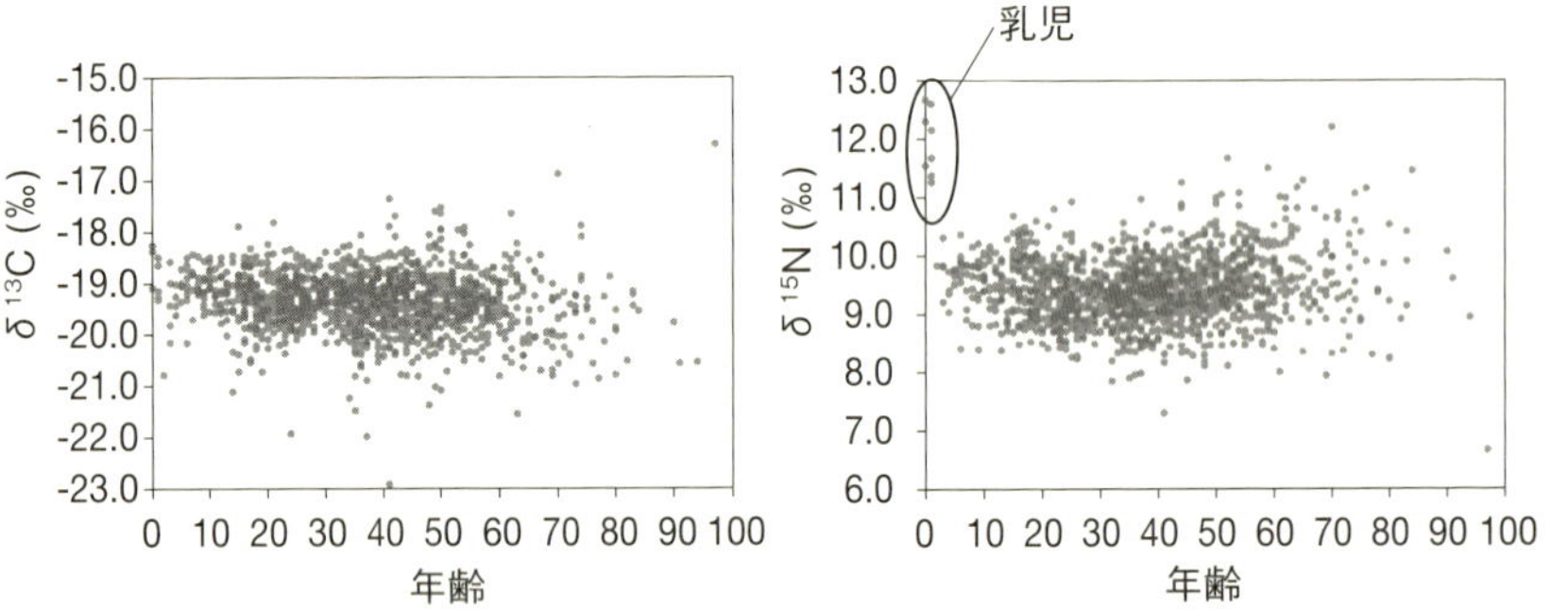

図3　炭素同位体比（$\delta^{13}C$）および窒素同位体比（$\delta^{15}N$）の年齢による違い

$\delta^{13}C$ は年齢と相関して低くなるが、$\delta^{15}N$ は年齢と有意に相関しない。$\delta^{15}N$ が乳児で高いことに注目。

○名、女性約八○○名）の方々に、それぞれご自身の髪の毛を五センチ程度に切り数本用意していただいた。その結果を図2に示す。骨コラーゲンとの比較を容易にするために、食料資源の同位体比にケラチンにおける濃縮係数（炭素二・五‰、窒素四・一‰）を加えて図示している。縄文時代（口絵7）や江戸時代（口絵8）と比較すると、現代日本人における食生態の多様性がいかに小さいものであるかを実感できる。実際に利用された食料資源については、口絵6に示した伝統的な食料資源との比較ではなく、後述するように輸入品を含む現代の食品と比較検討する必要がある。

現代日本人の頭髪では非常に多様性が低いことが示された（図2）が、データを詳しくみると、いくつかの傾向を読みとることができる。たとえば、炭素同位体比の平均値がおよそマイナス一九‰、窒素同位体比の平均値がおよそ九‰となっていたが、炭素・窒素同位体比とも男性の方が女性よりわずかではあるが有意に高い同位体比をもっていた。生まれたばかりの乳児から一〇〇歳近いお年寄りまでの試料があるために、年齢別の比較もできる（図3）。それをみると、炭素同位体比では年齢が高くなるにつれてわずかではあるが低い傾向があることがわかる。それに比べ、乳児を除くと、窒素同位体比は年齢にしたがった変化はなかった。図3で乳児が他の年齢層に比べ著しく高い値を示しているのは、血液から作られている母乳を飲むことで、「お母さんを食べている」のと同じことになり、栄養段階一つ分の生体濃縮が起こっているからである。

一見、図2や図3の分布はひとかたまりのようだが、よくみてみると「値が低い人」と「値が高い人」には五‰くらいの差がある。これは何による違いだろうか。髪の毛を提出してもらったときに、牛肉、豚肉、鳥肉、卵、海産魚、淡水魚、豆腐、納豆、牛乳、チーズをそれぞれ一週間に平均何日食べるかという自己申告のアンケートをとってもらっている。その結果を統計的に解析すると、より多く海産魚を食べる人が、より高い窒素同位体比を持つことがわかった。もう一度口絵5をみてもらいたい。海産魚は高い窒素同位体比をもつ。それは、食用になるような魚は、通常栄養段階の高い大型魚が多いため、植物プランクトン→動物プランクトン→小型魚→大型魚の経路で窒素同位体比が高くなるからである。したがって、海産魚をたくさん食べている人の髪の毛の窒素同位体比も確かに高くなっているのである。

もう少し詳しく調べるために、市販されている食材の安定同位体比も測定してみた（図4）。現代において、肉類は家畜として生産されているため、口絵6で示す分布とは異なっている。特に、飼料用トウモロコシはC_4植物のため、アメリカ大陸で多量に生産されている飼料植物を餌とする肉類は高い炭素同位体比を持つ。豆類などの植物性タンパクが炭素・窒素同位体比ともに低いことと、前述したように海産魚の窒素同位体比が高いこともあわせれば、図4にみられるように日本における食物資源の同位体比は、植物性タンパク（主にC_3植物）、肉食（トウモロコシなどのC_4

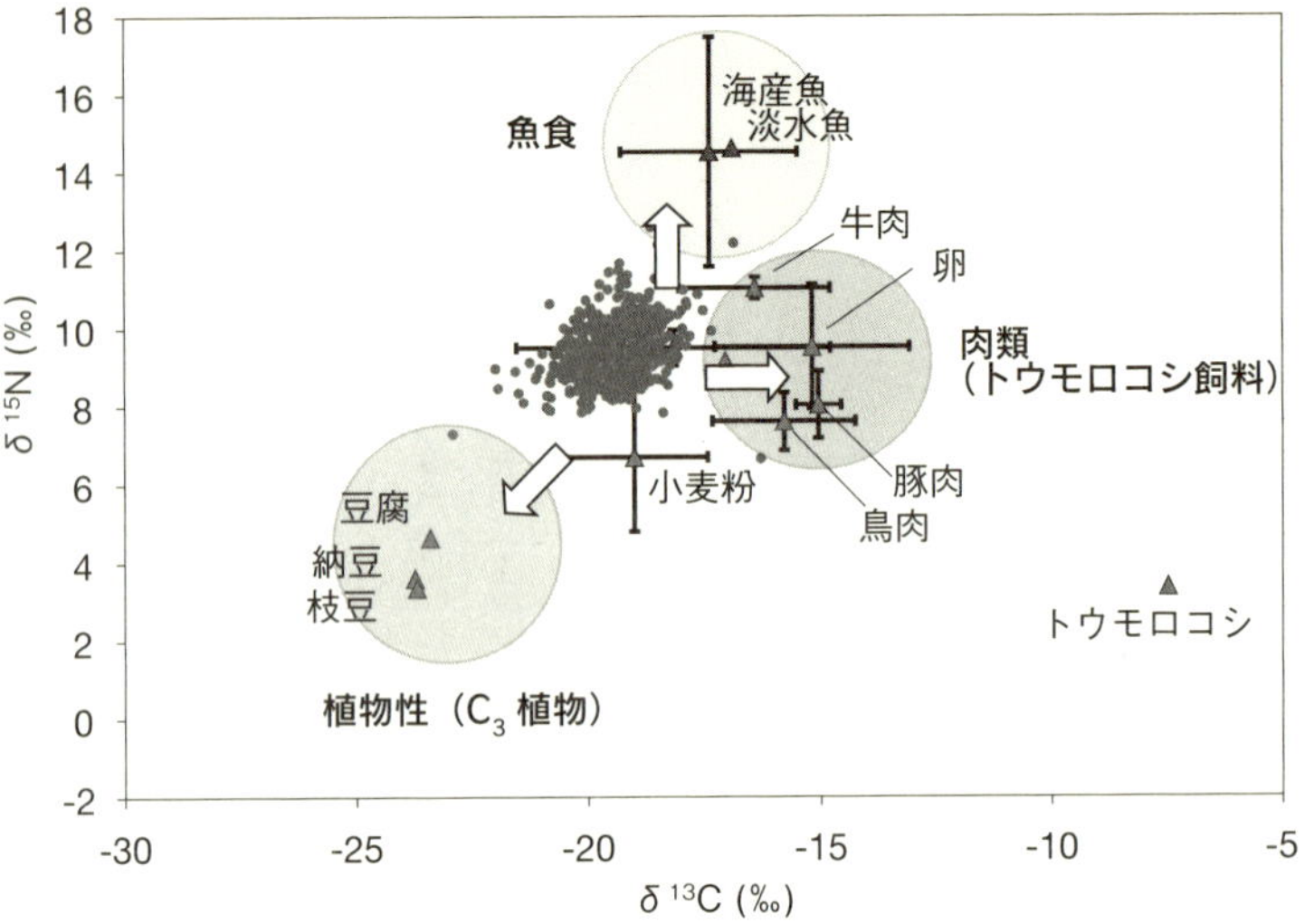

図４　現代人の髪の毛の同位体比と食べ物の同位体比の比較
各円囲みは、植物性タンパク（C_3 植物）、肉食（C_4 植物のトウモロコシを飼料とする）、魚食、３つの典型的な値に濃縮係数（ 炭素 2.5‰、窒素 4.1‰）を足したものを示している。各円囲みに近い方がよりその食べ物に影響されていることを示す。

植物を飼料とする）、魚食、の大きく三つに分けられる。図4ではすでに髪の毛においての濃縮係数も足してあるため、各個人の点からそれぞれの円囲みに近いほどその食べ物に影響されていることを示す。炭素、窒素それぞれ分けて考えると、炭素同位体比はC_3植物とC_4植物の割合を示すことから、食生活の「肉食度」を示すと考えてもよい。もっと正確にいうとC_4植物を主な飼料とする「アメリカ起源」指標と考えることもできる。一方、窒素同位体比は低ければ「ベジタリアン度」、高ければ「魚食度」の指標と考えられる。その目で改めて図3をみると、年齢が低いほど炭素同位体比が高くなっている。これはC_4植物起源の「肉食」の影響であるという可能性が高い。

さらに、全国四七都道府県の方々の同位体分布データを元に、地域の違いについて考えてみる。全国的な炭素・窒素同位体比の分布を見てみると、炭素同位体比の高い方のトップ三が高知県、三重県、山口県となっており、逆に低い方のトップ三が北海道、福島県、宮城県となっていた。窒素同位体比については、高い方のトップ三が長崎県、兵庫県、宮崎県となっており、逆に低い方のトップ三が福島県、福井県、埼玉県となっていた。ランキングをつけてみると、地域でどのような食べ物の違いがこれらの差を引き

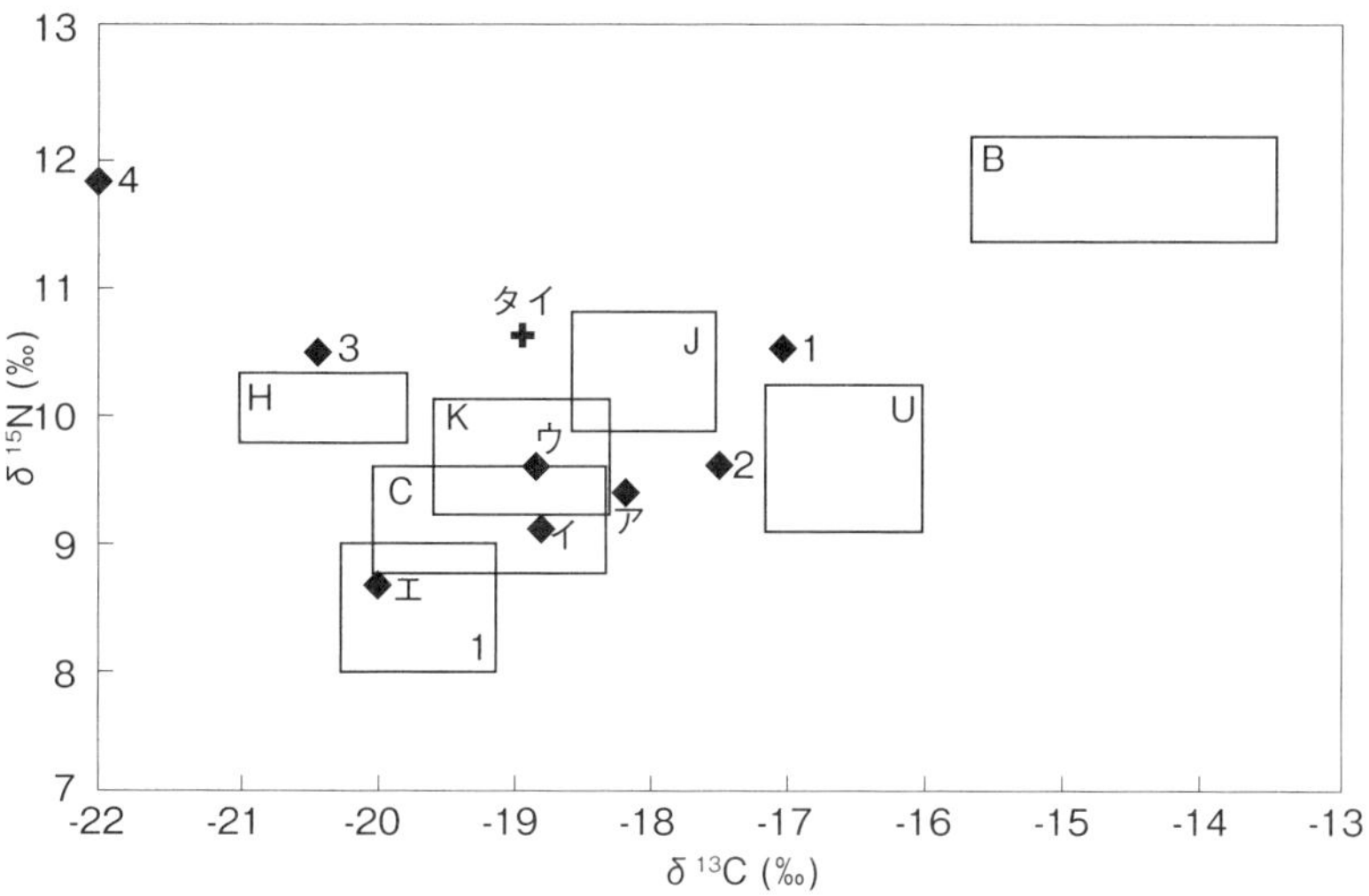

図5　ヒトの髪の毛の δ^{15}N-δ^{13}C マップ（(12)を改変）
ア：琵琶湖周辺の30歳の男性、イ：淀川下流60歳男性、ウ：上流4歳男性、エ：上流60歳男性、1・2：アメリカ在住の日本人、3：スウェーデン在住の日本人、4：130年前の江戸の人、＋：タイ・ナラチア州付近、B：ブラジル、U：アメリカ、J：日本、K：韓国、C：中国、H：オランダ、I：インドの草食主義者

起こしているか気になってくるが、炭素・窒素同位体比とともに最も高い県と最も低い県の差はたかだか一‰である。北から南まで四〇〇〇キロメートルもある島弧である日本列島であるが、そこに現在住んでいる人びとの炭素・窒素同位体比は、上で見た縄文時代、江戸時代と比べると、ほぼ画一的であり、現代日本人の食べ物はグローバリゼーションの影響を色濃く受けかつてないほど画一的であると考えてよいだろう。

五　グローバリゼーションと食生態の変化

現代日本に住む人びとの髪の毛の同位体比について記述してきたが、他の国の人びとについてはどうであろうか。これには一九八四〜一九八五年にかけて各国の人びととの髪の毛の同位体比を調べた貴重なデータがある。[7] この研究にいくつかの点を加えたものを図5に示す。[12] オランダでは炭素同位体比が低く、これは主にC_3植物である牧草やコムギ由来の食べ物を利用していることが反映されている。一方、炭素同位体比の高い米国やブラジルではC_4植物（トウモロコシ）由来の食べ物（家畜など）を利用していることがわかる。一方、窒素同位体比に着目すれば、インドの菜食主

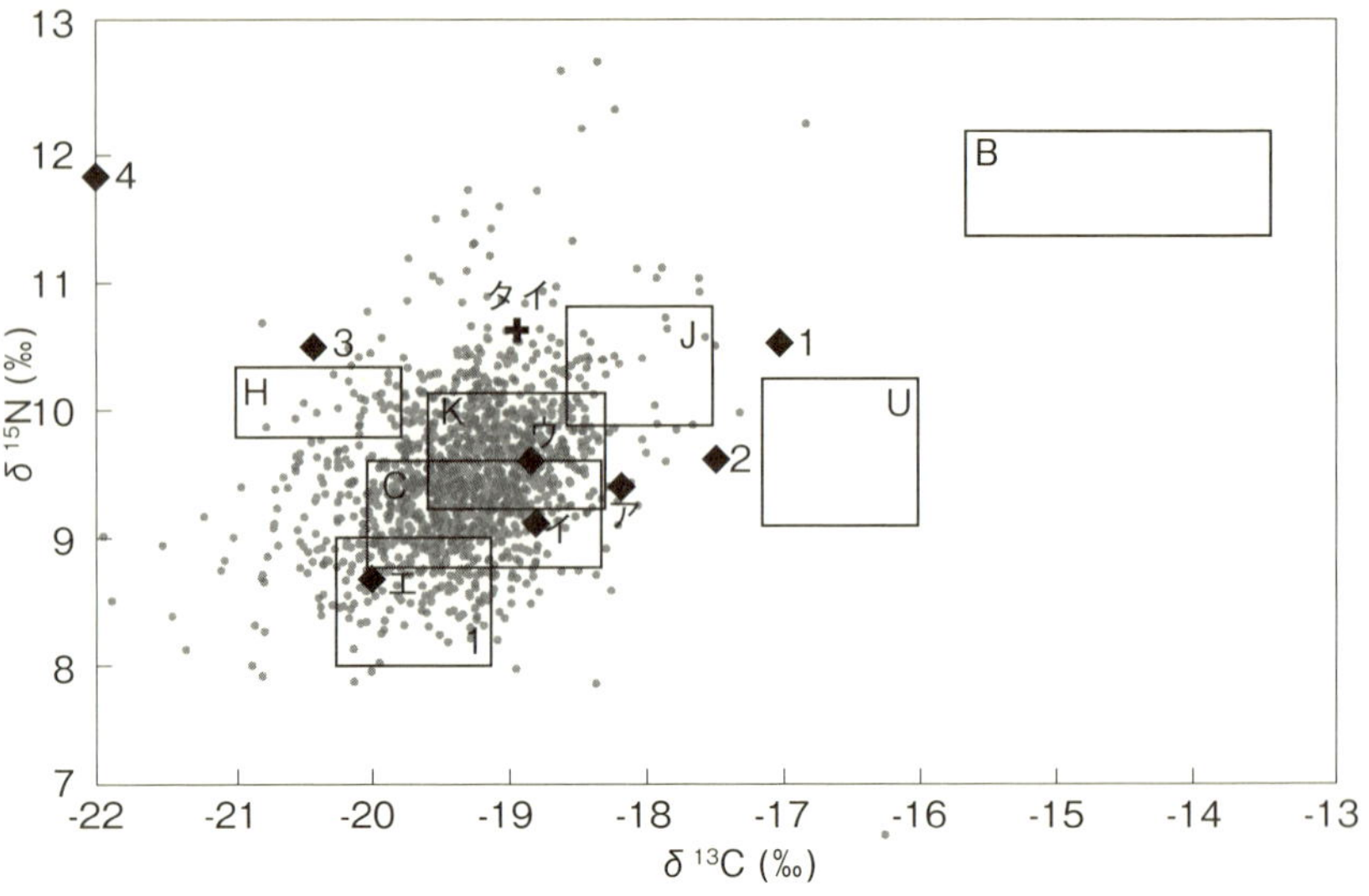

図6　図5（1984～1985年の日本人）に現代日本人（2007～2009年、男性500名、女性800名）の安定同位体比を重ねたもの
J と記されている1980年代の日本人の分布と現代日本人の違いに注意。

義者のように植物を直接食べれば窒素同位体比が低くなるのに対し、魚類など栄養段階の高い食物を食べるほど高い窒素同位体比をもつことになる。図5において、一九八〇年代の日本の窒素同位体比が高い理由はそこだと考えられる。しかしながら、この図に今回測定した現代人の髪の毛データを加えてみると、炭素・窒素同位体比とも一九八〇年代に比べ低い値となっている（図6）。ちょうど一九八〇年代半ばの中国・韓国の値に近い。それでは、この二〇〜二五年で何が変わったのであろうか。

本当の「答え」を出すことは難しいが、これを考えるうえで参考となるデータはいくつかある。平成二〇年度の農林水産省食料需給表（http://www.maff.go.jp/j/zyukyu/fbs/index.html）によると、日本に住む人びとの一人当たりのタンパク質供給量割合を水産物合計と畜産物合計の比で示すと、畜産物一に対し水産物の割合は一九八五年の〇・八四から二〇〇七年の〇・六〇に減少している。すなわちタンパク源の比率として魚の割合が下がったため、窒素同位体比が低くなった可能性がある。また、永田[8]によれば、穀物や肉類の輸入元が一九八八年当時米国三二・二%、中国六・五%であったものが、二〇〇二年には米国二六・〇%、中国一四・三%となっている。すなわち、アメリカ大陸（C_4植物ベースの生態系）から中国（C_3植物ベースの生態系）へと輸入元がシフトしたために炭素同位体比が低くなった可能性がある。

経済がグローバル化した現在においては、どこで生産された食物であっても経済論理の成り立つ限りどこへでも運ばれ我々の胃袋に入り体を作る。改めて髪の毛の同位体比という指標を用いて自分を地球生態系の中に配置することにより、地球の物質循環の中で自分の位置が明らかになってくる。ここで、もう一度口絵7、8、図2という時系列に沿ってみてみよう。縄文時代後期の人類は身のまわりの資源に依存して生きており、現在の北海道や沖縄、本州といった生態系が異なる大きな地域によって安定同位体比が異なっていた。流通がさかんになったと考えられる江戸時代においても、日本列島各地における安定同位体比の違いは歴然と存在し、地域生態系に依存して生きていた人びとの暮らしが古人骨の中にしっかりと刻まれている。翻って現代人は四七都道府県をくまなく調べたところでほんの少しの違いしかみられず、地域差はほぼ消滅してしまった。髪の毛の同位体分布（図2）にみられる個人の違いは、「努力してベジタリアンを続けている」、「海産魚を頻繁に食べている」というような個人的な食生活に起因するだけである。

ここで、縄文・江戸時代人骨と現代人の髪の毛の安定同位体比を地理情報システム（ＧＩＳ）に入力し、日本地図上に図示して比較した（口絵9）。図上の各点は、遺跡の位置もしくは、サンプルを提供した現代人の居住地である。それらの位置情報と安定同位体比を合わせて計算することで、食性の地域差をわかりやすく色分けして示した。縄文時代人骨の同位体比の地図では、北海道や沖縄の人骨の炭素・窒素同位体比が特に高く、また本州内陸部の人骨の同位体比が低く、食生態の地域的な多様性が高いことがわかる。炭素と窒素の地図が同様な色分布をしていることから、炭素・窒素の同位体比が高い海産物の多寡によって地域性がもたらされていることがわかる。

一方、江戸時代人骨の同位体比の地図では、炭素と窒素の分布図に違いが現れている。これは、C_4植物という新しい資源の利用の影響と考えられる。北海道では高い炭素・窒素同位体比を維持しているが、東北地方や沖縄では炭素同位体比が高く、C_4植物の影響が示唆される。本州内陸部の窒素同位体比は、沿岸部と比べても大きな違いはなく、内陸部へも海産物が流通したことが影響している可能性がある。最後に、現代人の同位体比の地図では、炭素・窒素同位体比ともにその地域差が小さく、ほぼ単一色で表現されており、同位体比から見ると食の地域的な多様性が低いことが顕著である。

このように、本来日本列島に存在する食物資源の多様性から人類が受けていた恩恵は、今の日本に住む人びとにはみられなくなってしまった。炭素・窒素同位体比の広がりを食生活の多様性と位置づけるには幾分無理があるかも知れないが、経済のグローバル化のなかで、少なくとも食生態にかかわる炭素・窒素の流れにおいては日本に住む人びとの多様性は失われてしまったと考えられる。

まとめ

一般的に雑食といわれる、可塑性に富む多様な食生態をもつのは、ヒトの生物学的な特徴の一つである。この特徴はもともと熱帯林やサバンナに適応した霊長類であるヒトが、約一〇万年以降に世界中へと拡散し、氷原につつまれた北極圏から、南太平洋のサンゴ礁島にまで適応することを可能にした。最終氷期に日本列島へと拡散し、適応してきた過程でも、多様な生態系にも食生態を柔軟に変化させることで適応させていたようである。縄文時代には、本州各地の集団はC_3植物をかなり重視している点が特徴的である。堅果類やイモ類などの炭水化物と水産物のタンパク質を組み合わせる戦略を、遺跡の立地や利用できる資源を変えながら発達させてきたと思われる。そのため、本州内での地域間の変動よりも、地域内における遺跡の立地による集団間の違いの方が大きい傾向がある。

一方、北海道と沖縄の縄文集団では、独特な食生態が認められた。北海道では亜寒帯の生物資源のなかでも海獣や大型魚類などの海産物に強く依存した独自の食生態が発達したようである。また、沖縄では、小魚や貝類など栄養段階の低い海産物をよく利用しているという特徴がある。沖縄の島々で生存するためには、後氷期に発達したサンゴ礁の礁湖（ラグーン）の資源が非常に重要であったと考えられる。どちらも、本州の集団に比べるとC_3植物の利用が少ない点では、共通しているが、利用している海産物は生息地の違いをよく反映しているといえる。縄文人の食生態の研究からは、彼らが生態系によく一致した食の多様性を有していたということができる。

近世の同位体分析の結果をみると、日本列島におけるヒトの食生態の適応は、沖縄では農作物の導入により、本州周辺と同様の植物と魚類の組み合わせに変化したが、本州周辺と北海道では大きく様相を変えなかったようである。

沖縄では、グスク時代から本格的に農耕が行われてきたが、環境によく適応したサツマイモの普及が植物質を多用する食生態を可能にしたのではないかと考えられる。それに対し、アイヌ文化ではサケなどの交易品を集中的にとることで、外部からさまざまな資源を獲得するという生活様式を確立したが、食生態に関しては、縄文時代からの伝統を色濃く残していたといえるだろう。

現代人では、過去に特徴的な食生態を示していた北海道と沖縄でも、本州周辺ととても類似する食生態であることになったからである。周辺の生態系とのかかわりが非常に希薄であることが示された。C_3植物の炭水化物と、海産物、特に魚類のタンパク質を組み合わせる現代の食生態は、縄文時代の本州でみられた特徴を引き継いでいるといえるかもしれない。C_3植物の内容は、堅果類やイモ類から水稲に変化し、タンパク質では家畜の肉の割合が増えている。しかし、今日の我々もタンパク質の種類（たとえば地の魚、馬肉あるいは蜂の子など）や調理法に、故郷の味を感じている。今日では、その違いはとても微細なものかもしれないが、それは周辺の環境を利用して多様な食生態を生み出した縄文時代からの伝統という側面がある。食の多様性と地域性は、我々の祖先が日本列島に暮らしてきた記憶の一部であるということもでき、それを次の世代に伝えることは我々の責務であると考える。

第5章　動物遺存体からみた日本列島の動物資源利用の多様性

石丸恵利子

一　動物考古学とは何なのか？

本章では、遺跡から出土する「動物遺存体」によって知ることができる、人と動物とのさまざまなかかわりについて紹介する。動物遺存体とは、遺跡から出土する魚類・哺乳類の骨や貝殻などの総称であり、昔の人びとが当時利用し、現在まで残された動物資源の一部である（図1）。動物遺存体の分析によって、人と動物とのかかわりや人間活動の読み取り、さらには環境復元を行う学問を「動物考古学」とよんでいる。動物遺存体は、昔の人びとの捨てたゴミ、あるいはもの送りなどで利用された動物資源の残滓であるが、過去の暮らしを紐解く宝の山でもある。

動物考古学では具体的にはどのような研究を行うのだろうか。最初に、それぞれの骨が何の動物のどの部位か、あるいは貝の種類を鑑定し、「何を利用したのか」を調査する。対象となる資料は、マダイやスズキなどの魚類、イノシシやシカなどの哺乳類、ハマグリやサザエなどの貝類と実にさまざまな生物群が含まれる。次に、「どのくらい利用したか」を調べることによって、遺跡ごとにどのような動物資源が多く利用され、また地域差や時代差を比較すれば、動物利用の多様性や変遷を明らかにすることができる。さらに、「どのように利用したか」を調べるためには、人間の行為によって残された解体痕や加工痕などの痕跡も分析の対象となる。近年では、安定同位体分析などの理化学的な分析手法を用いた研究視点が、新しい知見をもたらし注目されている[(1)(2)(13)]。

ただし、「何をどのくらい利用したか」を調べる際は、次のような点に注意する必要がある。動物遺存体には、ハ

図１　遺跡出土の動物遺存体①（(3)，広島県立歴史博物館蔵）
草戸千軒町遺跡出土の哺乳類・鳥類・爬虫類

クジラ類の椎骨からイワシ類の椎骨までさまざまな大きさの資料が含まれるため、三ミリメートルや〇・五ミリメートルなどの小さな目のフルイを用いた水洗選別実施の有無により採集精度の差が生じ、遺跡の評価が異なってしまう可能性がある。土器や石器などの人工遺物も同様であるが、数百から数千年もの長い時間の中で、現在まで残存したものは、当時利用された資源の一部でしかないことも前提として理解しておかなければならない。

このように、動物考古学は当時の動物資源利用のすべてを読み取ることができるわけではないが、国や地域さらに時代を問わず、過去における人と動物や自然とのかかわりを明らかにすることができる。これが、動物考古学の醍醐味でもある。現在にまで残された貴重な動物遺存体の分析によるさまざまな研究成果を紹介しながら、日本列島における動物資源利用の多様性について考えてみたい。

二　動物資源利用の多様性を読み取る

どのような動物資源を利用したのか

最初に、遺跡から出土する動物遺存体の種類を把握し、日本列島全体での動物資源利用の様相をみてみよう。動物遺存体は全国各地の遺跡から出土し、動物考古学者の地道な努力によって多くの研究報告がなされている。ここでは、筆者がこれまで調査や資料整理などでかかわった遺跡を中心に、日本列島各地の遺跡から出土した動物遺存体の特徴を概観してみたい（図2）。対象とした遺跡は、狩猟採集を主な生業として自己消費的な資源利用をした縄文時代と、人と物が広域に移動する流通社会のなかで資源を利用した中世・近世の大きく二つの時代とし、主要な動物質食料であったと考えられる哺乳類・魚類・貝類を種別に集計した。哺乳類と魚類については、出土の有無を表に示した（巻末折り込み）。

遺跡からは非常に多くの動物種が確認でき、人間は、縄文時代からさまざまな動物資源を利用していたことが読み取れる。また、遺跡に残された動物は、人間活動によって意図的に持ち込まれた資源ではあるが、当時の動物相をもわれわれに教えてくれる。その様相は、地域によってやや異なるものの、果たして現代の日本人が、それぞれの地域でこれほど多くの動物資源を利用しているだろうか。貝類についてはさらに多くの種数を数え、食料資源としての価値は低かったであろう小型の貝種も含めると二五〇種以上確認できる遺跡もある。動物遺存体の種数を調べるだけで

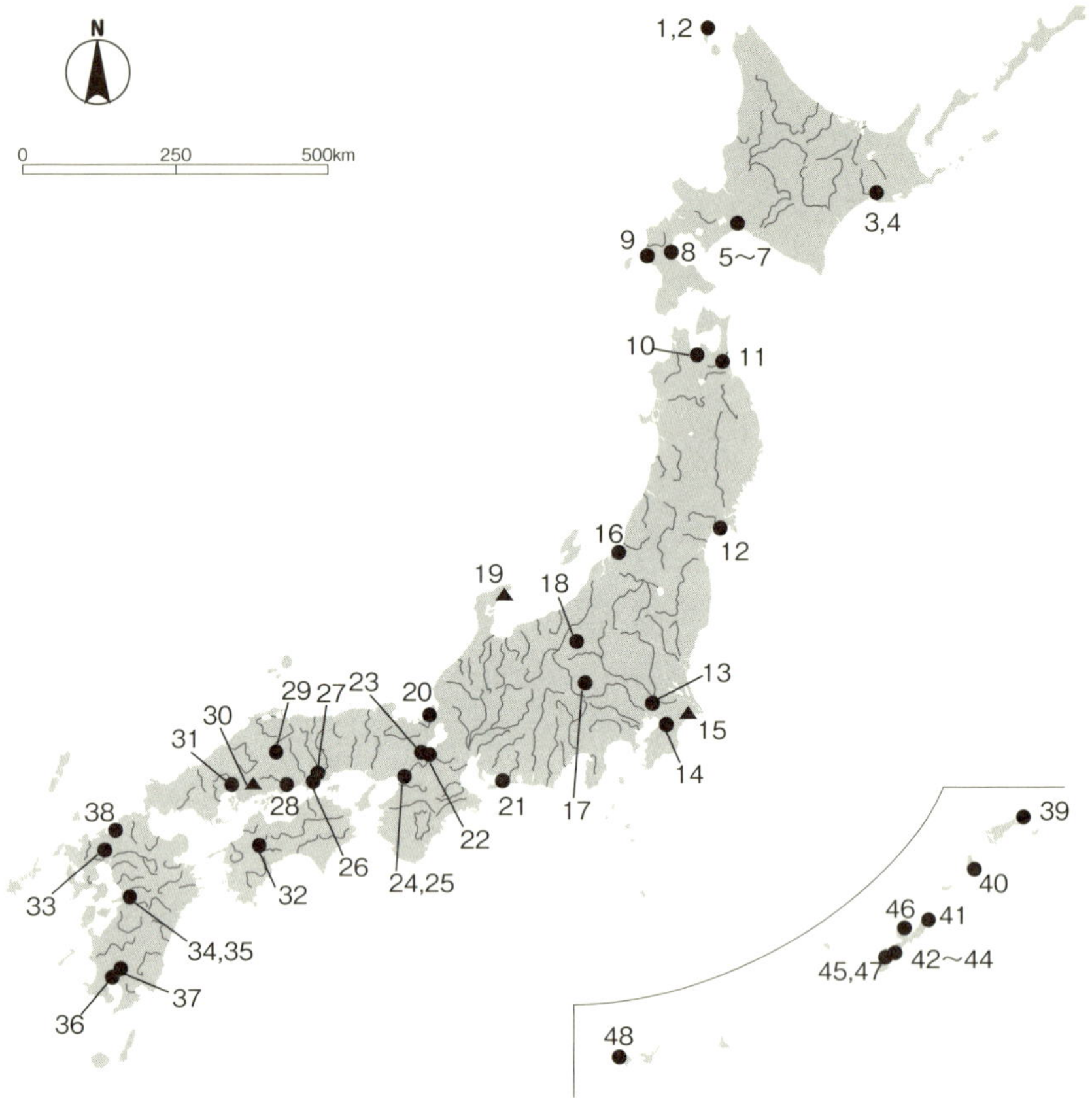

図２　遺跡分布図
地図上の数値は巻末の表の遺跡番号と一致する。●は、魚類・哺乳類・貝類を分析対象とした遺跡。▲は、魚類・哺乳類のみ分析対象とした遺跡。

も、日本列島における動物資源利用の多様性や生息する生物の多様性の高さを知ることができる。

次に、日本列島で利用されてきた動物相の全体的な特徴をとらえてみたい。ニホンジカ（北海道ではエゾシカ、本州・四国・九州ではホンシュウジカ、キュウシュウジカ、ヤクシカ）とイノシシ（本州・四国・九州はニホンイノシシ、奄美・沖縄ではリュウキュウイノシシ）は、重要な動物資源であったと考えられ、その出現率は高い。また、日本列島の北方ではニホンジカに大きく依存し、南方でイノシシが主体となる傾向も読み取ることができる。北海道のイノシシと奄美・沖縄のニホンジカについては、今回対象にした時代にその地に生息していたのかそれとも持ち込まれたものかは議論の余地があるため、ここでは各報告書記載の出土の有無にしたがうものとする。また、奄美・沖縄は哺乳類相が貧弱であることがみてとれる。東海以北で対象とした近世遺跡が少ないため、情報としては不十分であるが、ウシ・ウマ・ネコの移入は、西日本に比べ東日本では遅れた、あるいは顕著でなかったことが指摘できよう。本州では、遺跡の立地によってやや傾向は異なるが、さまざまな哺乳類が利用されていたことがわかる。魚類においても、各地で非常に多くの種類が利用されていた。奄美・沖縄では淡水魚およびサケ・マス類の利用はみられず、魚類は島嶼部周辺の沿岸内海および外洋に生息するブダイ科やフエフキダイ科などが重要な資源であった様相がうかがえる。本州においては、マダイなどのタイ科やスズキが多く利用されており、沿岸部での漁撈活動が盛んであったことがわかる。貝類についても、非常に多くの種類が確認できるが、食用として特に重要であったのは、シジミ類、マガキ、ハマグリ、アサリなど特定の種に限られていたと考えられる。

これらの多くは現在も生息する種類であり、数千年もの長きにわたり日本列島では動物相が維持されてきたことがわかる。しかし、それらの中には絶滅してしまったニホンオオカミ、絶滅したと考えられているニホンカワウソやニホンアシカ、ときおりにしか姿をみることができなくなった絶滅危惧種のラッコ、また、希少種であるため特別天然記念物に指定されているジュゴンやニホンカモシカなどを確認することができる。ここでの集計には含まれていないが、調査では、オオサンショウウオやアホウドリ、オオヤマネコなどの骨もみうけられる。たとえば、ニホンカワウソが絶滅したのは、農薬や工場廃水による河川の汚染、河川改修による生息地の破壊、毛皮を珍重したための乱獲などが原因と考えられ、その人間活動は「賢明な資源利用」ではなかったといえよう。現在、共存する動物は、繁殖力の高さや、もともとの個体数の多さ、あるいは生態系のシステムを損なうような人間による必要以上の乱獲や利用を受けなかったことを示しているともいえる。現在、好んで食べられるマダイやウナギ、ブリなどが絶滅していないのは、天然種の生産量を超える消費量を養殖事業によって保っているからである。しかし、消費量がそれを上回ると減少の一途をたどり、漁獲量に制限をかける必要が生じることとなる。いわゆる、近年問題になっている「マグロ規制」がその例である。人間活動によって招いた不利益は、人間の賢い選択によって元に戻す努力をするしかないのであろ

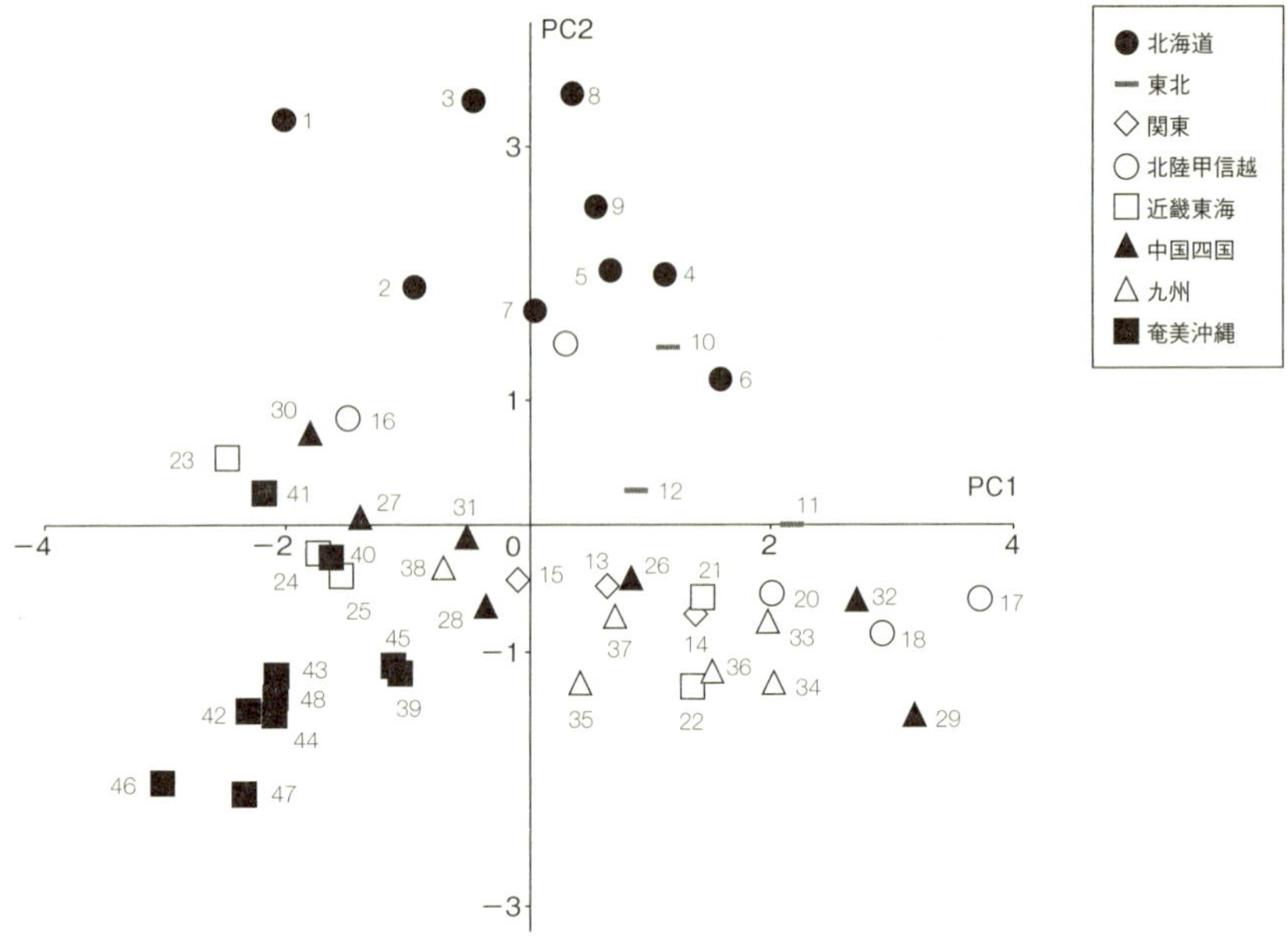

図３　哺乳類の主成分分析による遺跡分布（細字の数字は巻末表の遺跡番号と一致する）

う。

さて、遺跡から出土する動物を調べていると「こんなところからこんなものが出土している」という宝探しのような感覚を得ることができる。カワウソやオオカミなどの絶滅してしまった動物の骨との出会いや、一メートルを超えるオオサンショウウオの骨を手にしたときは、とても興奮したのを覚えている。また、出土した遺存体の分布の変化を詳細に比較すると、人為的にその生息域を変えられた動物の分布変遷についても知ることができる。たとえば、ナマズ科は、江戸時代中期以降に東日本で出土が認められるようになる。[11] なお、動物遺存体の同定は、多くの標本を所持しているか、あるいは多くの種類が出土する遺跡の整理を行った経験がものをいう。しかし、そのような経験者たちをもってしても、いまだに不明な種類も多くあるのが現状である。「あの遺跡でも出土しているのに…」とか、「これがわかれば…」と、今後の楽しみな研究課題も残されている。

以上、全地域にわたって各時代の良好な遺跡を対象にできているわけではないが、日本列島における大まかな出土動物相についての特徴をとらえてみた。

各地域の動物資源利用とその変遷

このような哺乳類、魚類、貝類の利用には、地域的な特徴があるのであろうか。これらの遺跡から出土する遺存体群集の種類と出土の有無を重み付けして（非常に多く出土している主要種、多く出土、少しあり、出土なし）遺跡ごとの主成分分析を行い、各地域の特徴やその時代的変遷を具体的に明らかにしてみたい。主成分分析は、相関関係にあるいくつかの要因を合成してより少数の成分にし、その特徴を抽出する方法である。多変量のデータから情報を二〜三次元下で可視化できるため、多くの動物相から遺跡の特徴を総合的に導き出せる。

哺乳類利用の特徴

主要な哺乳類二二種を対象として分析した結果、地域間で差がみられた（図３）。主成分一軸（ＰＣ1）はさまざまな陸生哺乳類と正の相関を持ち、海生哺乳類やウシ・ウマなどの家畜種と負の相関を持っていた。また、主成分二軸（ＰＣ2）はオットセイやアシカなどの鰭脚類と正の相関を持ち、イノシシと負の相関を示した。特に、北海道と奄美・沖縄で大きな差が認められ、北海道では鰭脚類の利用が、奄美・沖縄ではジュゴンとイノシシの利用による相違が示されたと考えられる。また、奄美・沖縄での陸生哺乳類の少なさも特徴づけられた。図３には、本州に位置する遺跡もまとまりをもって分布しており、ニホンジカを中心としたさまざまな陸生哺乳類の利用があったことが共通性として示されている。山間部や内陸部に位置する遺跡（遺跡番号17、18、29など）は、特にＰＣ1がプラス方向に大きく引かれており、陸生哺乳類への依存度が高かったことが読みとれる。さらに、近世の遺跡ではウシやウマなどの家畜種の利用が顕著になるため、全体的に左下に片寄る傾向がうかがえた。これらの特徴は本州（遺跡番号23、24、31など）と奄美・沖縄（遺跡番号46〜48）で強く認められるが、北海道では縄文時代と近世で哺乳類利用の様相があまり変わらなかったことが注目される。このように、日本列島における哺乳類利用には、地域間で大きな違いが認められる。

魚類利用の特徴

魚類については、主要な六六種で分析を行ったところ、哺乳類同様に地域間で差がみられた（図４）。ＰＣ1は、ブダイやフエフキダイなどのサンゴ礁内外の魚種と正の相

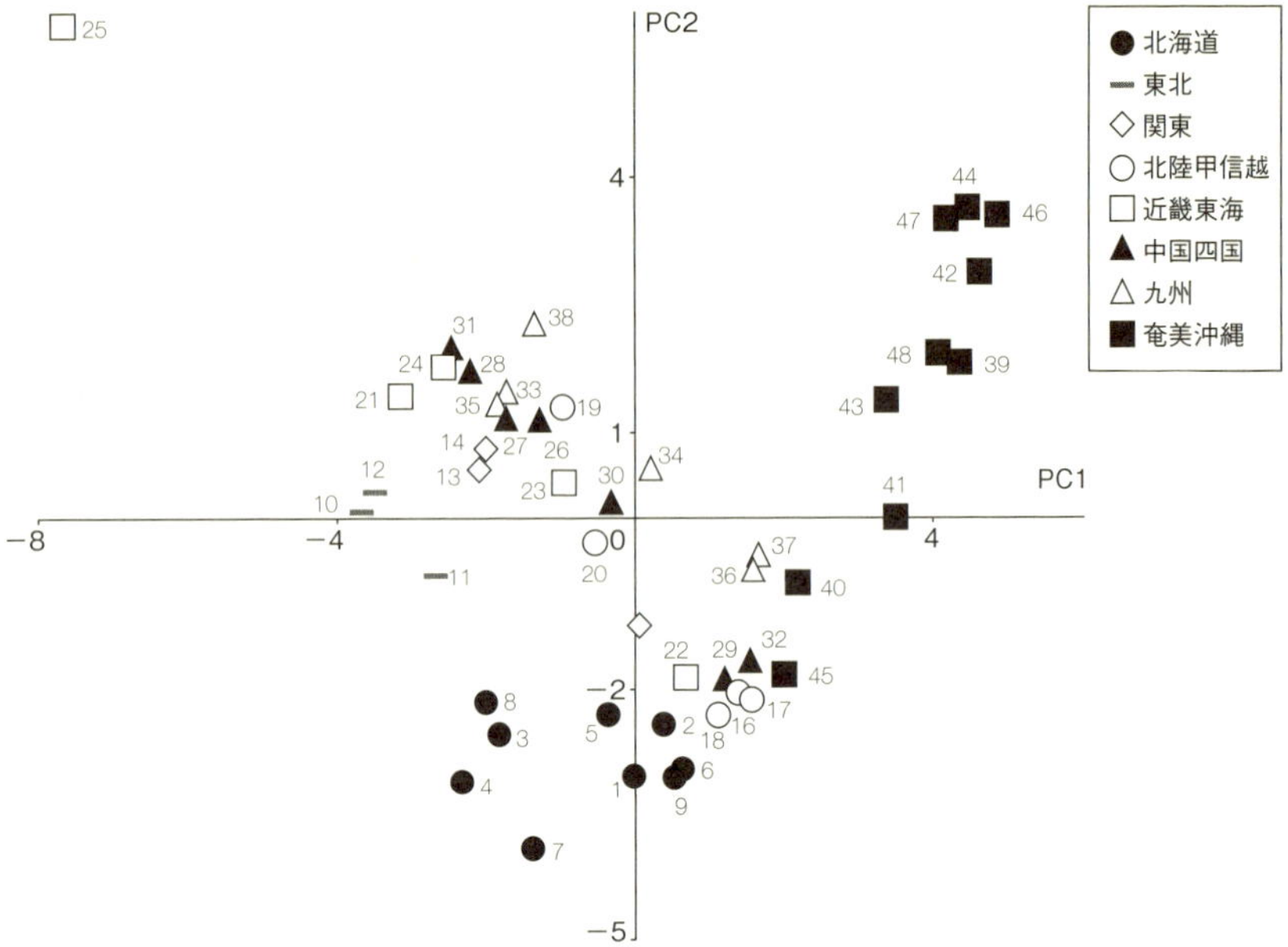

図４　魚類の主成分分析による遺跡分布（細字の数字は巻末表の遺跡番号と一致する）

関を持ち、マダイなどのタイ科やスズキと負の相関を示した。また、ＰＣ２はクロダイ属と正の相関を持ち、ニシン類やサケ・マス類と負の相関を示した。これらのことから、北海道では、ＰＣ２がマイナス方向に引かれることから、ニシン類やサケ・マス類、ウグイ、カレイ類の利用が顕著であり、奄美・沖縄では、ＰＣ１とＰＣ２ともにプラス方向に引かれたことから、ブダイやフエフキダイ、ハタ科、ベラ科などのサンゴ礁内外の魚を利用した特徴を示している。また、本州では、図の左上方向に集中して分布することから、マダイやスズキ、ハモなどの内湾および沿岸部の魚を多く利用していたことがわかる。特に、大坂城下町跡にはマダイを主体とした多様な魚類が運ばれていたことから、著しく左上方向に引かれた。豊富な海産資源の利用は、流通網の発達をも物語っている。近世の遺跡（遺跡番号24、28、31など）では、その特徴が顕著である。東北地方では、ヒラメとカサゴ類、タラ類、カレイ類の利用を特徴づけることができる。一方、右下方向には内陸部に位置する遺跡（遺跡番号17、18、32など）が集中し、海産資源への依存が低かった傾向が示された。このように、魚類の利用においても地域間の差が確認できた。

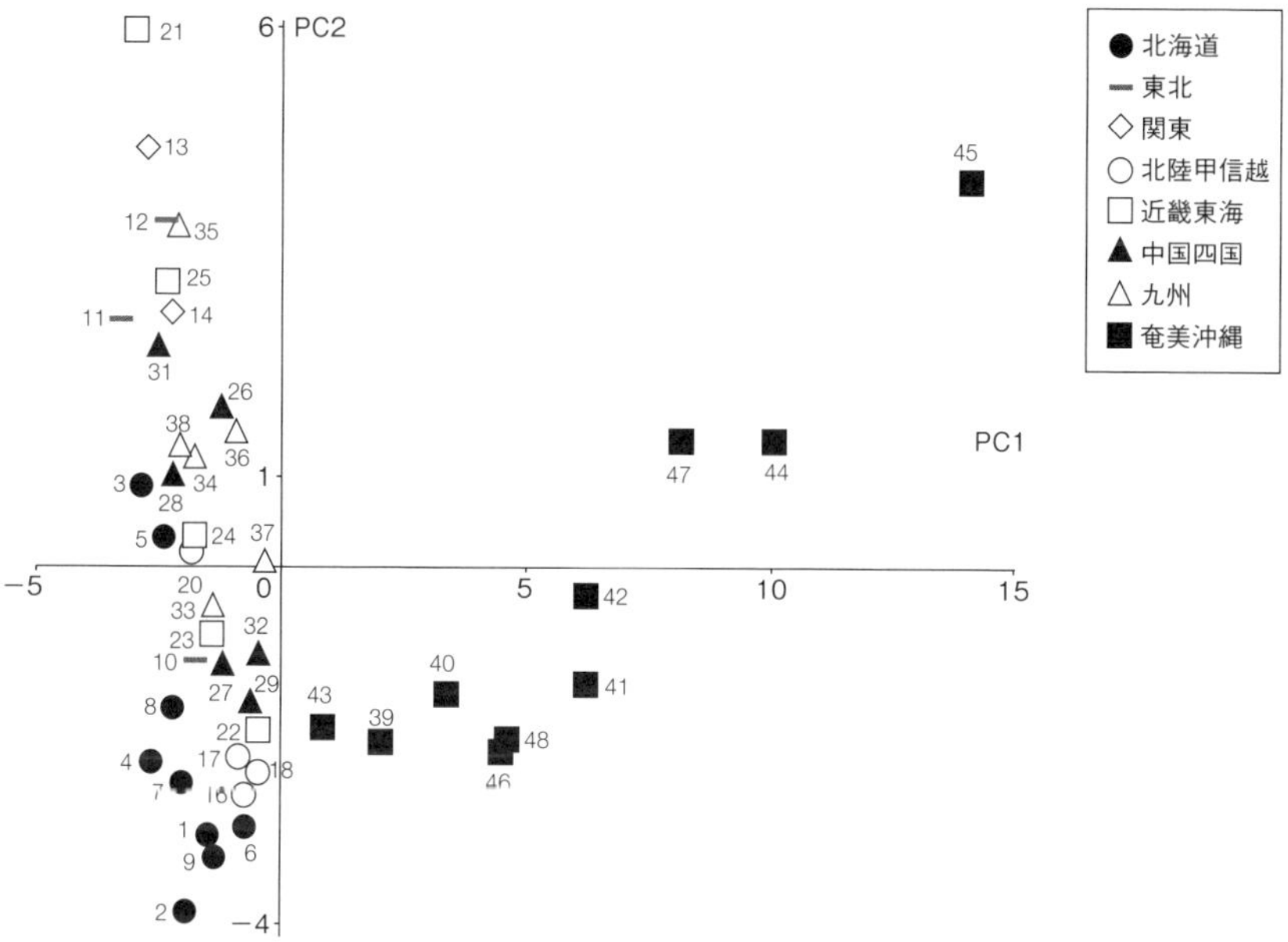

図5　貝類の主成分分析による遺跡分布（細字の数字は巻末表の遺跡番号と一致する）

貝類利用の特徴

貝類については、二〇二種で分析を行った結果、哺乳類と魚類同様に北海道と奄美・沖縄の間で大きな差が認められた（図5）。PC1は、マガキガイやチョウセンサザエなどのサンゴ礁内外の貝種と正の相関を持ち、ヤマトシジミやアサリなどの内湾の貝種と負の相関を示した。PC2は、マガキ、ハマグリ、オキシジミなどの内湾の貝種と正の相関を持ち、ウバガイやヒメエゾボラなどの沿岸の貝種やカワシンジュイガイと負の相関を示した。したがって、北海道は、ウバガイやヒメエゾボラ、エゾタマキガイなどの沿岸種およびカワシンジュガイやイシガイなどの淡水貝類の利用で特徴づけられ、奄美・沖縄ではマガキガイやチョウセンサザエ、ヤコウガイなどのサンゴ礁内外の貝類利用が示されている。本州の遺跡の分布は左上に集中し、ヤマトシジミやアサリ、マガキ、ハマグリ、シオフキ、アカニシなどの内湾の貝類を多く利用していたことが示された。特に、内陸部に位置する遺跡はPC2がマイナス方向に引かれ、カワシンジュガイやイシガイなどの淡水貝類の依存度が高かったことが示されている。内陸部の遺跡からも若干の海産貝類が出土しているが、多くは貝製品として持ち込まれたものであろう。また、縄文時代と中世・近世を比較するとほとんど分布域が変化していないことから、時代による主要な貝類の利用差はなかったことが指摘できる。

これまで示してきたように、動物遺存体の主成分分析によって遺跡ごとの動物資源利用の特徴を抽出することができた。日本列島の各地域でさまざまな資源利用の様相が認められ、特に北海道と奄美・沖縄では大きな差があることが明らかになった。ここで対象にした遺跡の中には、異なる時期の資料を一括したものもあり、今後時期別に比較することで、その変化をより正確にとらえることができる可能性がある。

三　人の活動を読みとる　〜動物資源をどのように利用したのか〜

これまで、人は「何」を資源として利用したのかを、日本列島全体の人間活動史のなかの資源である動物相について、動物遺存体を通じて概観してきた。ここでは、人間はそれらの動物資源を「どのように」利用したのか、その一端をみてみることにする。動物遺存体には、打ち割られたり切断されたりと人間の利用活動の後に破片となって出土する骨がある。その部位の組成から遺跡の機能を推測したり、骨格部位の計測による個体の体長復元、あるいは骨に残された解体痕などの人為的な痕跡の観察による研究がある。このような視点も、過去の人間活動史を復元する緻密な研究である。

部位組成からみえる遺跡の機能

遺跡から出土する動物の骨は、骨格のもとの位置のまま発掘されるわけではなく、それぞればらばらになって発見される。狩猟によって捕獲された動物は、毛皮や肉を利用するため解体され、さらに骨は、骨角器の素材として加工が施され、その後に廃棄されると考えられる。たとえば、動物一体分を遺跡に持ち込んだのであれば、すべての骨の部位が出土する可能性が高い。しかし、その部位組成を実際に調べてみると、同一時期の包含層から出土する部位においても遺跡によって様相が異なっている。帝釈峡遺跡群（縄文時代）では、約二〇キロメートル四方に複数の遺跡が存在するが、その中にはほぼすべての部位が確認できる遺跡と一部の部位しか出土しない遺跡がある。このことから遺跡には拠点となった遺跡あるいはキャンプサイト的な場所として利用される遺跡など、遺跡環境によって差があったと推測できる。複数の遺跡が相互にかかわりをもって、技術や文化を共有していたと考えられる。[4] 中世や近世の遺跡では、残存率の低い肋骨のみの出土や、加工痕の認められる四肢骨の骨幹部などの一部の部位しか確認されないことがあり、肋骨のついたあばら肉をブロック状態にして食肉を目的に持ち込んだり、骨角器製作の場に素材として特定の部位のみを運んで利用したことなどが想定される。

魚類の体長復元

遺跡からは多くの魚骨が出土する。漁撈具である釣針や石錘などの出土によって、釣りや網漁によって漁獲したことを知ることができる。当時の人々は、どのくらいの大きさの魚を獲得することができたのであろうか。現生資料の骨格部位および体長の計測値から求めた回帰式によって、遺跡から出土した魚類の体長を復元してみよう。[3][6][9]

彦崎貝塚（縄文時代）、草戸千軒町遺跡（中世：港町・市場町跡）、岡山城跡（近世：本丸下の段）、広島城跡（近世：武家屋敷跡）のマダイとスズキを比較すると、遺跡によって出土する個体の大きさの比率が異なる（図6・7）。マダイについては、彦崎貝塚では体長二〇～五〇センチメートル大の個体が確認できるが、特定の大きさが突出することはない。縄文時代には、産卵期以外は沖合いの深みにいる大型のマダイを容易に漁獲することはできなかったと考えられる。草戸千軒町遺跡のマダイは三〇～四〇センチメートル大が最も多く、二〇センチメートル以下のものから六〇センチメートル以上のものまで利用されている。岡山城跡でも同様に三〇および四〇センチメートル大が最も多く消費されているが、六〇センチメートル以上の個体は確認できない。広島城跡では三〇センチメートル大の個体が特に多く、さまざまな大きさのものが消費されていたことがうかがえる。中世以降には、多様な大きさのマダイを漁獲することができ、三〇～四〇センチメートル大のものが特に好まれて消費されたのであろう。マダイは中世以降の遺跡では、主要な出土魚種となり、われわれ現代人よりも食べる機会が多かったのかもしれない。

スズキは、彦崎貝塚では二〇センチメートル以下の小型のものも確認できるが、六〇センチメートルの大型のものまでいろいろな大きさが消費されている。スズキは、河口や内湾に生息するため、縄文人にとってマダイより漁獲しやすかったのであろう。草戸千軒町遺跡のスズキは五〇センチメートル大が最も多く、二〇～七〇センチメートル以上の大型個体まで確認することができる。岡山城跡でも五

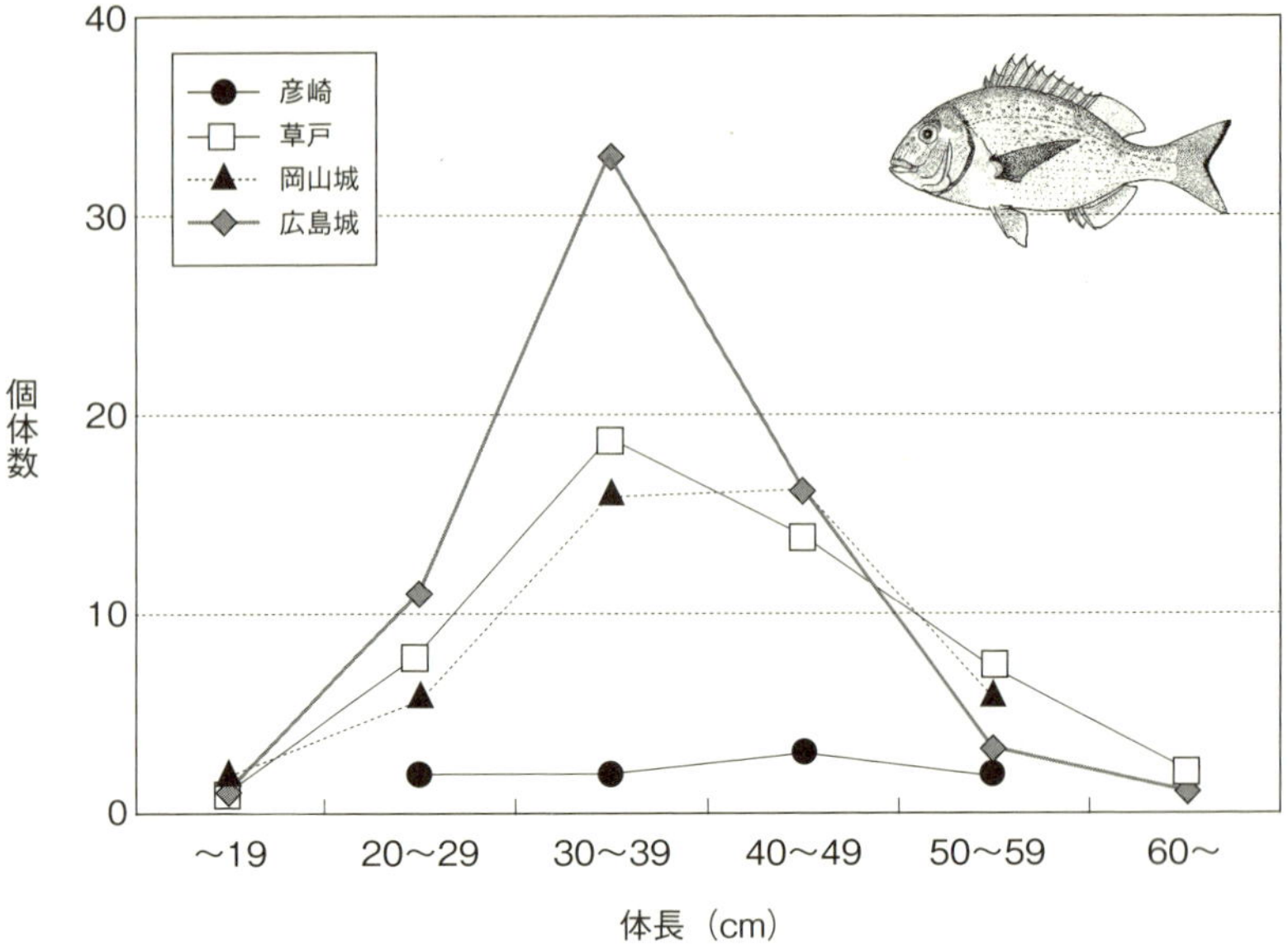

図6　マダイの遺跡別復元体長組成

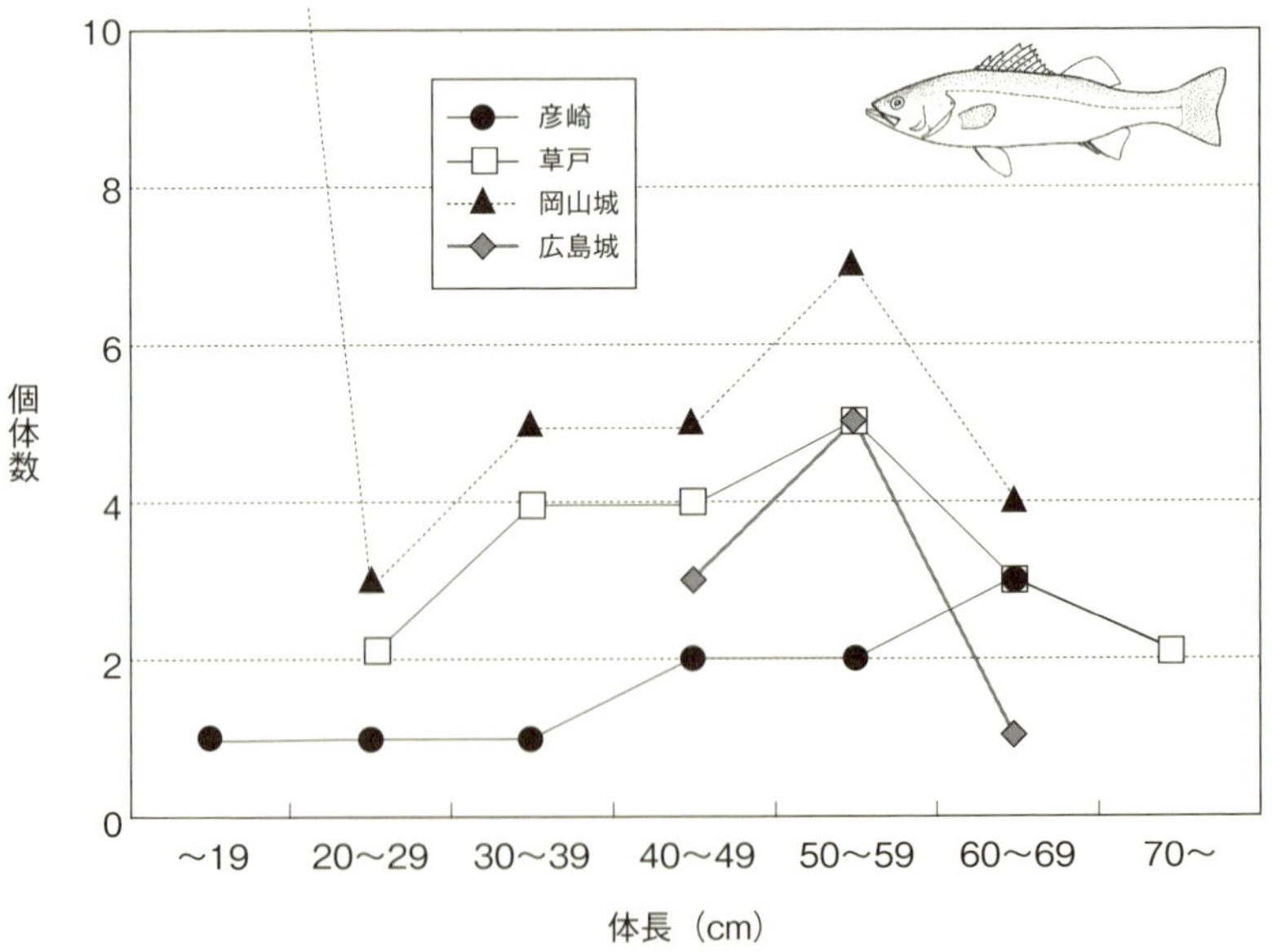

図7　スズキの遺跡別復元体長組成

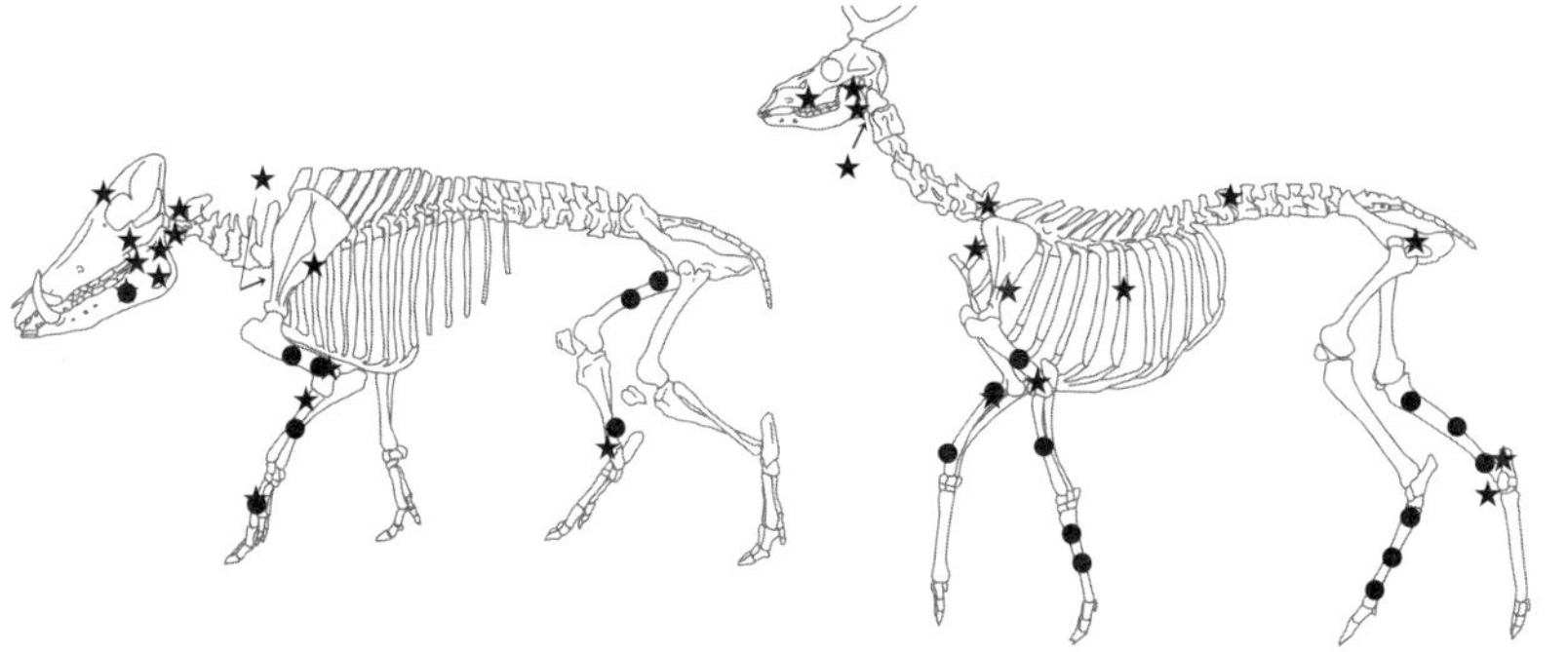

図８　イノシシとニホンジカにつく解体痕と打割痕の位置（(7)に加筆）
★：解体痕　●：打割痕

〇センチメートル大のスズキが最も多いが、二〇センチメートル以下の小型のスズキが特に多く消費されている。広島城跡では、四〇～六〇センチメートル大のスズキしか確認できなかった。

　このことから、狩猟・漁撈を主な生業とする縄文時代は、漁場の条件や漁撈技術が獲得できる魚の大きさを左右し、中世の港町・市場町ではさまざまな魚種および大きさが流通して消費されたと考えられる。武家屋敷では、宴会や日常食にマダイが非常に好まれ、城郭内の本丸においては、料理の献立に合わせて魚種と大きさが選択されて持ち込まれていた様相がうかがえる。江戸時代初期の代表的な料理書である『料理物語』には、スズキは「浜焼き」がよいと一尾のまま焼く調理方法の記録があり、二〇センチメートル大の小型のものは焼き物として供されることがあったであろう。

　ところで、現在大規模な網漁や近代的な漁撈技術を駆使して釣りあげることに成功している大きな魚を、縄文時代から捕らえて食べていたことは驚きである。また、魚類の生息環境という視点から見ても、縄文時代から現在まで海洋の生態系が保たれてきたことも指摘できる。

解体痕からわかる調理方法

　骨の表面を丹念に観察してみると、石器や金属器によってついた解体痕や切断痕などを確認することができる。縄文時代に主要な食料資源であったシカやイノシシなどの哺乳類は、四肢骨の骨端部や下顎骨の外側面などの特定の部位に解体痕が集中している(7)(8)（図８）。これらの痕跡がつく位置は、時代が下ったり地域が異なっても著しい変化は認

図９　遺跡出土の動物遺存体②（(5)，東広島市教育委員会蔵）
最上段の左から順にマダイ前頭骨の完形、ほぼ中央が左右に切断されたマダイ前頭骨の右側片、両側面が切断されたマダイ前頭骨、右側面が切断されたマダイ上後頭骨。切断面は、いずれも鋭い刃物で切られた痕跡が観察できる。

められない。これは、解剖学的に骨から肉を取り除いたり、関節をはずしたりする際につく痕跡と判断できる。

　解体痕からは調理方法を探ることもできる。マダイは日本の魚食文化を代表する魚種の一つである。中世以降、マダイには非常に特徴的な解体痕を確認することができる。包丁などの鋭い金属製刃物で、左右や前後に切断されている前頭骨や上後頭骨とよばれる頭部の骨が、遺跡からたくさん出土する[5][10]（図９）。いわゆる梨割とか内割（俗に言う兜割）とよばれる調理方法の存在を示している。また、それらの中には両側面が切断されたものもあり、三枚おろしを行ったことを物語っている。さらに、三枚おろしの証拠は、椎骨からも得ることができる。

　城下町や市場町あるいは都市の跡から出土する魚類は、マダイだけでなくマグロやブリなどの多様な種類が確認され、調理方法だけでなく海産物の流通網の発達や多彩な食文化が花開いた様相をもうかがうことができる。

四　動物資源利用から日本列島の文化・交流圏を読みとる

　これまで、動物遺存体の動物相の特徴と人為的な痕跡か

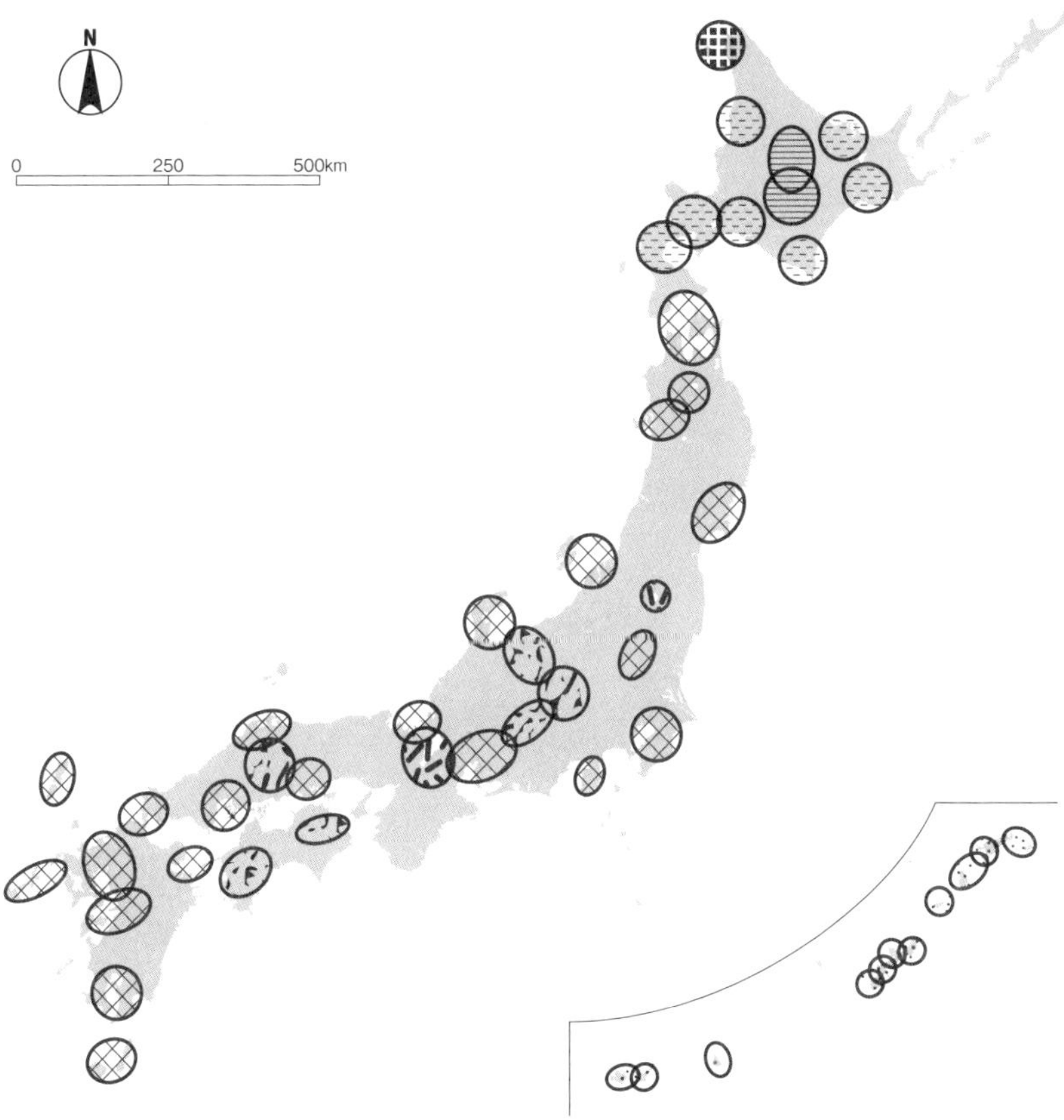

図10　動物資源利用からみた文化・交流圏のイメージ（縄文時代）

ら人間活動について考察してきた。動物資源利用の視点から、日本列島における文化圏の広がりや交流関係をとらえると、縄文時代から現代で大きな変化がみえてくる。ここでの各活動範囲の広さや位置はあくまでもイメージであるが、模式図で示してみた（図10・11・12）。

縄文時代には、遺跡の周辺に存在する動物資源を中心に利用したことから、各地域の動物相の違いによって、北海道と本州・四国・九州（以下、本州）と奄美・沖縄で資源利用に差が認められた。ただし、各地域でも遺跡の立地環境によってその構成種は異なるが、遺跡周辺の資源を有効に利用した時期といえる。また、遺跡間あるいは集落間の関係が密であったところもあれば疎であった場所もあったと考えられる（図10）。また、当然長い歴史の中には、広域

図11　動物資源利用からみた文化・交流圏のイメージ（中世・近世）

な移動やかかわりの変化もあったと推測される。

中世以降、各地に都市や市場町のように人が集中する場所が形成され、また集落間の流通網も発達した。その結果、各地のさまざまな資源が広域に運ばれるようになり、その地域間のつながりも、密にかつ広域化したと考えられる。しかし、各地域での生活を支えた動物資源は、基本的には在地の資源であったため、北海道と本州と奄美・沖縄の間には大きな差が認められる（図11）。京都に多くのマダイやハモが運ばれるようになる状況は、流通網の広域化の代表例である。また、漁撈技術の進歩により各地でさまざまな魚種が利用され、調理方法も発展した。一方、哺乳類の利用種数やその頻度は下がったといえる。ただし、城下町、市場町、城郭内、市宿、グスク（城）

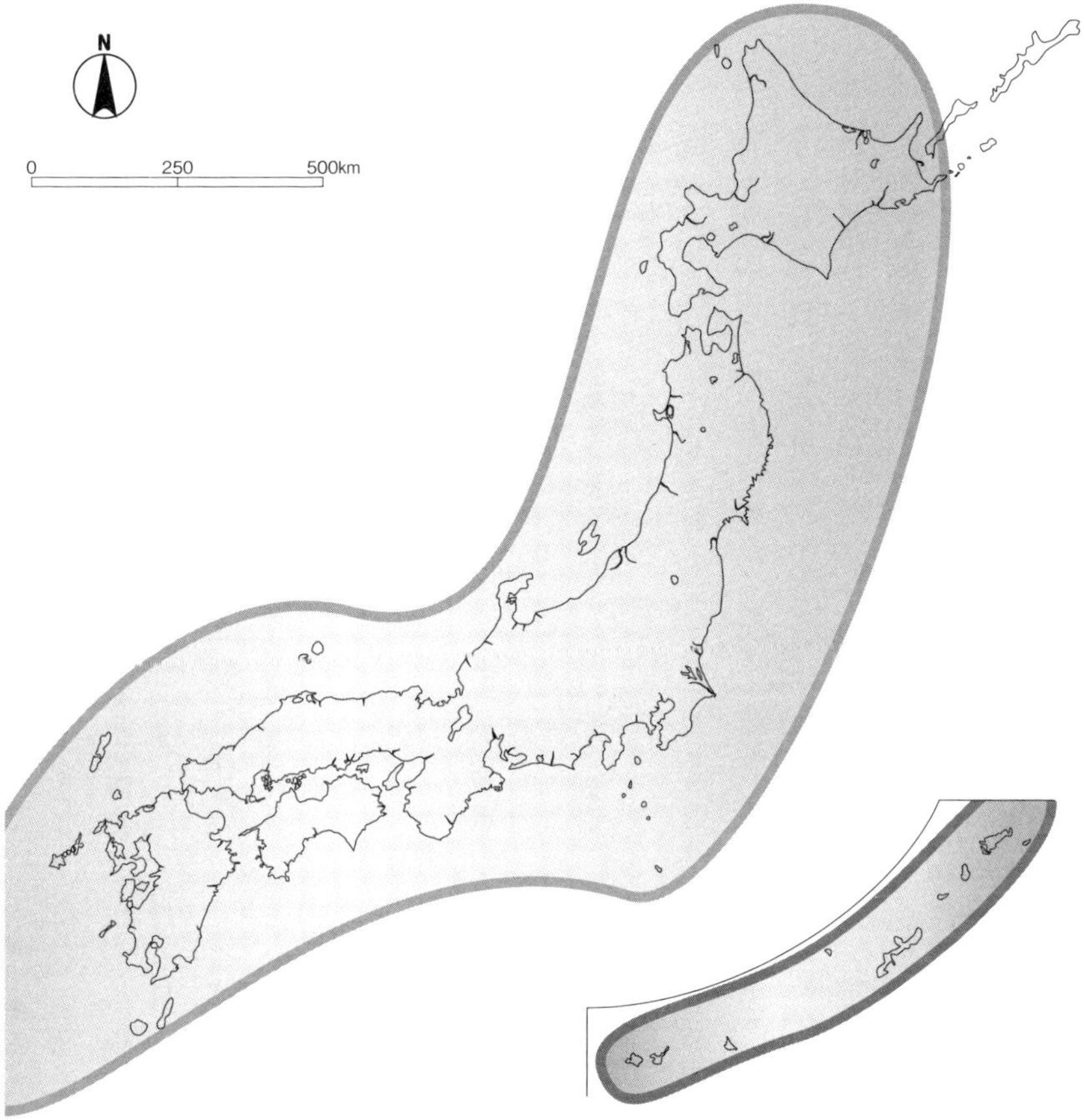

図 12　動物資源利用からみた文化・交流圏のイメージ（現代）

などと場所の機能や生活も多様化しているので、出土する動物遺存体には個々の遺跡で差が認められる。

現在は、日本列島のどこにでも行くことが可能となり、そこではさまざまな食材を利用することができる。また、その食材も遠く各地に運ばれている。コンビニやファミリーレストランのメニューは、それをよく示している。一方、サンゴ礁内外のブダイやグルクンなどの魚を本州や北海道で食べたり、コイ料理を沖縄で食べることは現在では十分に可能なはずではあるが、実際には非常にまれなことである。したがって、各地での伝統は残しつつも、資源利用の様相は日本列島一円で均一化しているといえる（図12）。現代人の食生態については、髪の毛の同位体分析の結果からもほとんど差がないことが示されている。[12] 現代人のこの著しい均一性には驚きである。

日本列島の動物資源利用を一言で説明することはできないが、縄文時代には各地で在地の地域色豊かな動物資源を利用（地域的多様性）していた。そして、流通の発達とともに中世・近世には各地で遠隔地から運搬された資源も加わって、より多様な資源利用（広域的多様性）が可能となった。一方、現在はさらに広域化が進んだものの、資源利用はより均一化されたと理解することができる。

五　動物考古学の新視点と地球環境学への展望

動物考古学では、人と動物とのかかわりについてさまざまな視点から研究が行われており、動物遺存体からは豊富な情報を得ることができている。「列島プロジェクト」において、日本列島全体で出土動物遺存体の特徴を概観したことにより、日本列島の動物資源利用の多様性を指摘し、各地域の利用変遷を読み取ることができた。当然、日本列島各地で人間の食生活も異なっていたであろう見解も得ることができる。また、これまでの動物考古学の研究動向は、各遺跡の出土報告にとどまることが多かったが、今回それらの比較を日本列島全体で試みたことによって、動物利用の地域的な相違を視覚的に引き出すことができた。人間活動史を復元するうえで、非常に有意義な成果が得られたといえる。縄文時代以降の長い歴史の中で、日本列島に生息する多くの動物種が減少や絶滅へと追い込まれ、あるいは生息域を狭められたことも確認できた。しかし、野生動物とのかかわりが大きく変化したのは、近世から明治の大規模な駆除や約五〇年前の高度経済成長期など、ここ一〇〇年前後であることが指摘できる。今後、自然や野生動物とのかかわりは、さらに希薄になっていくことが危惧される。

また、第4章で同位体分析の視点から詳細に記しているが、動物の骨格形態だけでは知ることができなかったことも論述することが可能になった。たとえば、海産魚類の炭素・窒素同位体分析による水産資源の産地推定や、イノシシやシカのストロンチウム同位体分析による狩猟域の復元である[(1)(2)]。これらの成果は、考古学の流通や交流研究を大きく前進させるであろう。さらに、同位体を利用した動物考古学の研究は、生態学や魚類学の分野にも大きな成果をもたらすものとなっている。各地で捕獲した現生メジナの炭素と窒素の同位体比を測定してみると、これまで同一魚種ではほぼ同じと考えられていた同位体比が、海域によって異なることが明らかになった（図13）。各生息域の生態系

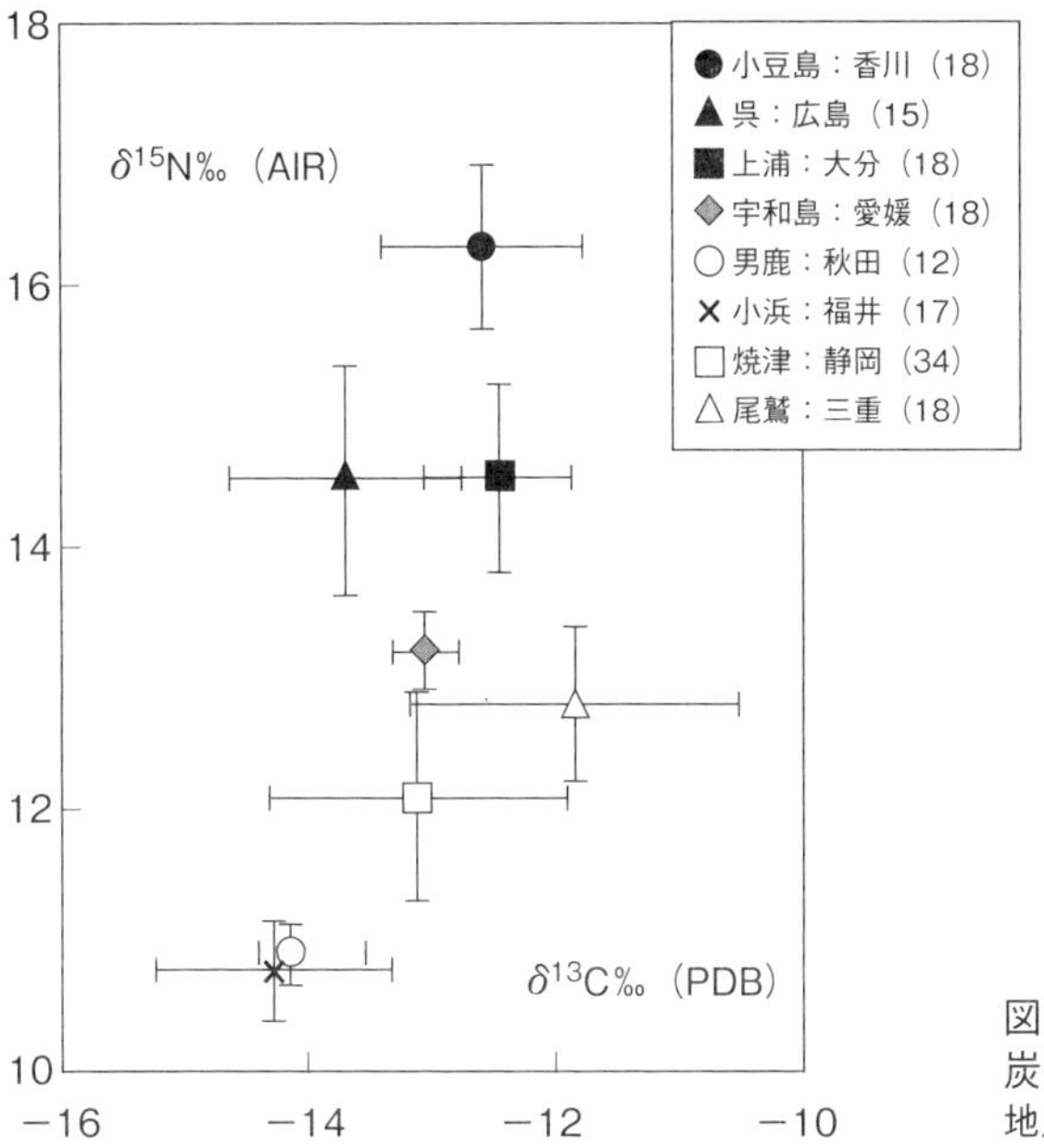

図13　現生メジナの海域別炭素・窒素同位体比
地点名の数値は、サンプル数

や海洋環境を考えるうえでの新しい知見を与えてくれるものである。また、同位体分析は、植物資源や貝類などの多くの分野でも応用が期待でき、地球環境学に寄与する研究が進むことが望まれる。ここで紹介した動物遺存体そのものの比較検討からも、これまでに蓄積された豊富な資料から引き出せていない情報があることを指摘することにもなった。遺跡から出土する資料を違った角度から見つめなおすことで、さらに明らかにできることが秘められている。

動物遺存体によって過去における動物資源利用の様相を理解することは、動物相や食文化などの復元にとどまることなく、古環境の復元をも可能にする。さらに、過去における人間と動物とのかかわりや動物そのものが持つ情報は、将来、人間と自然のよりよい関係を保つための知見を与えてくれるであろう。その答えは、動物考古学からの視点だけでなく、生態学、植物学、動物学など複数異分野の研究者が総合的な判断によって正しい方向へと舵をとる必要がある。人間のみならず動・植物などのさまざまな生きものとの関係を調べ、生態系の仕組みやその変化をとらえることによって、「賢明な」あるいは「非賢明な」利用の事象を読みとり、よりよい資源利用や開発および動物や自然との共存を目指すための指針を明確にすることが重要である。過去と現在の両資料を調査し比較することは、地球環境の総合的理解につながり、しかも列島プロジェクトは、次へ展開する新たな研究の端緒となる成果を得たといえる。

おわりに

本章では、わずかな情報から日本列島の動物資源利用を示してみた。もちろん、各地でのさまざまな事象があるのは承知のうえである。本書が複数分野の研究者の目に触れ、今後さらに研究を深めることへとつながれば幸いであり、この機会をその契機としたい。

最後に、これから動物考古学あるいは関連分野の研究を志す若者へのメッセージを発するとともに、将来の自分への戒めの言葉を記しておきたい。研究上有益な結果を得るためには、同位体分析のように時には文化財を破壊することも許されるものだとは思う。しかし、見通しをもったうえで破壊分析は最小限にとどめるべきであるし、可能な限りその資料の一部を残しておくことが望ましい。われわれには、分析前にその資料が持つ情報を最大限に記録し、その価値をより研究が進んだ将来へつなげる義務があることを強調したい。ましてや、資料が何で、どのような情報を持つものなのかを理解したうえで扱うのは当然だと思う。さらに、考古資料を使って研究できるのは、発掘調査によって遺跡から遺物を取り上げてくれた担当者や整理作業員の並々ならぬ努力と苦労があったからこそであり、感謝の意を表するのは当然といえよう。いくら感謝してもし足りないくらいである。唯一無二の貴重な文化財を対象に研究していることを忘れないでいたい。

第6章　遺跡出土木製品からみた資源利用の歴史

村上由美子

はじめに

遺跡の発掘調査では、大量の木材が出土することがある。通常ならば腐朽してしまう木材も、溝や旧河道、井戸などで水分が豊富な土壌の中に埋没して真空パックされたような状態になると、土に還ることなく何千年も遺存する。発掘現場で泥や湧水、出土後の急激な乾燥による資料の劣化と格闘しながら一点ずつ丁寧に取り上げた出土木材は、遺跡で暮らした当時の人々が森林とどうかかわり、生活のなかで木をどのように使っていたかを示す貴重な資料である。

第1章で示されたように、数万年、数千年のスケールで日本列島の植生史をとらえると、人間の関与により植生の変化が生じたのは、ごく新しい時代の、ここ二〇〇〇年ほどのことに過ぎない。本章では、出土材の検討を通して一〇〇〇年から数百年のスケールで木材利用史を概観することにより、人々が時代や地域に応じて森林資源をどのように選び、どの木材をどんな用途に使ってきたかを明らかにすることで、二次林化やアカマツ林の成立などの植生変化を引き起こした要因を考察する。

出土木製品から情報を引き出すためには、次の二つの作業が必要となる。一つは台帳作成、作図、計測、写真撮影など考古学的方法による整理作業で、もうひとつはサンプリング、プレパラート作成、顕微鏡観察など木材組織学的方法による樹種同定作業である。筆者はこれまでいくつかの発掘現場や整理作業の現場にかかわり、樹種同定の作業にも立ち会うことで、出土木製品から人間と森林とのかかわりを読み解く試みを続けてきた。

日本列島において、人々はどのような樹種を多く使ってきたのだろうか。この問いに答えるためには、全国各地の遺跡発掘調査報告書を紐解き、旧石器時代から近代に至る出土木材の膨大なデータを集める必要がある。ここでは既往の集成[20][29]を参照して木製品に多用された樹種とその変遷を検討対象とする（表1）。主に縄文時代から古代にかけての時期に重点を置き、地域としては九州から東北地方までを視野に入れる。日本列島のなかでも木製品の道具組成や植生が大きく異なる北海道と奄美・沖縄は扱わない。

表1　出土木製品集成資料にみる主要樹種（(20)(29)による）

〔島地・伊東 1988〕		〔山田 1993〕	
分類群	点数	分類群	点数
カシ類	1132	スギ属	7908
ヒノキ	911	クリ	5430
スギ	889	クヌギ節	3973
クリ	524	アカガシ亜属	3884
シイ類	490	ヒノキ属	3602
コナラ類	327	コナラ節	3601
クスノキ科	220	シイ属	1686
イヌマキ	190	モミ属	1459
ケヤキ	178	トネリコ属	1416
マツ類	160	ケヤキ	1105
サカキ	158	二葉松類	776
クヌギ類	146	ヤナギ類	686

なお表右側については、本章で取り扱う15世紀以前の資料を集計した。

表1の二つの集成に共通して点数が多いのは、スギ、ヒノキ、クリ、アカガシ亜属（以下カシ類）[*1]の四群の樹種である。これらの使用頻度が高い要因としては次の三点がある。当時の植生に即して資源量が豊富なこと、当時の技術に即して加工しやすいこと、そして当時の生活に即して用途の範囲が広く多様な製品に用いられたことである。

前述の四群の主要樹種のなかでは、クリが最も早くから集中的な利用を確認できる。

一　縄文時代―クリ材多用の森林資源利用―

クリは現在、北海道（西南部）、本州、四国、九州に分布する落葉高木で、幹は直立し直径六〇センチメートル、高さ一五メートル以上に達する。クリは材だけでなく、果実は食用としても重要であり、花粉分析の結果も踏まえて「クリを多目的に利用しながら、恒常的に資源を維持・管理」した状況[27]が、東日本を中心とした遺跡調査の成果から明らかになってきている。

また、縄文時代には各地で丸木舟が見つかっており、縄文時代以降には大径木を伐採して利用する技術があったことは確かである。丸木舟にはスギやカヤなど比較的軽い樹

表2　真脇遺跡の柱根・杭径の法量分布（(15)より一部改変）

(a)　縄文晩期の柱根

法量(cm)	1～10	10～20	20～30	30～40	40～50	50～60	60～70	70以上	その他	小計	合計
割材	2	3	10	9	12	10	2	11	4	63	
丸木	2	4	6	2	7					21	85本
その他								1		1	

(b)　縄文前期の柱根・杭

法量(cm)	1～10	10～20	20～30	30～40	40～50	50～60	60～70	70以上	その他	小計	合計
割材			2						2	4	
丸木	18	20	3		1				2	44	50本
その他		2								2	

種が選ばれる傾向にあるが、関東地方ではクリの丸木舟も多く見つかっている。(17)

　クリの大径木をとくに選んで使った事例としては、縄文時代後晩期に北陸地方を中心とした日本海側で盛んに築かれた環状木柱列がある。石川県真脇遺跡で出土した縄文時代前期の柱根・杭と晩期の環状木柱列の柱根の径を木取り（割材／丸木）別に比較した結果、前期には直径二〇センチメートル未満の丸木が五〇本中四〇本を占めたのに対して、晩期には幅が二〇センチメートル以上の分割材を使った柱が八五本中五四本を占め、なかには原木直径が一メートルに近いような大径木も使われた(15)（表2）。また表2上側の晩期柱根のうち、二〇〇二～二〇〇四年の調査で出土した一四点の樹種をみると、割材の柱一〇本はすべてクリ、丸木の柱四本はすべてアスナロと、樹種と木取りが相関しており、(15)クリの分割材が環状木柱列に選択的に使われていたことがうかがえる。

　この環状木柱列を除くと、縄文時代を通じてクリは主として小径材が多用された。小径材であれば、伐っても数十年と経たないうちに同じ太さの木が再生し、継続的な森林の利用が可能となる。クリ材を大規模かつ持続的に利用した事例として、東京都下宅部遺跡出土材があげられる。縄文時代後期の木製品八六一点のうちクリが二六九点と二割

＊1　コナラ属アカガシ亜属はアラカシ、シラカシ、イチイガシなど日本列島に八種があり、材構造では種のレベルまで区別することは難しいとされてきたが、近年になって導管の径の大きさをもとにイチイガシのみは他のカシ類と区別できる場合があることが明らかになった(13)。

＊2　放射性炭素年代測定の結果、五三〇〇～二八〇〇 calBP に相当することがわかった(4)。

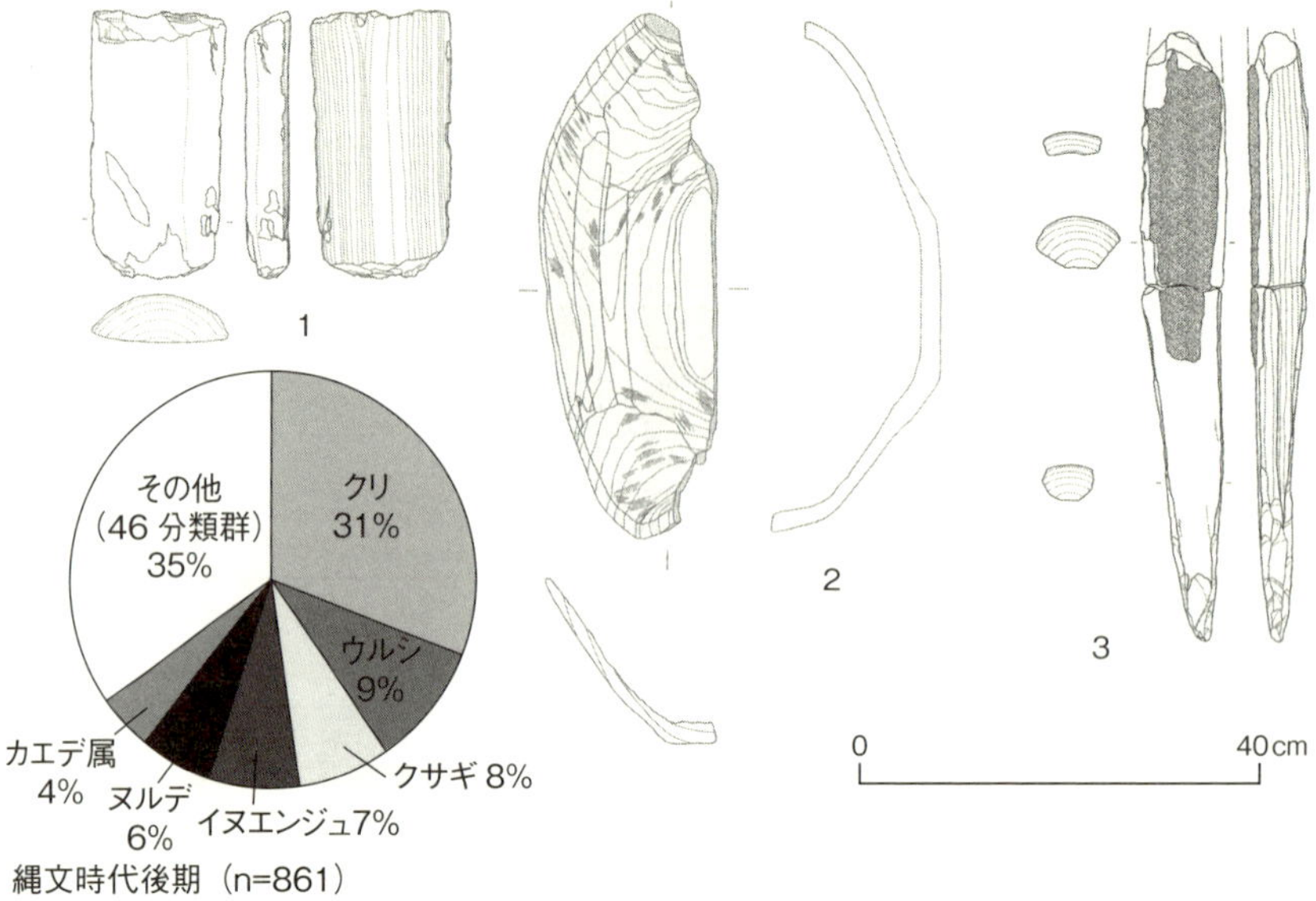

図1　下宅部遺跡出土木製品の樹種組成とクリの利用（(21)にもとづき構成）
1 分割材，2 容器，3 割杭

以上を占める(14)ほか、水湿に強い性質を生かして、クリは水利用施設の構造材に特に多用された（図1）。年代学的研究と併せた検討からは、下宅部遺跡では縄文時代中期から晩期の約二五〇〇年[*2]にわたって(4)一〇基の水利用施設が築かれ、その構造材や杭・板などの二〜五割程度にクリが使われたこと、施設の規模が大きいほどクリ材の占める割合が高いことが明らかになった。(12)そして材の割り方や原木径の復元を踏まえて、縄文人が居住域の周辺に維持したクリ林は直径一〇センチメートル前後のものを主体とし、二〇〜七〇センチメートル程度の太い個体も交えた、やや複雑な構造をもつことが推定された。(12)クリ材を水利施設の構築に多用する傾向は、落葉広葉樹林が卓越する東日本の縄文時代の遺跡に共通する。それに対し、縄文時代にスギ林や常緑広葉樹林が発達した西日本（うち近畿地方については(24)など）でも同様のクリを多用する仕組みが存在したかどうかについては、今後の事例の増加が待たれる。

二　弥生〜古墳時代：カシ類の大径材利用とその背景

暖温帯常緑広葉樹林の代表的な植物に、カシ類がある。

カシ類は表1でも上位に位置し、主要樹種のひとつであるが、縄文時代にはあまり利用されておらず、その頃には深々とした極相林を形成していたのだろう。カシ類のどんぐりは、渋を抜く処理をしなくても食べられるイチイガシをはじめ食用としても重要であり、縄文時代から弥生時代にかけては貯蔵穴に大量に入った状態で見つかることも多い。常緑広葉樹林帯に暮らした縄文人にとってカシ類は伐り倒して材を利用するよりも、どんぐりを得るためにむしろ積極的に保全すべき樹種であったようだ。滋賀県穴太遺跡では、縄文時代後期の竪穴住居が廃絶した後に成立したカシ類の二次林の様子がうかがえる。[18]

こうして極相林や二次林に生育していたカシ類の樹木は、弥生時代に入ると役割が大きく変わる。それは、水稲耕作の導入にともなって人々の暮らしや木材利用のあり方が一新したことと密接なかかわりがある。水路を整えて水を導き、田を拓いて耕すために多くの種類の道具が必要となり、農耕具の用材として、西日本では堅くて重いカシ類の樹木が選ばれた。なかでも点数の多い鍬や鋤は、幅二〇～三〇センチメートル程度の柾目材で作られており、原木となるカシ類はその倍の太さ、つまり直径四〇～六〇センチメートル以上であったと復元できる。そして弥生時代の開始期から中頃にかけて次第に太い原木を多く使うようになったが、その背景には、伐採用の石斧が次第に厚みを増して重くなり、伐採後のカシ原木を割って柾目材にするための木製楔が発達するなど、伐採・製材用具と技術の変化があった。[9]

弥生時代中期には、カシ類を農耕具に多用する地域は西日本一帯だけでなく、北陸や東海～南関東にも広がる。そして現在の植生でもカシ類のほとんどみられない東北、中部高地、北関東ではカシの代わりにクヌギ類（クヌギ、アベマキ）を用いて同様の農耕具を製作していた。[22] クヌギ類は、表1に即して今回設定した主要樹種四群（スギ、ヒノキ、クリ、カシ類）には入っていないが、その次点ともいうべき樹種である。

カシ類を多用した事例として、神奈川県池子遺跡の樹種組成をみておこう。樹種同定された弥生時代中期の木製品一六二二点のうち、五九八点と四割近くをカシ類が占める。[23] カシ類の材は、鍬・鋤や竪杵などの農具をはじめ、石斧の柄や製材用の楔・槌といった工具、機織りの際に横糸を打ち込む道具（緯打具）など、堅くて重く、耐久性のある材質的特性を生かして、多様な生業用具に加工された（図2）。また製作途中の未成品（図2−3・6・7）や原木を割っ

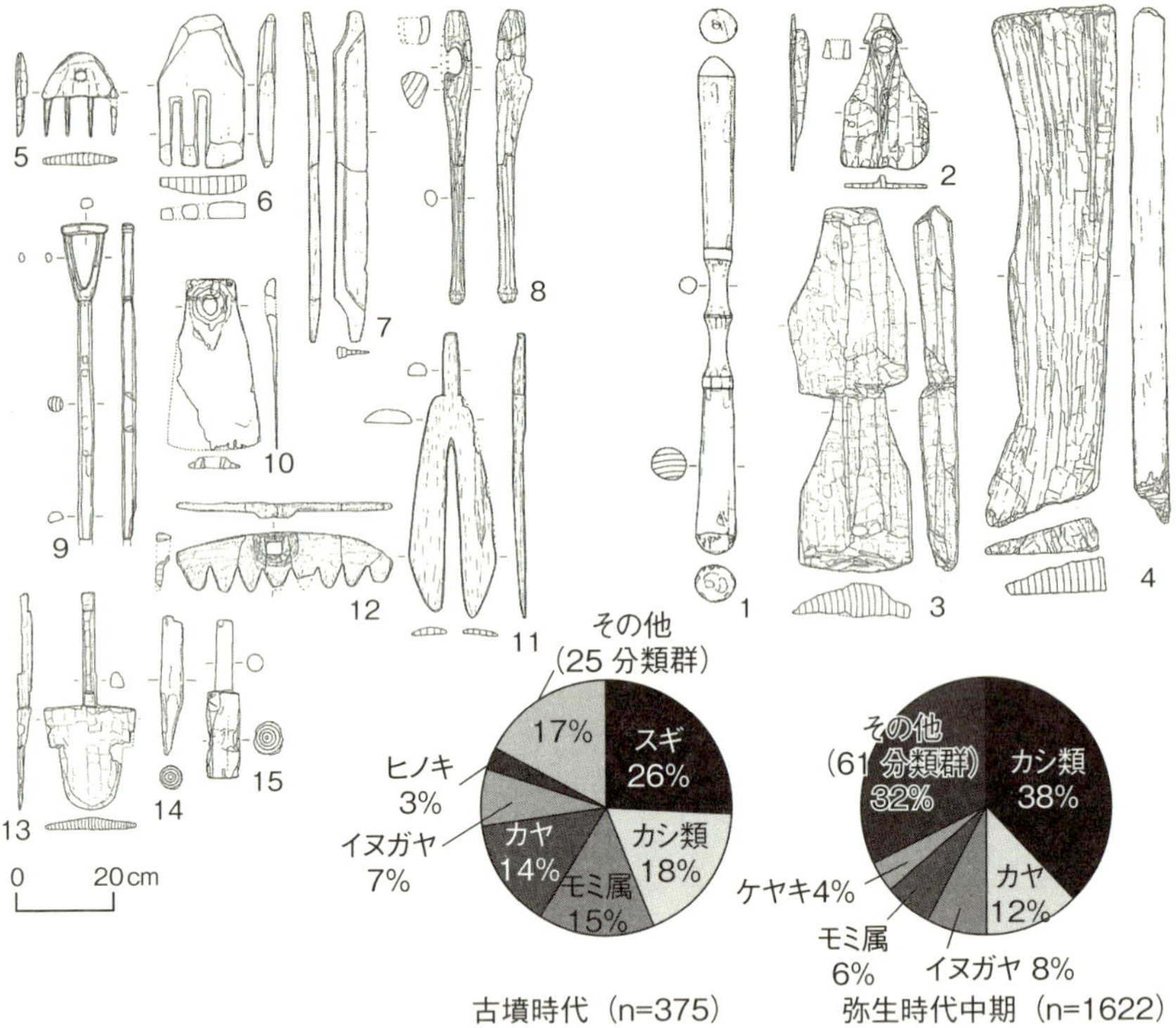

図２　池子遺跡出土木製品の樹種組成とカシ類の利用 （(1)にもとづき構成）
1〜9：弥生時代中期、10〜12：古墳時代前期、13・14：古代、15：中世
1・竪杵、2広鍬、3広鍬（二連の未成品）、4農具原材、5又鍬、6又鍬（未成品）、7緯打具（未成品）、8石斧直柄、9鋤柄、10広鍬、11曲柄又鍬、12えぶり、13鋤先（U字形の鉄製刃先を装着）、14丸木杭、15横槌

ただけの原材（図2−4）など、カシ類の樹木を用いた道具製作の各工程を示す資料が多い点も、弥生時代の池子遺跡においてカシ類が四割近い点数比を占めた要因の一つである。

しかし、古墳時代には池子遺跡出土木製品のうちカシ類の材を使ったものの点数比が低くなり、また鍬の形状も変化して長い代わりに幅が狭くて薄い材を使った鍬（図2−10〜12）が主流になる。弥生時代に比べて細い原木を使うようになった背景の一つに、かつては多用したような直径六〇センチメートル近い大径木の減少が考えられる。そうして弥生時代の初めには広がっていたであろう極相林は開発・破壊が進んだとみられる。

鍬の変化をもう少し追いかけてみよう。一般的に古墳時代の中頃

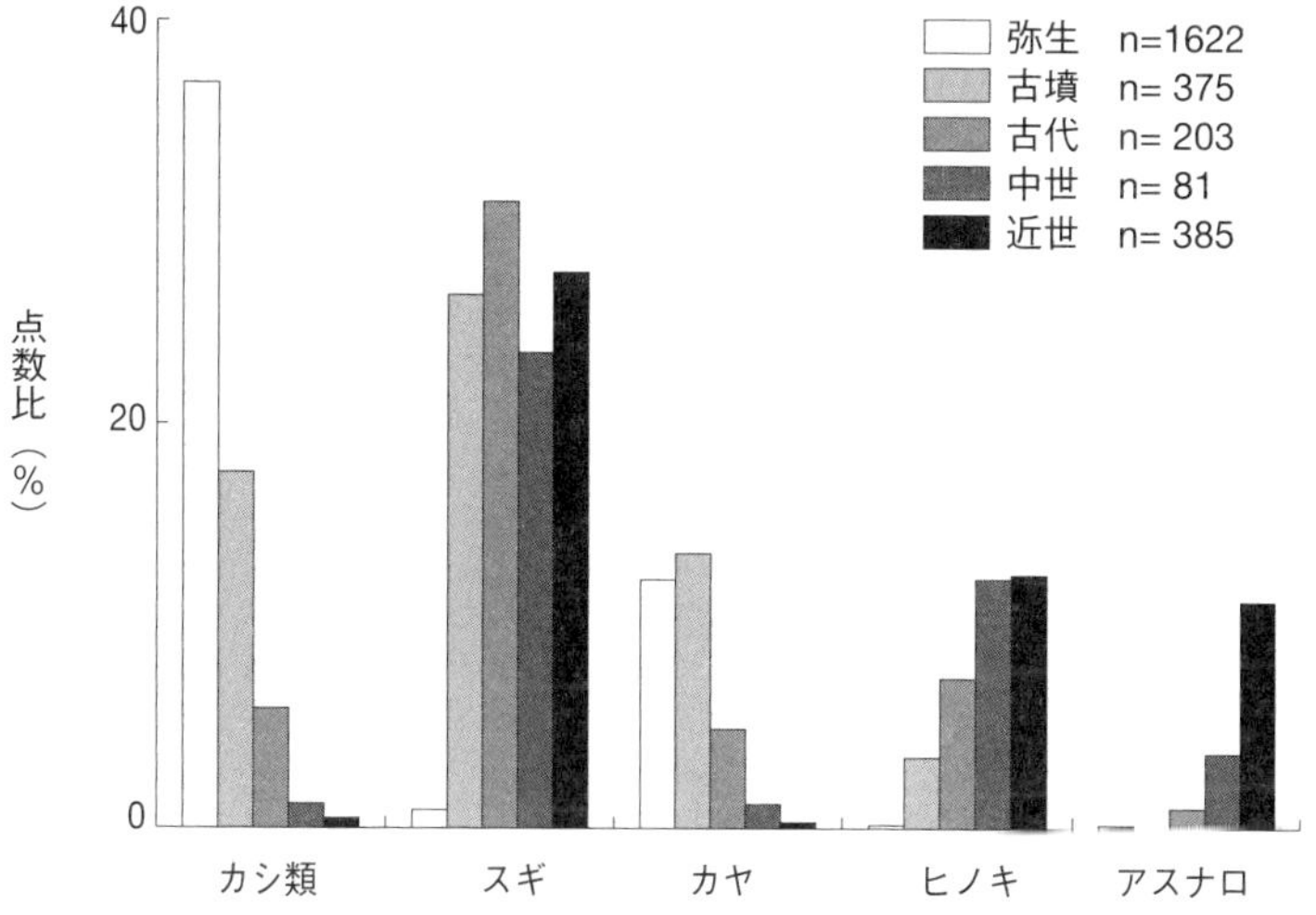

図3　池子遺跡における主要樹種の利用率変化（(23)にもとづき作成）

以降には、U字形の鉄製刃先を装着した鍬や鋤（図2—13）が増える。すると、必ずしもカシ類ではなく、それ以外の樹種を使った鍬もみられるようになる。鉄の刃先をつけた鍬は、木製の鍬に比べて使い減りしにくく、刃先の取替えも可能である。そのためか古代以降には、鍬が木製道具の組成に占める割合が低くなり、池子遺跡でも古代の木製品二〇三点のうちカシ類の鍬二点のみとなり、[23]ほかには杭などにカシ類の小径材が使われるに過ぎない。他遺跡の事例では中近世にも強度を要する部位を選んでカシ類を限定的に使ったことが確認できる。

三　広葉樹から針葉樹へ

池子遺跡では、弥生時代の旧河道が見つかった地点からさらに谷の奥にかけて、古墳時代〜近世の各時期の井戸や溝などが発見され、そこでも多数の木製品が出土している。池子遺跡で多く使われた樹種の利用率変遷を図3に示した。弥生時代には最も多数を占めたカシ類の割合は古墳時代には二割以下となり、古代にはさらに減少して中世以降にはほとんど出土例がない。カシ類に代わって増加したのはスギである。弥生時代には一六二二点中一五点とわずかであったものが、古墳時代以降は一貫して三割前後を占め、近世に至るまでスギが池子遺跡で最も多く使われた。やや遅れてヒノキも増加する。

主要樹種がカシ類からスギ・ヒノキに移行した理由としては、遺跡で出土する木製品の道具組成が図2に示したような農具や工具など生産のための生業用具中心から、容器など消費のための生活用具中心に変容したことが、一つの背景として考えられる。

スギやヒノキの材は、カシ類の材のように強度や耐久性を要する農耕具に使うことはないが、軽くて軟らかく、どの方向にも割りやすい性質を生かして柱・梯子などの建築材や槽とよばれる浅い刳物容器、下駄などの各種生活用具、

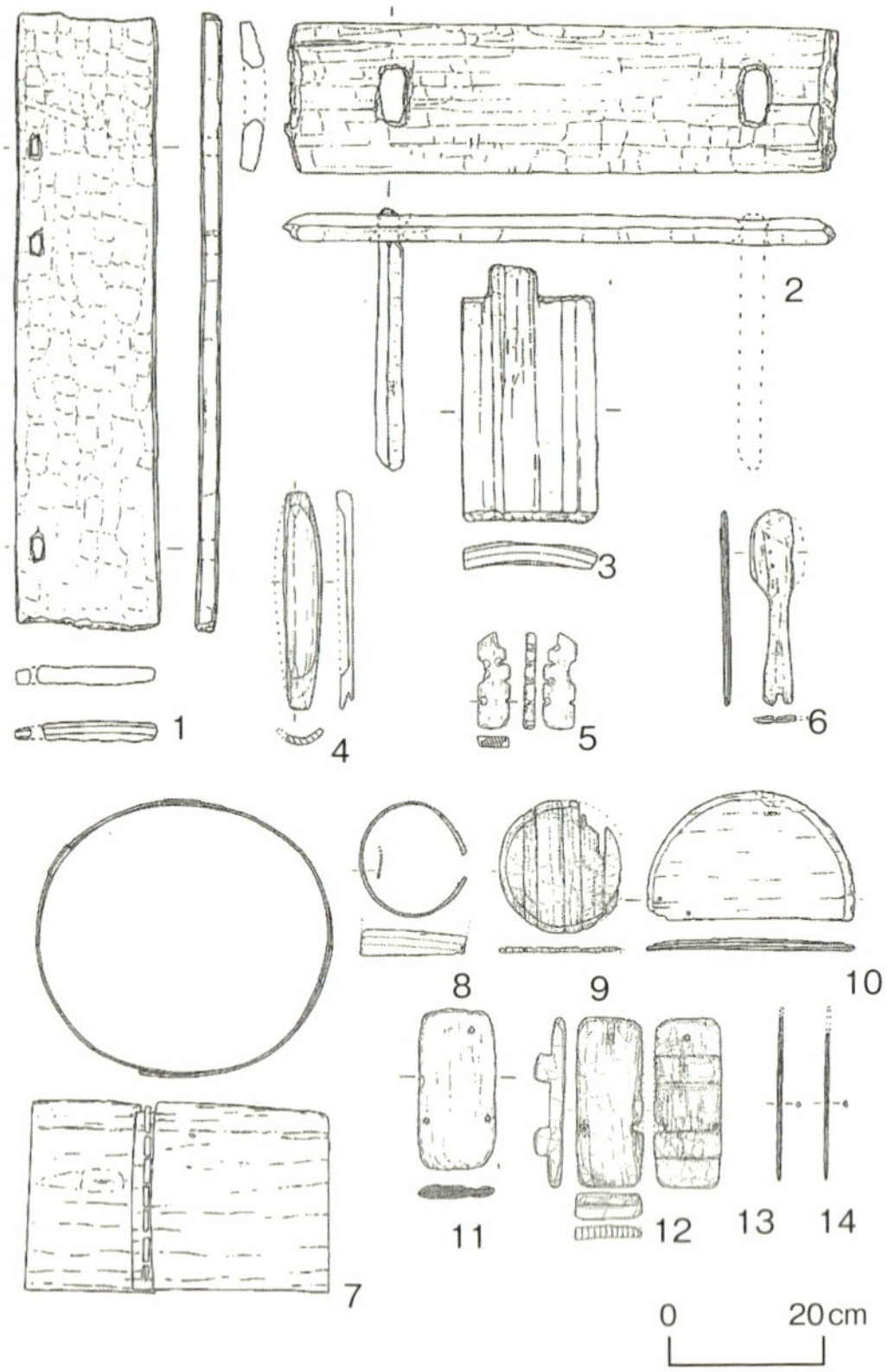

図4　池子遺跡におけるスギ・ヒノキの利用（(1)にもとづき構成）

1～5：古墳時代、6～11：古代、12：近世、13・14：中近世
スギ1～6、10・11・13・14　ヒノキ7～9、12
1板材、2机天板、3机脚、4舟形、5火きり臼、6しゃもじ状製品、7井筒、8曲物側板、9・10曲物底板、11・12下駄、13・14箸

さまざまな法量の板材など広範な用途に使われた（図4）。古墳時代以前には多かった刳物容器は、古代以降にはほとんどみられなくなり、同じヒノキやスギを使った容器でも曲物の技法で作られた容器が増加する。薄く割った針葉樹材を曲げて側板とし、丸い底板と組み合わせた曲物容器（図4−7〜10）であれば、刳物とは異なり、少ない材積で大きな容量に作ることもできる。近世に増える結物の桶や樽にも共通するように、これらは複数の板を組み合わせて作るため、ひとつの道具に数点の針葉樹の部材が使われている。そのことも、点数比でみたときにスギ・ヒノキの割合が高くなる要因の一つである。

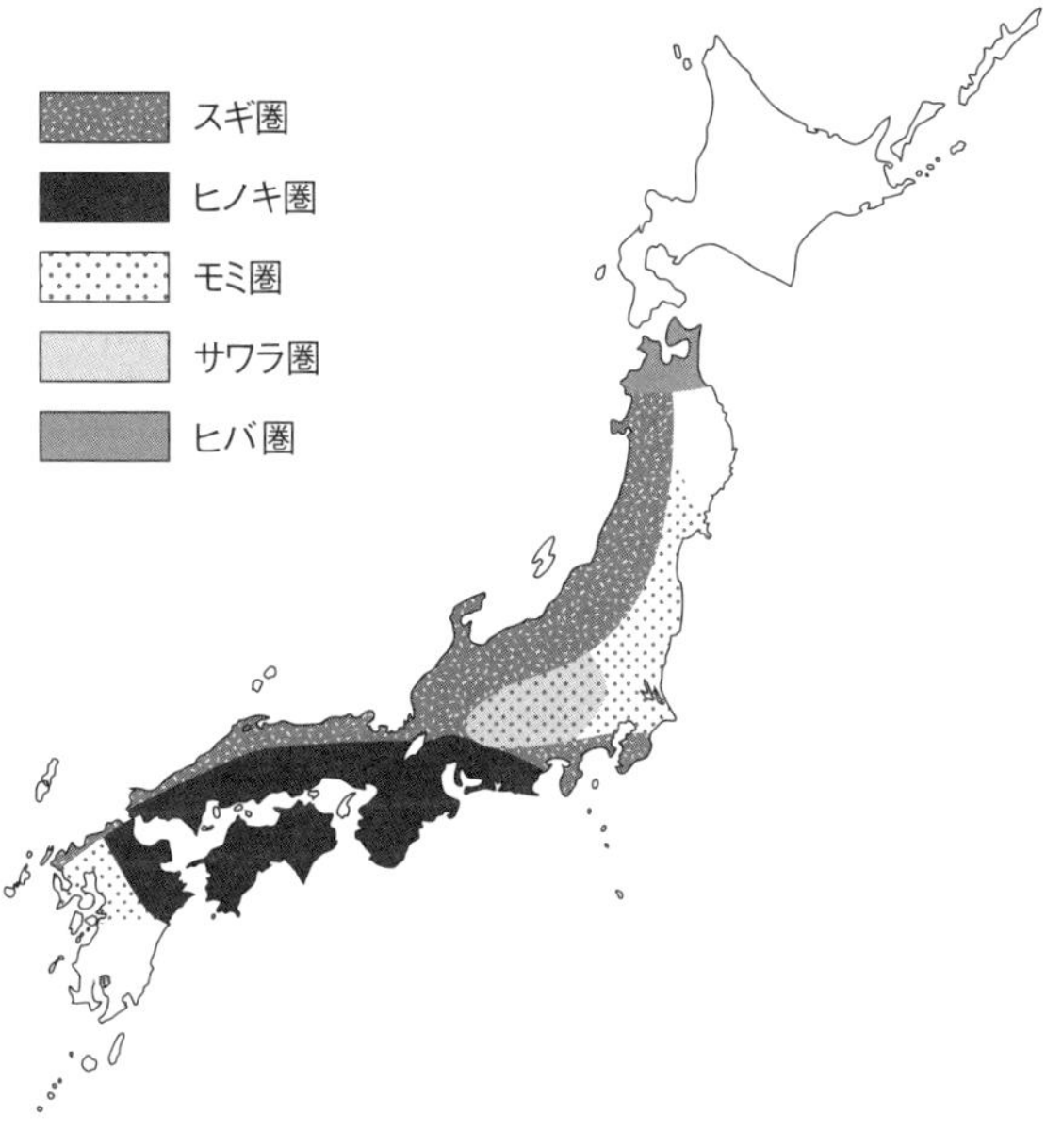

図5　針葉樹の利用文化圏（(22)による）

弥生時代には多く使われたカシ類の割合が減り、古墳時代以降にはスギやヒノキを多用するようになる、という変化が起こるのは、池子遺跡に限ったことではない。遺跡ごとの道具組成や地域によって移行の時期や樹種に違いはあるものの、「広葉樹から針葉樹へ」という変化は、弥生時代後期から古墳時代にかけて九州から東北地方までの各地でおおむね共通してみられる。[22] さらに詳細にみると、樹種の地域性についても明らかにされている。広葉樹に関しては、前述のように常緑広葉樹林の発達した地域でカシ類の樹木が、落葉広葉樹林が広がる地域ではクヌギ類の樹木が多用されたし、針葉樹に関しては五つの文化圏に区分されている[22]（図5）。この図によれば、池子遺跡の位置する南関東はスギを多用する地域に含まれ、図3に示した古代以降のスギの卓越と合致する。

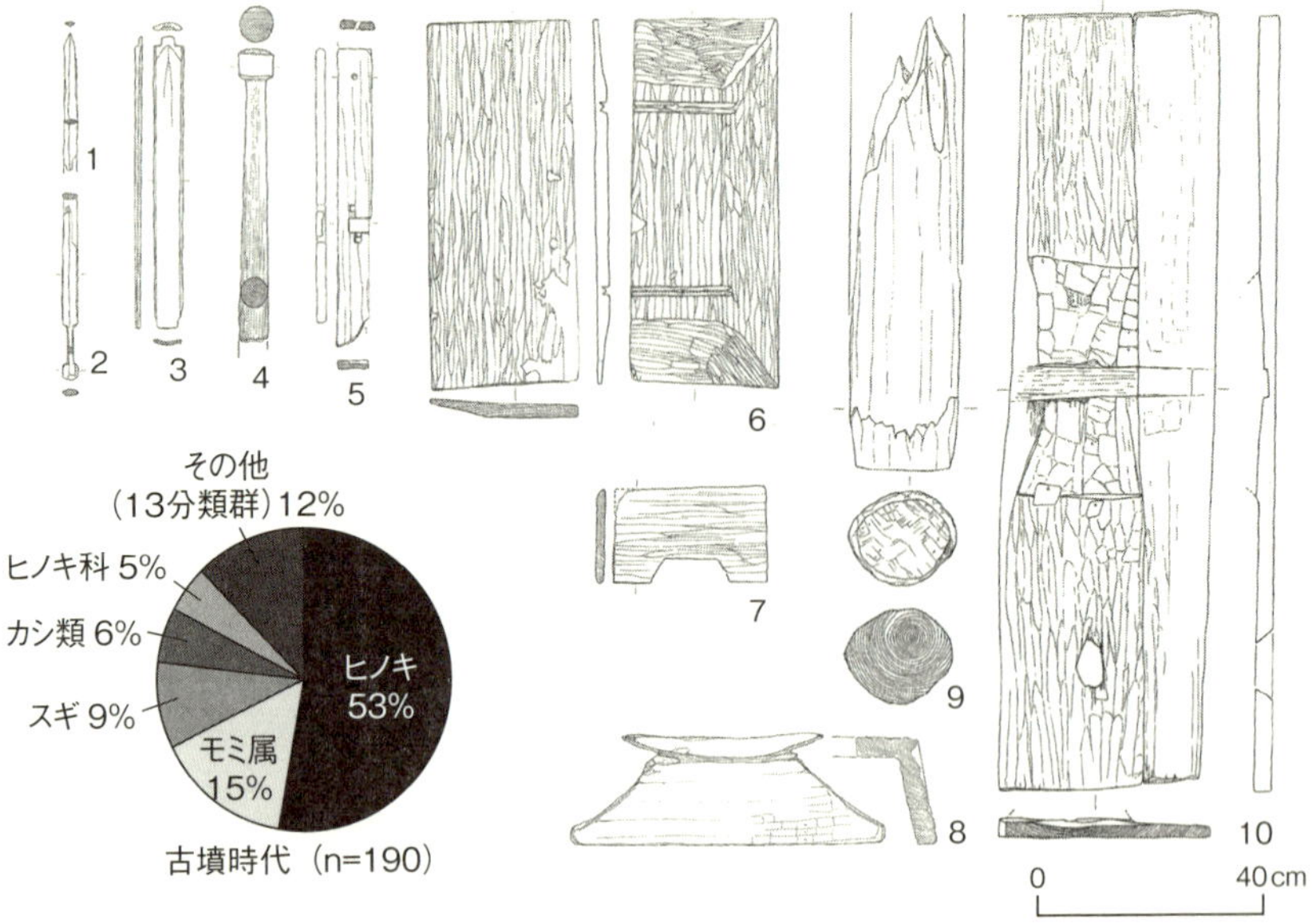

図6　城之越遺跡出土木製品の樹種組成とヒノキの利用（(6)にもとづき構成）
1・2剣形、3剣鞘、4有頭棒、5板材、6机状木製品、7机状木製品の脚、8椅子、9柱、10扉材。

続いてヒノキを多用する地域に位置し、道具組成のやや異なる遺跡の状況をみておこう。三重県城之越遺跡（古墳時代）では祭祀の場が発掘され、そこで見つかった木製品も農耕具が少なく、祭祀関連の遺物が多い特徴をもつ。こうした祭祀具にはとくにヒノキが選択された（図6）。花粉分析や大型植物遺体分析の結果からは、城之越遺跡周辺にはカシ類など広葉樹の存在が想定されるにもかかわらず、木製品にはヒノキを多用する傾向がある。[2] ヒノキやスギのもう一つの特徴は、軽くて通直に割りやすい性質を生かし、真直ぐな材を集めて筏に組み、下流に材を搬出するのに適していることである。古墳時代の城之越遺跡では、祭祀具や祭祀空間を構成する建造物の作成には、周辺に生えていた広葉樹ではなく、やや離れた上流域に生育していたと思われるヒノキを選んで運んでくることが行われていたようだ。こうして水運を用いて遠隔地から針葉樹を大量に移送し、大規模に消費する、いわば都市的な木材利用のあり方は、続く古代に一層の進展を遂げる。

四　古代：スギとヒノキの大規模な利用

二〇一〇年は平城遷都一三〇〇年にあたり、壮麗な朱雀門や大極殿が復原された。ひと抱えもある太いヒノキを潤沢に使っており、いにしえの森林資源の豊かさを彷彿させる。とはいえ、遺跡に残っていた礎石などをもとに復原された建物は、当時の木材利用を直接反映するものではない。しかし地下には当時の構築物が残存している場合がある。西大寺食堂院で発掘された井戸（奈良時代）は平城京でも最大規模であり、井戸枠材二〇点はすべてがヒノキで長さ約二・七メートル、幅約六〇センチメートル、厚さ一一センチメートルもの大きな板材が使われていた。年輪年代測定[*3]により、うち二点が七六七年に伐採されたことも判明している。[11]

同規模の井戸は紫香楽宮の近くでも見つかっている。宮殿地区と考えられる宮町遺跡の南西一・五キロメートルに位置する滋賀県北黄瀬遺跡では、約二メートル四方の方形横板組の井戸（八世紀中頃）と、井戸内の水位調節の目的で埋設された板材が発見された。[19]井戸枠の板材四枚すべて（長さ約二メートル）と、埋設板材三枚のうち二枚（長さ約二・五メートル）がヒノキ材で、残る一枚は長さ四・四メートルに及ぶ長大なスギ材であった（図7）。いずれも木目の通った良質かつ規模の大きな板で、材の表面は手斧で丁寧に調整されている。宮跡関連遺跡ならではの潤沢な材の使用法を示しており、ヒノキを多用しつつも、より長い材が必要な場合にはスギも用いたことがわかる。

全国各地でさまざまな時代の出土木材を見てきたなかでも、この時期の宮都で出土する針葉樹材は質量ともに傑出している。質の高さは西大寺食堂院や北黄瀬遺跡の井戸枠材から窺えるとして、量はどのように見積もればいいだろうか。平城宮の建築に必要な材木の総量が七万五〇〇〇立

＊3　木は成長して年輪を形成する際、気候変動などを反映して、樹種ごとに同じ年輪成長パターンをもつようになる。伐採年のわかっている現代の木材から次第に古い時代の木材へと、そのパターンをつないでいくことにより、現時点でヒノキについては紀元前九一二年、スギについては紀元前一三一三年までの暦年標準パターンが完成している[7][25]。この暦年標準パターンとの照合により、ある程度の年輪数をもつ出土木材に樹皮直下の最外年輪が残っていれば、その伐採年代を一年単位で確定できる。

方メートルとの推計をもとに、敷地面積・居住人口・建物数の概算を踏まえて平城宮で一七万立方メートル、東大寺など七大寺で一三万立方メートル、計三〇万立方メートルの木材を要したとする見積りがある。(5)この推計には材の転用、すなわち役割の終えた建物を解体してその部材を新しく建てる別の建物に再利用することが考慮されていないなど再検討の余地もあるが、いずれにせよ途方もない量の木材が消費されたことには相違ない。

工業化以前の日本の森林史を通覧したタットマンは「日本の歴史で深刻な森林消失の見られた時期」として、現代

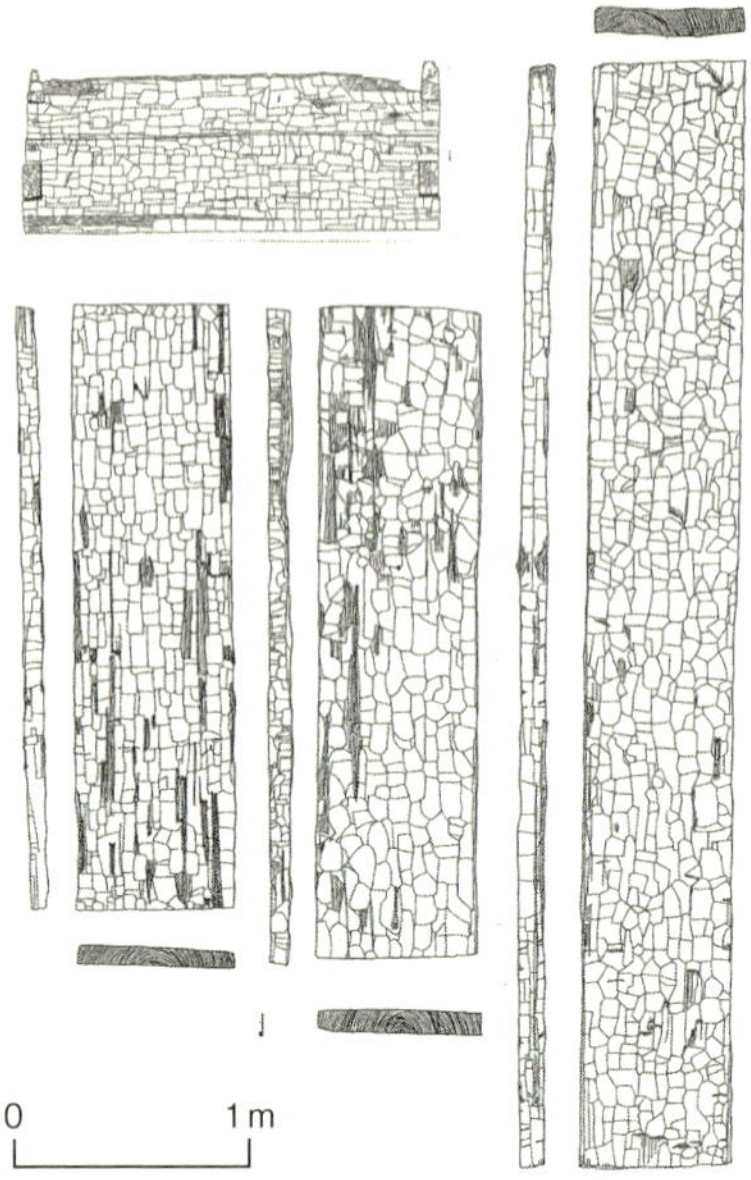

図７　大型の井戸枠材（北黄瀬遺跡、８世紀。(19)による）

（二〇世紀前半）と近世初期（一五七〇〜一六七〇年）とともに古代（六〇〇〜八五〇年）を挙げている。(26)この「古代の略奪期」のピークにあたる八世紀には、こうしたヒノキやスギの大径材はどこから運ばれてきたのだろうか？

タットマンは日本列島の地図に「記念建造物造営のための木材伐採圏」を時期別に示し、西暦八〇〇年までの伐採圏を畿内流域（淀川と大和川流域、和泉・河内・大和・山城・摂津の畿内五国と近江・伊賀・大堰川流域の丹波を指す）と設定した。(26)この地域を流れる大規模河川の上流には杣とよばれた木材原産地が分布し（図８）、下流の宮都へ膨大な量の木材を搬送していたことは、歴史学の研究から明らかになっている。*4

近江には甲賀杣や田上杣があり、下流へ木材を供給していたほか、八世紀に紫香楽宮が置かれた時期には材の一大消費地でもあった。北黄瀬遺跡の井戸材はそのときの状況を示している。それに先立つ七世紀の事例としては、藤原宮の造営に際して近江の田上山からヒノキの角材が筏に組まれて運ばれたことが万葉集の歌から明らかになっている。また下流に向けて大規模に材を流していたことは、甲賀杣の付近に位置する畔ノ平遺跡で出土したスギ材（図９）からもうかがえる。この事例は長さ約七メートル、最

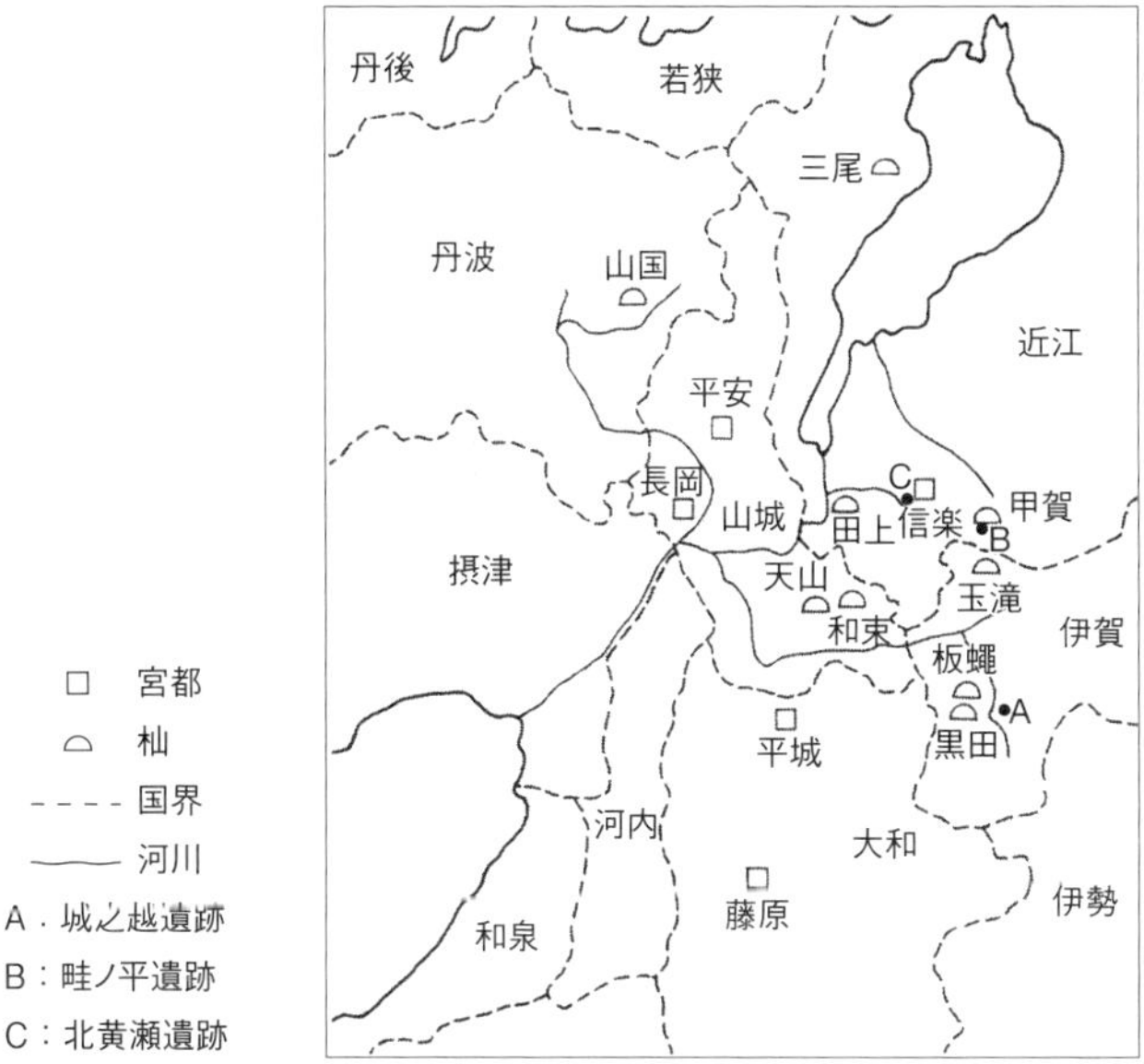

図8　古代の畿内における宮都と杣の分布 ((5)より一部改変)

大幅一三〇センチメートル以上の針葉樹半割材から約二二×一四センチメートルの材を割り取る途中の状況を示しており、出土時には材の分割面に製材の際に用いた楔二本が残っていた。材の内部に節があったために製材の途中で分割を断念し、楔を残したまま材を放棄したとみられる。(10) 畔ノ平遺跡では、他にも鉄斧で伐採した痕跡が残る材や、材を何本か割り取った痕跡のある丸太などが見つかっており、年輪年代測定の結果、いずれも七世紀代に伐採されたスギ材であることがわかった。この時期に断続的に大径材の伐採が行われ、木目の通った良質な部分は割り取って製材し、おそらく下流に搬出した後、質の劣る部位が製材地付近に残された結果を示す資料群といえる。

選択的な木材供給の結果として、宮都では木目の通った良質な材のみが大量に出土する。こうして出土事例に即して材の生産地と消費地の状況を対置することにより、タットマンが「古代の略奪期」と呼んだ時代の木材利用の実状

＊4　第三巻第2章では「宮都や大寺院などの建築・修理用材を得るために」「水運を前提に設定された杣」が古代・中世の近江、南山城、伊賀でどのように展開したかが詳述されている(8)。

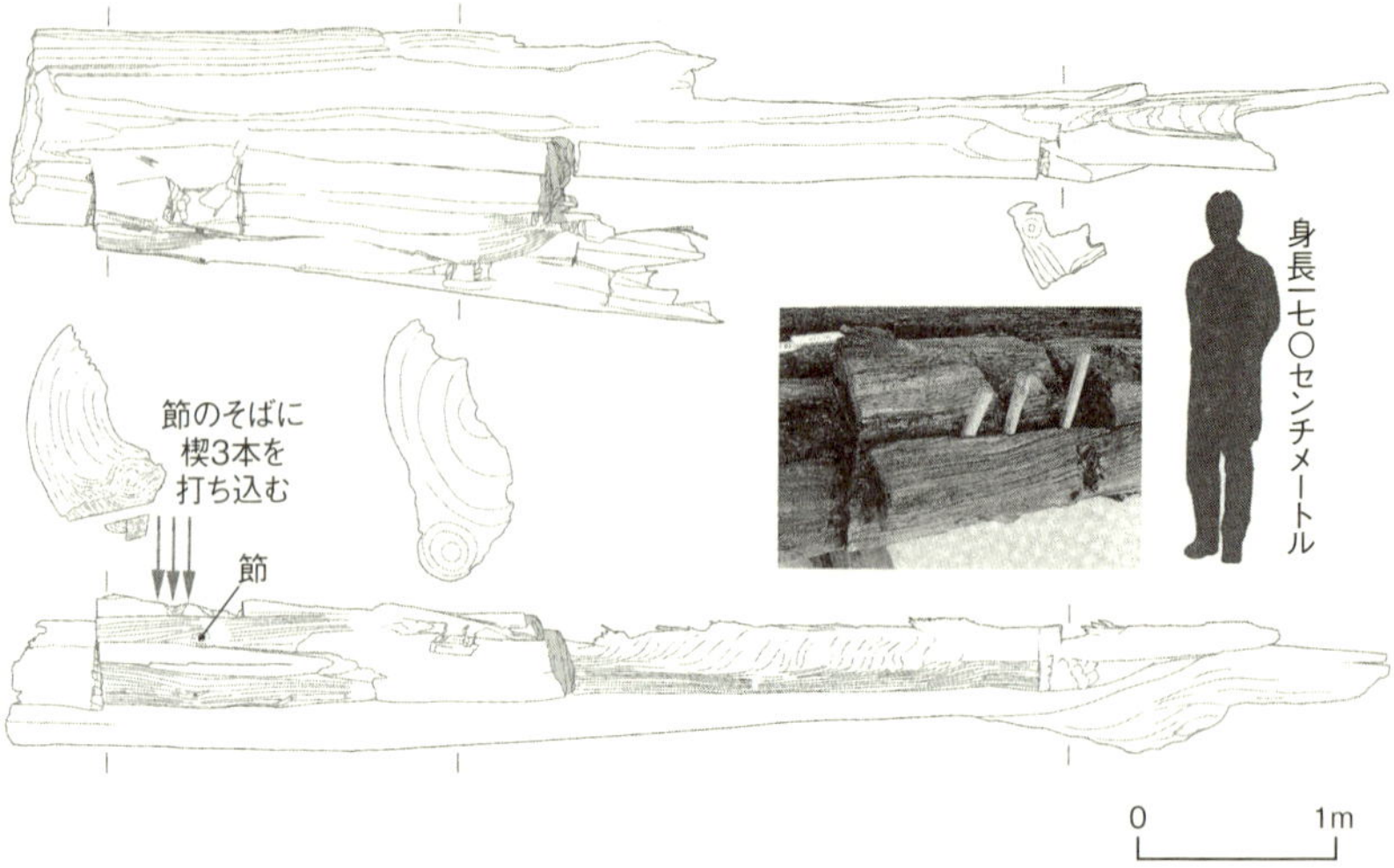

図９　古代の製材法を示す材スギ材（(10)にもとづき構成）
畦ノ平遺跡、７世紀。写真は楔（復元品）を装着した状態

が明らかになっていくだろう。都に暮らした人々は、杣から木材が大量に流れてくる様子を歌に詠むことはあっても、こうした略奪的な利用のもとで都に均質なスギ・ヒノキの良材が集まっていた事実を知ることはなかったのではないだろうか。古代にとくに顕著となった「略奪的な木材利用」の歴史の延長上に、建築用材の大半を遠い海外の森林に頼る現代の暮らしぶりがあるといえる。

おわりに　―現代の民家にみる木材利用の歴史性―

縄文時代から古代までの木材利用史からはクリ、カシ類、そしてスギ・ヒノキへと至る主要樹種の推移を読み取ることができた。縄文時代の東日本におけるクリ材の利用は、小径材を多用した持続性の高いものであったが、カシ類やスギ・ヒノキの大径材の利用はそうではなく、資源の枯渇を招いた。

弥生時代の終わりから古墳時代、カシ類大径木の減少をうけて、次第に直径五〇センチメートルに満たない原木から薄くて幅の狭い鍬が多く作られるようになり、省資源型ともいうべき新しい木材利用法が成立していった。すなわち通史的にみてカシ類の大径材を大量に用いたのは弥生時代から古墳時代に限られ、その後の時期は小規模な使い方に変容する。

同様に、スギ・ヒノキを大量に消費した「略奪的な木材利用」も長く続くことはなかった。西大寺食堂院や北黄瀬遺跡のように、地下に埋設する井戸枠材のために通直な針葉樹大径材を潤沢に使う事例は、中世以降にはあまりみられない。より薄い板を組んだ井戸や曲物を井筒とした井戸が主流となるほか、石組みなど木材以外を用いた井戸も多く構築されたこと[3]に端的にみられるように、スギ・ヒノキに関しても古代に比べれば省資源型の木材利用法に変容していった。そしてスギ・ヒノキを多用する地域を中心として、古代以降はほぼ一貫してスギやヒノキが主要樹種となり、その傾向が基本的には現代まで継続したとみてよい[*5]。

略奪的な木材利用は、それ以前の時代に手つかずであった原生林の大径木を使うための技術や社会的な仕組みが確立されたときに一時的に生じたもので、持続性の高い利用体系とはいえない。本章で示したなかでは、弥生時代前期～中期にかけてのカシ類の木材の大量利用、奈良時代にピークを迎えるスギ・ヒノキの大量利用の二例がこれに該当する。しかし、あと先を省みない略奪的な利用は長続きせず、両例とも資源の減少に直面したときには、より持続性の高い資源利用のあり方に変容している。

日本列島において「持続的な木材利用」の歴史は現代に至るまで継続してきたようだ。本章の最後にあたり、第三巻で紹介した丹後の笹葺き民家（一九四〇年代後半築）の事例を再び示しておく。柱や梁などの建物本体部材、柱と梁を組んで固定させるために使う結合部材、垂木などの屋根小屋組み部材の三者に分けて、それぞれの樹種組成をみると傾向が大きく異なっていた[16]（図10）。

小屋組み部材はクリを主体とし、コシアブラやシデ類（イヌシデ、アカシデ、クマシデ）など周辺の里山に多くみられる木の小径材を用いており、クリと周辺にある小径木という組み合わせは本章の前半でみた縄文時代の特徴に近

*5　古代における略奪的な木材利用により宮都近郊の大径木はほぼ枯渇しており、それ以降にも続いた巨大寺院などの記念建造物の造営には、水運を駆使してより遠くから材を運んでくる必要が生じたため、以降の大径材の利用は古代に比べればやや限られたものとなった。また中世には製材用の縦挽き鋸（大鋸）の導入により[28]、節のあるスギ・ヒノキやあまり通直でない他の樹種も製材できるようになったほか、近世には植林もさかんに行われるようになる。こうした製材技術や育林技術の発達によってスギ・ヒノキ主体の木材利用は継続し、それがおおむね現代まで続いてきたといえる。

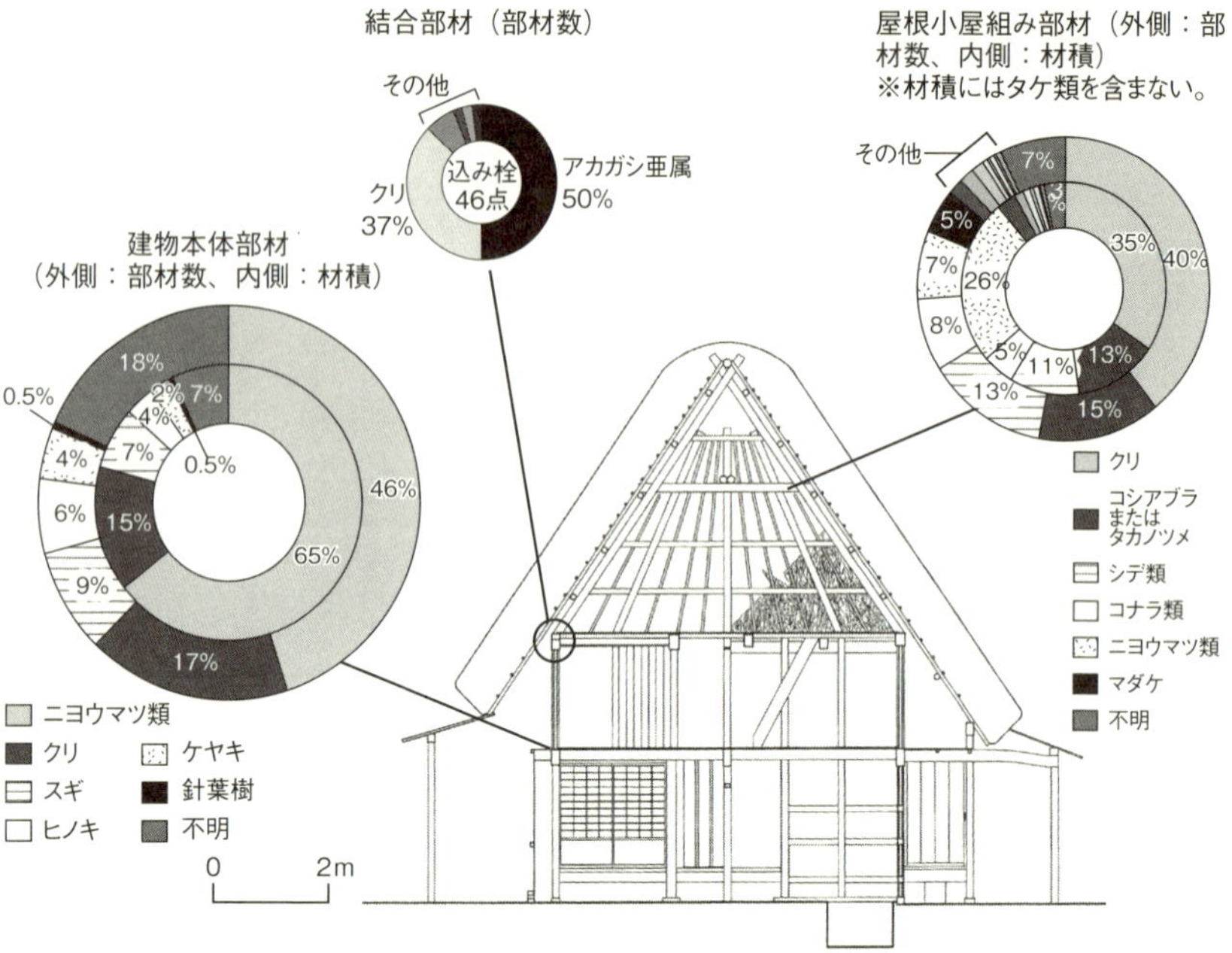

図10　丹後の民家（1940年代後半）部材にみる樹種組成（(16)にもとづき構成）

い。身近なところに生えている手頃な太さの木を使うことは、一軒の家を建てるというささやかな規模の木材利用においてはどの時代にも共通していたのだろう。カシ類や針葉樹を大規模に利用するようになって以降、目立つ傾向でなくなったとはいえ、おそらく日本列島で連綿と続いてきた最も基本的な木材利用のあり方といえる。

一方、今回調査した民家部材のなかでは点数は少ないながらも、結合部材（込み栓）にはカシ類が多く使われていた。部材どうしを組合せた後、しっかり固定するにはカシ類の材が有用であり、強靭な材質を要するところを選んでカシ類を使うことは、「持続的なカシ類の利用」が成立して以降、やはり継続してきた利用法なのであろう。

そして建物本体部材の樹種組成はマツ属（ニヨウマツ類）、スギ、ヒノキを合わせた針葉樹が半分以上を占めている。建築部材に針葉樹を多用する傾向は弥生時代以降、一貫してみられる傾向である。ただしマツ属の増加傾向は中世以降にみられるもので、古代までを扱った本章ではとり立てて論じてはいない。ここで中世に起こった変化を少し補足しておこう。花粉分析におけるマツ属の増加(24)という植生史上の動向や、製材用の縦挽き鋸（大鋸）の導入(28)によりスギ・ヒノキ以外の通直でない樹種も利用しやすくなったという技術史上の動向を踏まえると、資源の増大と加工技術の発達という二つの要因を受けて、それまであまり使われてこなかったマツ属の利用が中世以降次第に盛んになった背景がみえてくる。[*6]

以上のように、木材利用の歴史を踏まえながら一軒の民家の樹種組成を読み解いてみると、部材群ごとに各時代の木材利用の傾向をそれぞれ反映していることに気づく。略奪的な利用がなされたときもあったとはいえ、それぞれの時代で「持続的な利用」が模索そして実施された結果として、現代の木材利用が成り立っている。私たちがこれから、周辺の里山や遠い海外の森林とどんなかかわりをもち、暮らしの中で木材をどう使っていくかを考えるうえでも、木材利用の歴史を見直すことで、より妥当な方向性を見出せるのではないだろうか。

＊6　池子遺跡においても近世にはマツ属が箱・膳や下駄など各種製品に用いられるようになっており、植生破壊の進行によりマツ属しか用材として選択できなくなった地域があることが示唆されている(23)。

第7章　中大型哺乳類の分布変遷からみた人と哺乳類のかかわり

辻野　亮

はじめに

人が日本列島に住みつく以前から人類は野生哺乳類をさまざまな用途に利用しており、人と哺乳類のかかわりは深かった。たとえば、イノシシやシカなどさまざまな中大型哺乳類が人によって食べられていたことはよく知られている。日本では一般に、食肉として利用されていた大型の動物は「シシ（宍）」、たとえばイノシシ（猪）、カノシシ（鹿）やアオシシ（カモシカ）とよばれていたし、カモシカはもっと端的に「ニク」という言葉でもよばれていた。ほかにも、ニホンジカの皮革は衣服や戦国時代の甲冑の素材として、カモシカの毛皮は毛深いので敷物や防寒具として、哺乳類の皮革や毛皮も用いられてきた。そのほかにも、骨や角をはじめ、哺乳類の体のさまざまな部位が利用されており、ニホンジカの袋角は漢方薬の鹿茸《ろくじょう》として、ニホンザルは伝統的な薬である頭部の黒焼きやお守りとして用いる厩猿《うまやざる》として、ツキノワグマの胆嚢《たんのう》は「くまのい」とよばれる漢方薬の原料として利用されてきた。一方でニホンジカやカモシカ、イノシシ、ニホンザル、ツキノワグマなどは田畑や里に出てきて農業被害をもたらす動物としても知られているし、ニホンジカやツキノワグマは植林木の樹皮を剥ぐ林業被害ももたらす。さらにツキノワグマは養蜂被害や人間との遭遇事故を起こす動物としても認識されていた。また、オオカミは東北の馬産地などにおいて馬を襲う動物としても認められていた。

このように人と哺乳類の深いかかわりを考えると、縄文時代以降、特に人口が急増した近世以降においては人為的な要因によって野生哺乳類の分布が変化してきたと考えられる。[33] そこで本章では、前述の七種の中大型哺乳類（ニホンジカ（学名*Cervus nippon*）、イノシシ（*Sus scrofa*）、ツキノワグマ（*Ursus thibetanus*）、ヒグマ（*Ursus arctos*）、オオカミ（*Canis lupus*）、ニホンザル（*Macaca fuscata*）、カモシカ（*Capricornis crispus*））に注目して、縄文時代（一二〇〇〇～二四〇〇年前）と江戸中期（一七三〇年代）、現代（一九七八年頃と二〇〇〇年頃）におけるこれら哺乳類の種の分布を既存のデータベースを用いて比較することで、人と哺乳類のかかわりの歴史をたどっていこうと思う。

一　縄文・近世・現代における哺乳類の分布パターン

縄文時代

旧石器時代に続く縄文時代（一二〇〇〇～二四〇〇年前）には、人は狩猟と採集の生活をし、農耕はあまり行われていなかった。そこで、野生哺乳類は縄文時代の人々にとって重要な食料源や衣類となっていたと考えられる。集落の近辺で狩猟された野生哺乳類は集落に持ち帰られ、その肉や皮は消費されるが、骨や歯などの硬い部分は集落の近辺に捨てられる。後世になってこのような「動物遺存体」が貝塚などの考古遺跡から発掘されると、その時代にその遺跡のあった地域の周辺でその哺乳類が生息していたと考えることができる。総合研究大学院大学が管理している貝塚データベース（http://aci.soken.ac.jp/databaselist/BA001_01.html）には日本各地のさまざまな時代の貝塚から出土した出土品の簡単なリストが収められている。この中から哺乳類の遺物が出土しているかどうかを抽出することで、縄文時代の中大型哺乳類の分布図を描くことができる。ところで、本州の更新世の地層からはヒグマとツキノワグマの両方が発掘されている。しかし、温暖化によって気温が上昇するのにともなってヒグマは本州から姿を消したために、縄文時代のクマ類は、北海道ではほとんどがヒグマで、本州・四国・九州ではツキノワグマと考えられる。以後は両種をクマ類（*Ursus* spp.）として扱うことにする。

貝塚データベースによる縄文時代の哺乳類の出土分布によると、ニホンジカやイノシシ、オオカミ、クマ類は北海道・本州・四国・九州から出土し、ニホンザルとカモシカは北海道を除く本州・四国・九州などから出土していた（図1）。このことから、これらの哺乳類たちは日本列島に広く分布していたと推定できる。特にニホンジカとイノシシはほとんどすべての遺跡から出土することから、縄文時代の人間にとって主要なタンパク源になっていただろう。

現在の北海道にはイノシシが分布していないことから、縄文時代に北海道で出土したイノシシが野生のものだったのか、先史時代の人によって持ち込まれたのかは興味深い点である。北海道、本州、伊豆諸島、佐渡島の遺跡から発掘された骨からDNAを抽出して遺伝学的な解析を行った結果からは、北海道と伊豆諸島にいたかつての個体群は、先史時代の人々がそれぞれに本州から持ち込んだものと考えられている。[35] 一方、佐渡島のイノシシは佐渡島が本州とつながっていたときに侵入し、一六万七〇〇〇~三〇万一〇〇〇年前頃から本州と分断されて、独自の進化を遂げたと考えられている。その佐渡島のイノシシは弥生時代の遺跡であるセコノ浜洞穴遺跡（新潟県佐渡市鷲崎）からも見つかっていることから、少なくともおよそ二〇〇〇年前までは生息していたと思われるが、現在はすでに絶滅している。

近世

江戸時代中期は徳川幕府による幕藩体制によって全国統一された時代であった。八代将軍吉宗の時代には、全国津々浦々のすべての産物を組織的に調べて「享保・元文諸国産物帳」が作成された。[8] このデータは環境庁によって再整理されて、一七三〇年代における三〇種の哺乳類と鳥類の全国分布図が作成されている[8]（生物多様性情報システムのウェブサイト、http://www.biodic.go.jp/kiso/fnd_f.html）。本章ではこの中から四一地域（国・藩）のリストを用いて対象哺乳類種の江戸中期における分布図を描いた。

近世（一七三〇年代）の分布図は縄文時代の分布図に比べると解像度は粗いものの、近世における哺乳類の分布パターンは基本的に縄文時代とほぼ同じであった。多少違うところといえば、ニホンジカが佐渡島、イノシシが北海道や佐渡島、対馬から絶滅していたことぐらいである。

現代

現代においては、環境庁・環境省が哺乳類の分布調査（自然環境保全基礎調査）を何度か行っている。陸域、陸水域、海域の各々の領域について国土全体の状況を調査して、調査結果は報告書及び地図などにとりまとめられたうえ公表されている[10][11]（生物多様性情報システムhttp://www.biodic.go.jp/kiso/fnd_f.html）。このデータベースでは哺乳類の分布が日本列島全域にわたって約五キロメートルのメッシュデータとして記録されており、ここから第二回調

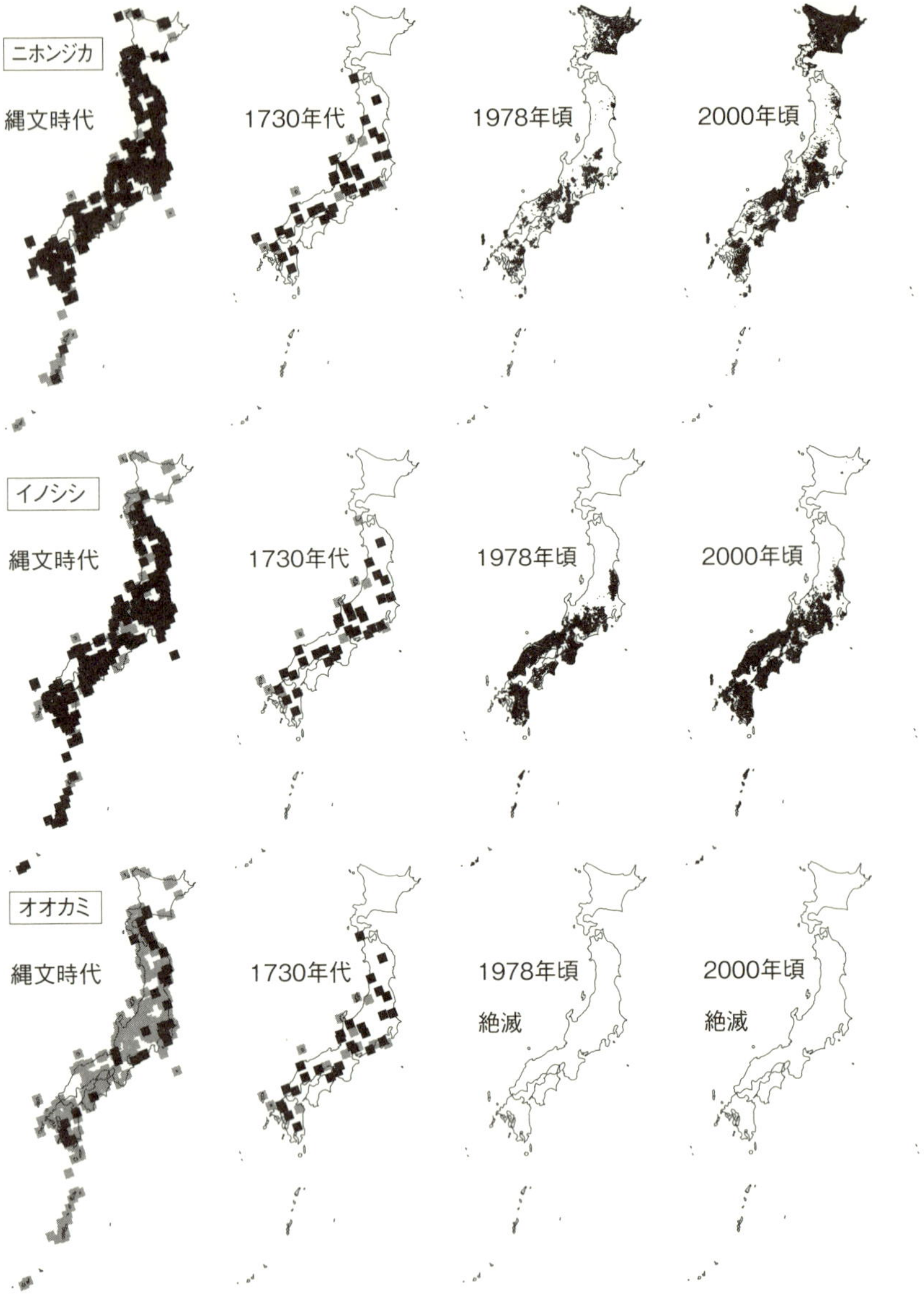
ニホンジカ
縄文時代
1730年代
1978年頃
2000年頃
イノシシ
縄文時代
1730年代
1978年頃
2000年頃
オオカミ
縄文時代
1730年代
1978年頃
絶滅
2000年頃
絶滅

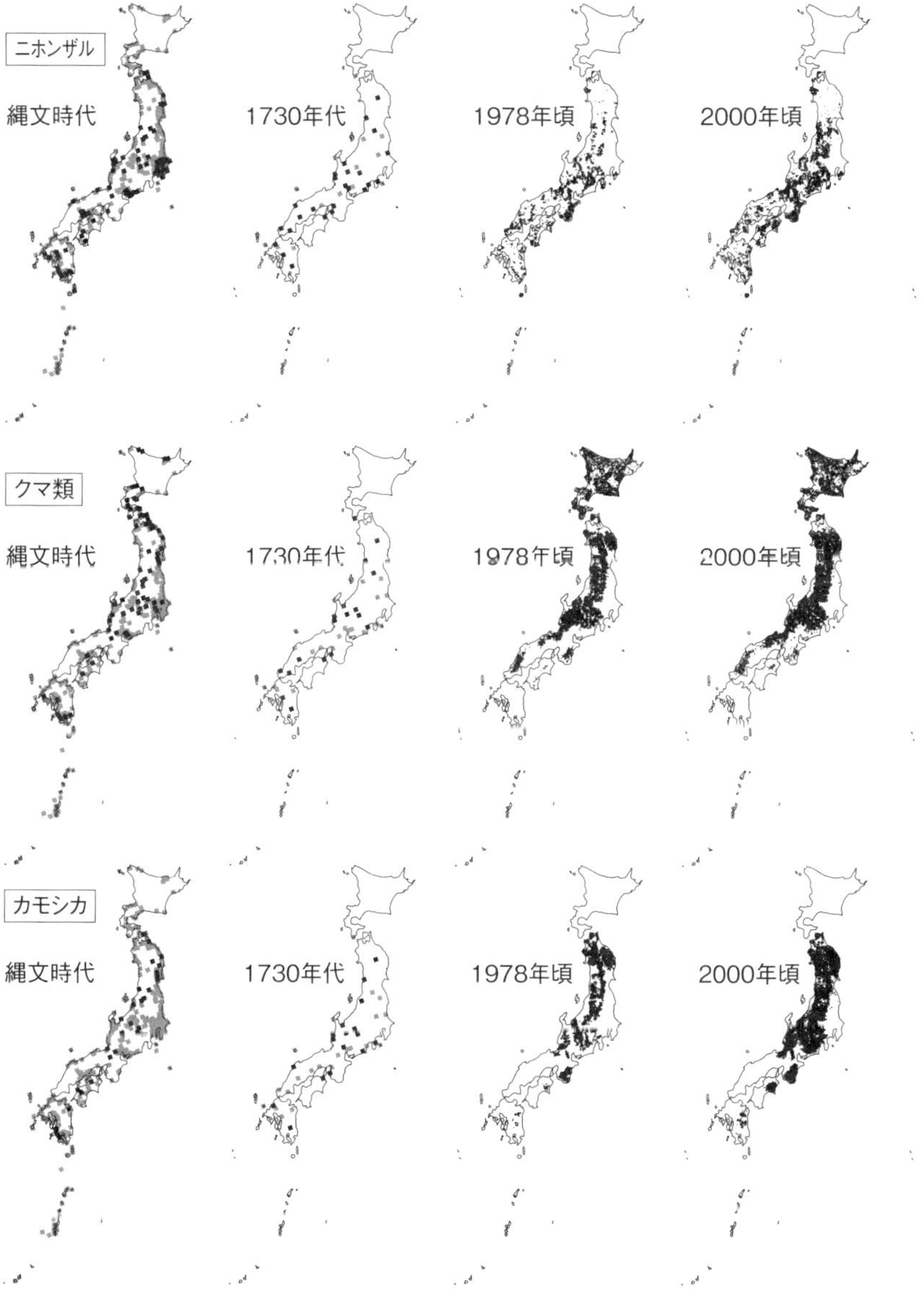

図１　中大型哺乳類の分布図
縄文時代（12000 ～ 2400 年前）の黒四角は動物遺存体が出土した遺跡の位置を示し、灰色四角は出土しなかった遺跡の位置を示す。1730 年代の図の黒四角は「享保・元文諸国産物帳」などに記載のあった地方の位置を示し、灰色四角は記載のなかった地方の位置を示す。1978 年頃と 2000 年頃の図で黒色は動物が分布していたことを示す。北海道のクマ類はヒグマ、本州・四国・九州のクマ類はツキノワグマを示す。

査と第六回調査データを用いて対象哺乳類の一九七八年頃（一九七八～一九七九年）と二〇〇〇年頃（二〇〇〇～二〇〇三年）における分布図を描いた。

近世から現代（一九七八年頃と二〇〇〇年頃）までの間で哺乳類の分布パターンにこれまでにない大きな差が見られた。東北地方でニホンジカやイノシシ、オオカミ、ニホンザルが絶滅あるいは地域絶滅していた。特にオオカミは全国で絶滅してしまっている。また、九州のツキノワグマは数十年間観察されていないことから、九州の個体群はおそらく絶滅したと考えられていたものの、近年の目撃事例からクマ類の生息が示唆されている。[15] さらに、四国の個体群も非常に小さい（五〇頭未満）と考えられていることから、絶滅危惧状態であると思われる。[6]

二　人と哺乳類のかかわり

縄文時代から近世まで

縄文時代から近世までは、前述のように哺乳類各種の分布パターンがほとんど変化していないように見えるが、本当のところはどうだったのだろうか。

日本ではかつて家畜を肥育する習慣に乏しく、肉といえば狩猟によって得られた野生のシカやイノシシなどの肉を意味した。おそらく日本列島に人が住み始めた頃から人々は哺乳類を狩猟してきたのだろう。しかし縄文時代以降しばらくは人口密度がそれほど高くはなかったので、哺乳類の分布に影響を与えることはそれほどなかったのではないだろうか。

飛鳥時代に仏教が日本に伝来すると、天武天皇は肉食禁忌の教えにしたがって六七五（天武四）年に「肉食禁止令」を出したとされ、それ以来日本では、一八六八（明治元）年に神仏分離令が公布されるまでの一二〇〇年間もの間、獣肉食禁忌の習慣が続くことになったと考えがちである。いわゆる「天武肉食禁止令」は、日本における肉食禁忌を示す最初の資料として知られており、人間に身近な家畜類（牛、馬、鶏、犬）と猿（これらを合わせて五畜）に関する肉食の禁止と特定期間・特定の狩猟形態禁止を宣言している。しかし原文からすると、基本的には狩猟者に対する危険なわなの設置禁止と漁業者に対する特定漁法にかかわる特定期間の禁猟を定めた前段、及び五畜に関する肉食のみの禁止という後段からなり、むしろ五畜以外の動物については「以外は禁の例に在らず」として、その食習慣を禁じていないことが明瞭に示されている。[25]

肉食禁忌は貴族・支配階級などには浸透したのであろうが、六七五年の詔の後も、たとえば、七四五（天平一七）年に東大寺大仏造立を発願して三年の期限つきの肉食禁止（聖武天皇の詔）や一年の期限つきで七五二（天平勝宝四）年に大仏開眼直前の禁令が出されていることや、中世や近世の多くの遺跡から出土する動物遺存体（イヌ、ウシ、ウマ、ツル科など）にも解体された痕がみられることから、一般庶民は肉食をしていたであろう。

　天皇などによる鷹狩りや大規模巻狩り、鹿角などの薬猟も盛んな時期があった。さらに室町時代においても、応仁の乱が終わった直後（一四八〇年頃）に記された家庭教養書といえる、一条兼良《いちじょうかねよし》の「尺素往来《せきそおうらい》」には、イノシシ、シカ、カモシカ、クマ、ウサギ、タヌキ、カワウソなどは美味であると記されているし[2]、一六四三（寛永二〇）年の刊行とされる江戸時代初期の料理書「料理物語」には、シカやイノシシ、ウサギ、タヌキ、クマ、カワウソ、イヌなどの調理法が書かれている。[16]

　また、戦国時代である室町時代後期における鹿皮の需要は、主として武具や武器、そのほかの軍需用品を製造するためにあったので、この戦乱の時代にその需要が膨張するにつれて、野生のシカは減少していったであろう。[24] さらにその結果、日本での需要を満たすために東南アジア（フィリピン諸島や台湾、タイなど）から安価で良質な鹿皮を大量に輸入するにいたったと言われている。[24]

　江戸時代の一七〇〇（元禄一三）年には対馬島（長崎県）で、イノシシやシカによる農作物被害が激増したために、生類憐みの令（一六七八～一七〇九年）が徳川綱吉によって公布されていたにもかかわらず大規模な駆除が行われた。その結果、六年間でシカやイノシシが八万頭も捕獲され[2]、イノシシについては全滅させている。[36] ただし、対馬にはそれ以後三〇〇年弱の間イノシシが生息しなかったものの、一九九三年になって突然発見されて、現在も増加中である。[7] 秋田の男鹿半島では、一七七二（安永元）年にやはり獣害駆除としてシカが二万七一〇〇頭も捕獲された。[2]

　このような事例をあげて考えると、日本列島では縄文時代から近世まで野生哺乳類に対する狩猟圧は途絶えることはなく、しかも一時的には激しく狩猟されて地域絶滅にいたる事例もあったと思われる。

近代における分布縮小

　近世から現代にかけては、オオカミが日本列島から絶滅した。さらに、イノシシは東北地方から絶滅したし、シカは五葉山《ごようさん》（現岩手県）や金華山《きんかざん》（現宮城県）に、ニホンザルは白神山地や下北半島に分布域の一部が隔離された状態で残された。このような分布パターンの変化は一七三〇年代から一九七八年頃までの間のいつ起こったのであろうか。

たとえば、長野県に分布していたシカの個体群密度は江戸時代から明治初期（一八九〇年代まで）はとても高かったと考えられ、それにともなって農作物に対する被害も大きく、害獣を狩猟したり、シカやイノシシが農作地に入ってこられないようにするための猪垣《ししがき》を作るなどして人々は防御に精を出していた。その後、シカの密度は極端に減り、絶滅が危惧されるにいたった。[14]

大正時代の終わり（一九二〇年代）には、シカは長野県のほとんどの地域からいなくなり、狩猟は法律で規制されるようになった。北海道のシカも同様に、明治の幕開けとともに始まった過度の狩猟圧と一八七九年と一八八一年にあった大雪によってシカの個体数は劇的に減った。[12] 青森県では、シカは一九一〇年に、イノシシは一八八〇年に絶滅したことが知られている。[4] このようなシカやイノシシ、サルの分布域と個体数の急速な減少は明治中期から大正後期（一八九〇〜一九二〇年代）にかけて、特に東北地方で起こったと考えられる。

このような急速な減少は、おそらく人間による自然林の改変によって動物の生息地が減少したことや、たび重なる豪雪、増加した狩猟圧が原因であったと思われる。[12][14][18] 一般にシカは積雪地では行動が妨げられると考えられている。実際、シカの分布域は積雪深が五〇センチメートルを下回る地域に偏っており、積雪深が一〇〇センチメートルを上回る地域にはシカは分布しない。[29] しかしながら、田中ほか[31]は、冬になれば二メートルを越す雪の積もる京都大学芦生研究林（京都府南丹市美山町芦生）で真冬にシカが生息しているのを確認している。さらに、現在では雪が深くてシカが生息し得ないような地域であっても、江戸時代や縄文時代には分布していたことがわかった。一七三〇年代は現在よりも気候が寒冷だったと考えられることから、[21] 少なくとも江戸時代にはイノシシやシカは今よりも雪深い状況で生息していたと考えられる。

以上を考えると、積雪はイノシシやシカの生息を難しくはするが、完全に不可能にするわけではなかった。気候が暖かくなりつつあった一八九〇〜一九二〇年代にかけてさまざまな哺乳類が、東北地方で地域絶滅していったことから、現在の地球温暖化が、シカやイノシシの分布拡大の主要因になっているというわけではなさそうである。

この時期に狩猟圧は次の五つの理由で増大しつつあった。まず一つ目は、江戸末期から続く冷害による凶作と飢饉である。たとえば、一八三三（天保四）～一八三九（天保一〇）年にかけての天保の飢饉などが有名である。飢饉になると人々は食料が枯渇するので森林を開いて耕作地を増やそうとする。人が哺乳類の生息環境の森林に立ち入ることで人と哺乳類の接点が大きくなり、農作物に対する被害も大きくなる。その結果、害獣を駆除する動きが生まれてきた。

二つ目は、明治に入り一八八四（明治一七）年から払い下げが始まって猟師に普及するようになってきた国産初の元込め銃である村田銃の影響がある。[18][26][28] 村田銃がなかった頃は火縄銃を用いていた。火縄銃は雨の心配や命中精度、銃のとり扱いの点で難のある狩猟道具だったが、村田銃の出現によって銃猟の効率が飛躍的に向上した。

三つ目は、江戸時代の幕府体制が崩壊し、明治新政府が誕生したときに、狩猟に関する規制が著しく緩和されたことである。たとえば、銃猟は年中可能で、一六歳以上の者は誰でも、深山ならどこでも狩猟してよくなったし、対象鳥獣種や数量に制限はなく、狩猟によって得た獲物も自由にできた。一八七三（明治六）年、鳥獣保護法や一八九二（明治二五）年、狩猟規則などが制定されて、徐々に狩猟に対する規制がしかれるまで、特に明治期前半は狩猟が野放しにされていた時代と言える。[2]

四つ目は、日清戦争（一八九四年）や日露戦争（一九〇四年）、シベリア出兵（一九一八年）などの戦争の影響である。これらの寒い気候の地域に大量の兵隊や軍属を送り込むには防寒用のコートが大量に必要であり、それには毛皮が必要であった。[28] その一方で、第一次世界大戦やシベリア出兵の影響でヨーロッパの毛皮市場は混乱しており、大正政府はイギリスやアメリカに大量の毛皮を輸出して外貨を稼ごうと、日本国内での毛皮の需要が急上昇した。さらに、シベリア出兵の後の一九二〇（大正九）年にはイタチやタヌキ、キツネ、カワウソなどの各種毛皮の値段が、前年の何倍にも跳ねあがる毛皮バブルが起きている。[2] 昭和初期に入ると、中国侵略にともなって毛皮の需要はますます高まり、軍部は大量に毛皮を収集するための流通機構を整備し、狩猟者も組織化をして、大日本連合猟友会を誕生させた。[27] しかし野生動物の捕獲だけでは毛皮供給が追いつかず、ノウサギや外来種のヌートリアを飼育することで毛皮需要を満たそうとした。

五つ目は、冬季の積雪である。冬季の積雪が動物の足跡を残させ、狩猟を容易にし、主に東北地方での獲り尽くしにつながった。一方、西日本など積雪が少なく、また常緑樹林が広がる地方では動物はどこかに逃げおおせることがあり、獲り尽くすことは難しかったと考えられる。

これらに加えてオオカミは、東北地方の馬産地や北海道の牧畜業の家畜を襲う被害に対抗するための狼狩によって狩猟圧が高まった。ニホンジカやイノシシ、ニホンザルなどへの狩猟圧が、その哺乳類種の利用が目的で高まったのとは対照的である。さらに、オオカミ絶滅の要因は鉄砲や毒薬を用いた害獣駆除だけでなく、明治以降に輸入された西洋犬からのジステンパーなどの伝染病の影響が大きいと考えられる。[5]

一方、カモシカは一見、縄文時代から現代までほとんど分布を変えていないように見える。しかしながら、近代に入って過剰な狩猟圧がかかり、一時は絶滅の恐れが危惧されていた。カモシカの個体数や分布域は極端に減少したため、一九二五（大正一四）年には狩猟が禁止され、一九三四（昭和九）年には天然記念物に指定された。それでもなお密猟が続いたために一九五五（昭和三〇）年には特別天然記念物に格上げされた。[32]厳重な保護のおかげで本州では、カモシカは急速に個体群を回復してゆき、一九七五（昭和五〇）年には逆に保護された哺乳類種が農林業被害をもたらすという社会問題が、岐阜県や長野県、青森県で起こり始めた。[22][32]

現在では本州のカモシカの個体群は危機的状況にはないけれども、四国・九州では依然として小さく隔離された地域個体群のままである。また、一九七八（昭和五三）〜二〇〇〇（平成一二）年にかけては断続的だったカモシカの分布パターンが東北地方から白山・若狭湾にまで密に連続した分布を示すように分布拡大した。九州・四国地方においても分布域は多少拡大している。

哺乳類の分布域や個体数の急激な減少はここに例をあげたニホンジカやイノシシ、オオカミ、ニホンザル、カモシカだけではなかった。カワウソ（*Lutra lutra*）は、全国の縄文遺跡から出土しており、近世も縄文時代とほぼ同様の分布を示していた。近代（明治以降）カワウソの毛皮に対する需要が非常に大きくなったために、本州では一九〇〇年代、北海道では一九一〇年代に過剰な狩猟圧がかかり、カワウソの捕獲頭数が急激に減少した。[2]一九二八（昭和三）年にカワウソの狩猟が禁止されても密猟が続き、現代では河川開発や河川周辺開発などによる生息環境の変化で激減

した結果、一九七九年以来目撃例がなく、おそらく一九九〇年代に完全に絶滅したと考えられる。(2)

現代の増加傾向

現代の日本列島における哺乳類の分布は、ほとんどの種で一九七八年頃から二〇〇〇年頃にかけて拡大していた。東北地方では遺存的にしか分布していなかった五葉山のニホンジカ個体群が、岩手県を北上して北上山地を生息地としつつあったし、イノシシの分布範囲が北上していた。さらにニホンザルやクマ類（紀伊半島個体群と西四国個体群を除く）、カモシカも全国的に分布を拡大していた。さらに、北海道(34)や五葉山(30)、房総半島(3)、屋久島(13)などでニホンジカが増加している例から推測できるように、分布域だけでなく哺乳類の個体数密度も同時に増大しているであろう。このような分布域の拡大・個体数密度の増大にはさまざまな要因が考えられる。

一般に日本ではシカやサルの個体数密度は、オオカミが捕食圧によって適正な密度に制御していたと考えられていることから、野生のオオカミが一九〇五年頃に絶滅したことが、シカやサルを増加させる要因にあげられるかもしれない。しかしながらオオカミの絶滅は数十年前の出来事で、しかも大型草食獣に対する捕食者の影響は単純ではなく、捕食者が草食獣の個体数を制御している例は必ずしも多くないと考えられている。(27)

二番目に、地球温暖化による小雪化が哺乳類の死亡率を下げたことが考えられる。(19) 確かに積雪は哺乳類の行動を制限するし、草食獣の個体数密度増加の制限要因となりうる。(26) しかし、現代において分布が拡大している地域は、今よりも寒くて積雪も大きかったと考えられる江戸時代に分布していた地域であることから、小雪化が主要因とは考えにくい。

三番目に、社会構造の変化があげられる。(19) 昭和三〇年代頃（一九五五～一九六五年頃）にかけて日本国内では燃料革命が起こった。これまで裏山の薪や炭を利用して日常の煮炊きをしていた生活から、プロパンガスなどの化石燃料を利用する生活に移行したことによって、人々は森林に入って薪炭を得る必要がなくなった。また、高度経済成長にともなう流通経済の浸透で、農山村から都市へ人々が移動していき、山村の地域社会が野生哺乳類の農耕地への侵入をとどめる力を失っていった。それにともない、野生動物による農林業被害が顕在化していったと考えられる。

四番目に、高度経済成長にともなってなされた拡大造林である。日本列島のさまざまな地域で大々的に広葉樹の森林を皆伐し、マツやスギ、ヒノキ、カラマツなどの針葉樹を植林した。植林後に再生した植生の生産性は、初めの一〇〜一五年ぐらいは大きく、シカやサルの生息に適する広葉樹の幼樹や草本類が生育した。

五番目に狩猟圧の減少があげられる。[1][19] おそらく現在や特に一九八〇年代の個体数密度増加初期には、狩猟圧が哺乳類の個体数密度を抑えるには小さすぎた。[19] 狩猟圧というものは猟銃の種類やトランシーバーの有無、林道、車の性能などさまざまな要因で決まってくるものの、少なくとも狩猟者人口、特に若い狩猟者人口は一九七〇年代以来減少傾向にある。さらに、メスジカやメスザルの狩猟が長い間禁止されていたことも[19][20]狩猟圧が低くなった要因であろう。また、獣肉類の需要が低下したこと、逆に畜産業が振興したことも一因と考えられる。

以上を考えると現代における分布拡大は、近代の過剰な狩猟圧によって地域絶滅した哺乳類が、近年の狩猟圧緩和と生息地である森林の変化によって、徐々に江戸時代以前に分布していた地域に回復していく過程と考えられるのではないだろうか。

最後に

本章では哺乳類の分布パターンが、狩猟や生息地改変を介した直接的・間接的な人と哺乳類の相互作用によって縄文時代から現代にいたるまでどのように変化してきたかを見てきた。これら中大型哺乳類の分布変遷を追ってみると、縄文時代から近世まではそれほど分布範囲に変化は見られない。その一方で、近代から現代にかけて大きく変化している種が多いことが注目される。近世後半の飢饉や近代に入ってからの寒冷地での軍事行動による毛皮需要の拡大、民間への村田銃の払い下げ（一八八〇年代）による狩猟圧の増大と狩猟効率の向上は分布域の縮小に、さらに昭和以降の山林の開発や燃料革命以降の森林利用形態の変革、狩猟圧の減少は近年の分布拡大につながっているのだろう。

本章では、とり扱った時代範囲が長いために、短時間に起こった変化を見逃して、縄文時代から近世にかけても哺乳類の分布域や個体数の変動を十分にはとらえきれていないかもしれない。今後はさらに、人と哺乳類のかかわりの歴史をより詳しい植生や哺乳類の生態、気候変動、文献資料などを統合して理解を深めていく必要がある。

第8章 作物と雑草の来た道

山口裕文

はじめに　中国の麦畑で　作物—雑草複合

二〇〇五年八月、標高の高い中国西南の地では秋が深まろうとしていた。ここ中甸は、雲南省の省都である昆明から北西へおよそ五〇〇キロメートル離れた位置にあり、迪慶チベット族自治州の中心地である。山に囲まれた平地（甸）には、枝を切られて楚々としたウンナンマツ *Pinus yunnanensis* の樹林を背景にして麦畑が広がっている（図1）。現在の日本では見ることの出来ない風景である。波打つ耕地に広がるのは、オオムギ *Hordeum vulgare* とコムギ *Triticum aestivum* そしてナタネ *Brassica campestris* である。この三種の作物は、色づきの違いで一目瞭然である。そのなかに少しばかり白っぽいパッチがところどころにある。私は、この姿には特に興味を引かれた。日本にはまったく知られていないユーマイ *Avena sativa* subsp. *decorticata* である。ユーマイ（莜麦《ユーマイ》）は、エンバク *Avena sativa* の一種で小穂（イネ科植物の花序を構成する複数の小花から成る単位）の形状に特徴があり、注意深く見なければエンバクとは思えない姿をしている。私は、ユーマイの畑に近づくと、あるものを探していた。近くに作られているオオムギやコムギは近代的品種のようでもあるが、オオムギには昔からこの地方に知られている青稞《チンコー》も混じっている。あった!!　垂れ下がった白っぽいユーマイの穂のなかに、茶褐色に色づいた小穂をつけたカラスムギ *Avena fatua* だ（口絵10）。雑草であるから、やはり種子はパラパラと落ちる。穂の下の節（稈節《かんせつ》）を見ると微毛がある。紛れもなく東アジア系のカラスムギである。小穂の形はユーマイとは明らかに違う。

図1　中国雲南省中甸の麦畑
芒の長短、穂の色などに変異のあるオオムギの中にコムギも混じっている。在来の麦畑ではいくつかの品種が混じるのがふつうである。後背のウンナンマツは燃料用に枝払いされている。

二、三筆のユーマイの畑を見た後、ナタネ畑の間を抜けて、もう一筆のユーマイに近づこうとしたとき、懐かしい姿が目に入った。ナタネの列の間に草丈の低いカラスムギが育っていた。これは、私が一九七五年に記載したカラスムギの変種 *subvar. naniformis* にあたる。[25] 一九七〇年代には極東の麦畑でしか確認されなかったものが、こんなところにあった。

カラスムギは、水田の稲作にたとえるとタイヌビエ *Echinochloa oryzicola* やイヌビエ *Echinochloa crus-galli* にあたる麦畑の雑草で、世界中の至る所で麦類が栽培されると必ず生育する。地中海地域原産のカラスムギは、地中海東部からチグリス－ユーフラテスの肥沃な三日月帯で発達した農耕のコムギやオオムギの畑で雑草として生活の場を得た。エンバクは、この麦畑の雑草カラスムギから栽培化した二次作物である。カラスムギには、大きくアジア系 subsp. *septentrionalis*、ヨーロッパ系 subsp. *fatua*、北欧・北米系 *subsp. cultiformis* の三系統がある。稈節に毛のある群は、このうちアジア系で、二次作物として昇格したエンバクもカラスムギと同じような地理的変異を示す。[26] ユーマイは、このアジア系のカラスムギに血縁の深いエンバクの一群から特殊化して生じた種類で、成熟すると種子（穎《えい》果《か》）が殻（穎）から簡単に離れる。ムギ類には裸型（裸麦）と皮型（皮麦）があり、裸型では籾殻が種子からすぐに離れるのに、皮型では殻が離れない。普通のエンバクの成熟した小穂は殻（内穎《ないえい》と外穎《がいえい》）が種子をしっかり包み込んでいるが、ユーマイの細長く伸長する小穂はすべての穎が膜質で、成熟すると種子が簡単に離れる（口絵10）。ユーマイはチベットからモンゴルを中心に栽培され、その穎果はユウ麺（魚魚 Yuiyui）や莜麺 Shu-mien として食用にされ、[4][14] 稈《かん》（茎）を黄紙 Hwanchi、黄麻紙 Hwanmachi や藁精紙 Kochyongchi などの紙に漉く。ユーマイはオオムギやコムギより冷涼な場所で栽培利用されている。

草丈の低い矮性のカラスムギは東アジア系の群にみられ、[25] 矮性は単一または少数の主動遺伝子[*1]によって決まっている。[29] 現在はみられないが、矮性カラスムギは、西南日本と韓国済州島の冬作の麦やナタネの畑に頻繁にみられ、多くの場合、半矮性のオオムギに随伴していた。半矮性は、草丈は低くなるものの収量を低下させることのない性質である。チベットを経由して東アジアへ伝播した半矮性のコムギやオオムギは、半矮性の遺伝子を近代育種に提供し、「緑の革命 green revolution」をもたらしている。

この中甸の風景には、農作物であるオオムギとコムギ、ナタネ、ユーマイがあり、雑草としてのふつうのカラスムギと矮性のカラスムギがある。これらは、原産地の地中海地域からセットとなってヒマラヤの高原へ伝わり、作物としての短稈化（茎が短くなること）と雑草としての特殊化を遂げながら、さらに極東まで伝わる。原産地の生物多様性を背景に成立した作物と雑草が、人間活動とかかわって、作物としての品種分化と雑草としての生態的適応を遂げつつ伝播しているのである。

一　農業と生態系

地球上における人間活動は自然生態系へ何らかの影響を与える。その最も大きい要素は、衣食住の素材を確保する農業である。農業や農耕の営みは、地球上になかった新しい環境を形成するだけでなく、農作物（栽培植物）や家畜

＊1　明瞭な違いを示す質的な形質を支配する遺伝子を指す。これに対し、量的な形質に関与する微少な効果を示す遺伝子を微動遺伝子という。

の創成という野生生物の改変によっても生態系に影響する。生物としてのヒトは、自然から乖離した自己の空間をつくり独自に生を継続しているように見えるが、その食糧においては生物資源へ依存し続けており、現在も地球上の生態系の一員を構成している。主に食料を目的とした農作物は、野生種から直接人為的に改変されてできた場合もあるが、人間の意図とせざる干渉によってできあがっている場合も多い。農作物の持つ野生植物には見られない性質は、基本的には種子の播《ま》きつけと収穫という行為にともなって自動的に成立しており、[28] 人間との関係性の深さによって多様な様相を示す。この農作物の特徴は、利用できる農業技術の制限要因ともなり、耕作や収穫の道具（近代的農機器を含む）の性質をも支配し、周辺環境の生態系にも異なった影響を与えている。農業にともなう人間活動は農耕地とその周辺に雑草を主とする攪乱依存性植物（攪乱条件下に生育する植物、後述）の生活の場を形成し、攪乱依存性種は半自然環境を形成する。そのため、地域の環境史を考えるうえでは作物と雑草の多様性の歴史を理解することがきわめて重要である。極東アジアに存在する日本列島は、ヒトの移動を含めた生物的自然が大陸と隔離された状態にあり、植物の人為的な移動史を追跡できるきわめて稀な場所である。ここでは、日本列島における農作物と身のまわりの雑草の多様化の歴史を見ることによって、自然資源の利用と生物多様性のかかわりを考証する。

二　農耕と東アジア原産の農作物

農業にはいくつかの方式があるが、普通は種子を播きつけて穀物を収穫する種子農業を指している。これは、貨幣経済が発達するまでは保存のきく穀物が給与や税の媒体として社会的に機能したことによっている。有畜文化の地では食材としての家畜が穀物と同じような機能を果たしている。そのため、農業を担う植物、農作物というと収穫物が保存性に富む米麦や豆類や雑穀が基幹となる。これらに準じてアルコールや発酵食品などの原材料になる芋や貯蔵茎などデンプンを含む農産物も大きな要素となる。日本では主食の米を特に重視するが、米は酒や加工食品に大量に使われており、実効経済上の役割の大きいことを留意しておく必要がある。野菜や果実は農産物と食肉や魚などと合わせて調理に使われて食卓を飾り、調味料としての油脂や香辛料は料理や加工食品などの食文化にかかわって大量に消費される。これらも植物を栽培して確保される。また、植物の栽培によって得られる繊維や薬用植物などの工業用原材料も農作物の重要な要素である。このような農作物に対して、衣食住と直接かかわらない栽培植物である花卉《かき》や花木などの観賞植物は、農作物と同じような形態的特徴や繁殖生態など自然にはない個性を進化させているが、生産物の使用の形態や進化の相に農作物とは大きく異なった側面をみせる。観賞や遊戯にかかわる栽培植物の進化と生物多様性とのかかわりは、別の機会に述べる。

東アジアでは中国黄河流域を中心とした地域で栽培されるソバ、クワ、ミカン、モモ、ナシ、ダイズ、アブラギリなどの農作物が中国の文明の発展を支えて来たと考えられ《など》、[24]日本にみられる農作物の多様化はそれらの渡来史として捉えられてきた。[1] 中尾佐助は、農作物の含まれる種や属の地理的分布や多様性を詳細に検討し、農作物の起源地を地中海農耕文化圏、サバンナ農耕文化圏、根栽農耕文化圏、新大陸農耕文化圏に整理し、東アジア温帯域の農耕を東南アジアに分布する根栽農耕文化圏の北方に展開した照葉樹林文化と位置づけている。[15] その後の研究によって、東アジアで生まれた農作物の多くは照葉樹林帯やその周辺に起源することが裏付けられている。農耕の起源を稲作文明の成立に置き換えてしまう傾向の強い日本では、文明は中国より遅れて発達し、日本の農作物のほとんどはイネの渡来の後に中国大陸から渡来したと位置づけられ、日本原産の農作物はミツバ、フキ、ウドおよびクリのみしかないとされてきた。[22] しかし、よく調べると、日本には、それらのほか、ヤマノイモ、ユリネ（コオニユリ）、オオバタネツケバナ（テイレギ）、ミョウガ、ワサビ、サンショウ、ヤナギタデ（メタデ）、ヤマモモ、アキグミ、オオボウシバナ、コブナグサ（ハチジョウカリヤス）、イグサ、ハチジョウススキなど、日本原産あるいは日本固有の農作物がある（表1）。近年、大陸における古い遺跡に先立つ時代の縄文遺跡からアズキやヒエが発掘されており、日本では穀物も自前で栽培化していたことがわかる。

朝鮮や中国（西南中国の照葉樹林地帯も含む）などに原産の農作物を見ると、イネ、モソビエ、ソバ、ダッタンソバ、ナガイモ、ダビデオニユリ、トラジ（キキョウ）、シナクログワイ、クワイ、チュウゴクグリ、ナシ、ウメ、モモ、スモモ、オオナズナ、マコモ、ナガエミズオオバコ、イヨウセンニンジンなどがあり、日本原産種と合わせて九〇種を超す農作物が東アジアの照葉樹林帯とその周辺で開発されている（表1）。これらが原産地周辺地域の生物多様性を背景に出来上がったのはいうまでもない。東アジア原産

表１　東アジア（照葉樹林帯）原産栽培植物

穀類	アズキ、イネ、ソバ、ダイズ、タイワンアブラススキ、ダッタンソバ、ヒエ、モソビエ
イモ型植物（根栽）	クワイ、コオニユリ、シナクログワイ、ソテツ、ダビデオニユリ、ナガイモ、ヤマノイモ
野菜	アサツキ、ウド、オオナズナ、オオバタネツケバナ、オカノリ、オカヒジキ、ガマ、キキョウ、ゴボウ、ジュンサイ、セリ、タラノキ、チョロギ、ドクダミ、ナガエミズオオバコ、ニラ、ノビル、ハマボウフウ、フキ、ホウキギ、マコモ、ミツバ、ミョウガ、モウソウチク、ラッキョウ、ワラビ
香菜	カホクザンショウ、サンショウ、シソ、ヤナギタデ、ワサビ
果実	アキグミ、アンズ、イチョウ、ウメ、オニグルミ、カキ、カリン、キーウイ、キンカン、クリ、シナミザクラ、スモモ、タチバナ、チュウゴクグリ、ナシ、ナツメ、ビワ、モモ、ヤマモモ、ユズ
油糧植物	アブラギリ、ウルシ、エゴマ、ツバキ、ハゼ、ユチャ、ラードフルーツ
工業	オオボウシバナ、コブナグサ、チャ、チョウセンニンジン、トロロアオイ、ハッカ、ホウショウ、ムラサキ
繊維	イグサ、カジノキ、カラムシ、クワ、コウゾ、シチトウイ、バショウ、ミツマタ
飼料	ハチジョウススキ、リュウゼツサイ、レンゲソウ

下線は日本固有または日本で栽培化（半栽培を含む）された植物

の農作物のほとんどは、比較的狭い地域で利用されているが、イネとダイズは世界的規模で利用されるようになっている。

　東アジアの農作物には種子作物であっても栽培の方法に特徴があり、苗が移植され、シュートや枝（芽）の数が意図的に管理されている。芋や株分けで殖やす栄養繁殖作物では、この技術は特に顕著である。たとえば、クワイでは「葉かき」と「根まわし」の技術を使う。クワイは水田雑草のオモダカから栽培化され、中国には開花する品種もあるが、日本の品種は、花茎をつくらず（非抽薹《ちゅうだい》）、開花しない分大きな球茎（塊茎《かいけい》）をつける。一方、クワイの一品種スイタグワイは、開花し、小振りの球茎をつける。[19] クワイではそのまま栽培すると小さな球茎をたくさんつけ、目的に沿った大きな球茎が得られない。そのため、栽培の前期には「葉かき」し、栽培の後期には「根まわし」をする。[9] クワイは、老齢の葉を除去する葉かきによって、ほぼ同数の葉をもった状態で生育し、太い走出枝（地下茎）を出すようになる。「根まわし」は、この株から三〇センチメートルほど離れたところの土を五センチメートルから一五センチメートルの深さで鎌や鍬《くわ》で切る作業である。これによってクワイは大きな球茎を株近くにつける。クワイの野生祖先種である雑草のオモダカは、花をつけ、細くて長い走出枝を多数つけ、光合成産物を種子と走出枝の先にできる小さな球茎の双方に分配し、後代の維持をはかる。小さな種子や小さな球茎をたくさんつけるオモダカの性質は、除草などの農作業によって高くなる死亡率のもとで雑草に進化しやすい特徴である。農作物のクワイは開花への投資を減少させ、栄養繁殖のための走出枝の数も少なくして大きな球茎をつくるようになっている。クワイの栽培技術は、遺伝的に決まっている栽培種としての特徴を管理の手助けでさらに発揮させていることになる。このように、農作物は、栽培に有利な特徴の選抜と管理の知恵の醸成をともなって、われわれの身のまわりに存在している。東アジアにみられるきめ細かい作物栽培の技術の例は、丹波黒ダイズにおける摘心と移植栽培、アズキにおける手取り収穫時の落葉処理(一個体からの三回の収穫のうち一回目に一部の葉を除去する)などがある。これらは、収穫部を大きくするほか、外来の作物であるイッスンソラマメやジュウロクササゲなどのように東アジアの品種にのみみられる特徴を進化させる。このような東アジア固有の技術は、ダイコンやニンジンなどにもみられ、トウモロコシやアワにおけるモチ性品種の分化などと併せて、農作物の二次的な多様性を生み出し、東アジアの農耕文化を特徴づけている。

三　農作物の伝来史

農作物は、世界規模でみると地球上の七〜八か所(作物センターあるいは多様性センターとよばれる)で集中して発祥している(表2)。地域の生物多様性を背景にした作物センターは、農耕文化圏という概念の下に整理されている。[13] 地中海農耕文化圏の地中海センターには九六種、リバンナ農耕文化圏のインドセンターには三八種、アフリカセンターには三九種、根栽農耕文化圏の東南アジアセンターには三三種、照葉樹林農耕文化圏には九二種の農作物が含まれ、一方、新大陸農耕文化圏のメソアメリカセンターには三六種、アンデスセンターには三四種および熱帯アメリカ低地の小センターには数種の農作物が含まれる。農作物の多くは、発祥した地域の近くで利用されているが、世界的に広がったものも少なくはない。

日本列島は東アジアを原産とする農作物に他の地域からの農作物を徐々に受け入れて、年代が新しくなるにつれて

原産地／農耕文化圏（地域）		
サバンナ（インド、アフリカ）	地中海（地中海）	新大陸（メソアメリカ、アンデス）＋豪州
アブラヤシ、アフリカイネ、インドコンニャク、インドビエ、ウコン、エンセテ、キイロギニヤム、ケツルアズキ、テフ、パルミラヤシ、フォニオ、ブラックグラムなど42	リーキ、ハダカエンバク、ドクムギ、ヨーロッパグリ、ヒヨコマメ、ヒラマメ、ピスタシオ、セイヨウスモモ、マカロニコムギ、キイチゴ、キクニガナ、ニガジシャなど24	サイザルアサ、チェリモヤ、パラゴム、ショクヨウカンナ、カイトウメン、パラゴム、マカダミア、キャサバ、アボガド、ヤウティアなど34
アワ、マクワウリ、ヒョウタン		
キビ	オオムギ、コムギ、タイマ	
キュウリ、ゴマ、シコクビエ、ショウガ、ナス、ベニバナ、モロコシ	エンドウ、ウイキョウ、カブ、ソラマメ、ダイコン、ワケギ	
イチビ、キダチワタ、ササゲ、ヒマ	カラシナ、ケシ、コエンドロ、ザクロ、セロリ、ニンニク、ネギ、ブドウ、レタス、リンゴ	カボチャ、トウガラシ
スイカ、ナタマメ、ノゲイトウ、フジマメ、ブッシュカン、ヘチマ、ミカン類、リョクトウ	アブラナ、アマ、イチジク、エンバク、キャベツ、シュンギク、セロリ、タマネギ、テンサイ（フダンソウ）、ニンジン（日本系）、ハクサイ、ホウレンソウ、ライムギなど27	インゲンマメ、サツマイモ、ジャガイモ、センニンコク、タバコ、トウモロコシ、トマト、パイナップル、ヒマワリ、ラッカセイなど16
ウィーピングラブグラス、オクラ、コーヒー、スーダングラス、トウジンビエ、レモン	イタリアンライグラス、オウトウ、カリフラワー、コーンフリー、セイヨウアブラナ、ジョチュウギク、セイヨウセイヨウナシ、テンサイ、ハクサイ（結球）、ハッカ、ラシャカキグサ、ルタバガなど27	キクイモ、パパイヤ、ベニバナインゲン、ポポー、ラスベリー
ケナフ、ジュート（モロヘイヤ）、ツルレイシ、シカクマメ	オランダガラシ、カナリークサヨシ、ニンジン（西洋系）	

表2　栽培植物の原産地と日本への渡来年代（(1)、(3)、(23)、などから作成）

年代＼在来性	原産地／農耕文化圏（地域）	
	照葉樹林（東アジア）	根栽（東南アジア）
在来／未導入	イチョウ、オオナズナ、オオボウシバナ、クリ、コブナグサ、シナクログワイ、ダッタンソバ、ミツバ、モソビエ、ワサビなど58	ココヤシ、サゴヤシ、トゲイモ、ドリアン、ニオイタデ、パンノキ、フェイバナナ、マニラアサ、マンゴー、リュウガンなど19
縄文	アズキ*、イネ、ゴボウ*、シソ、ヒエ*	サトイモ**
弥生	エゴマ、ソバ、ダイズ、ナガイモ	
古代（～900）	アブラギリ、ウメ、スモモ、チャ、モモ	コンニャク、ザクロ、ハトムギ
中世（900～1550）	アンズ、カキ、カラタチ、ミツマタ、ナツメ、ニラ、ビワ、ユズ、ラッキョウ	ハス、ハスイモ
江戸（1551～1868）	カリン、キンカン、シナミザクラ、チョウセンニンジン、チョロギ、ハッカ、モウソウチク、レンゲソウ	サトウキビ、タケアズキ、ハッショウマメ、ブンタン、ミカン類、リュウキュウアイ、レイシ
明治～昭和（1869～1945）	ホウショウ、リュゼツサイ	ダイジョ、バナナ
戦後（1946～）	キーウィ	カシュウイモ

＊：日本原産種の発掘　＊＊：3倍体系統は照葉樹林文化圏とされる。

農作物の種類は増加している（表1、表2）。日本では縄文時代の遺跡からアズキ、ヒエ、イネの種子が確認され、インド原産のアワやアフリカ原産のヒョウタンも発掘されている。ヒエとアズキは、東アジアで栽培され続けられ、中国西南やヒマラヤの辺境の地にも伝播しているが、近年のアフリカやオーストラリア、アメリカ大陸を除いて東アジア以外での栽培は顕著ではない。縄文時代に引き続く弥生時代には、イネの発掘頻度が顕著に高くなるだけでなく、ソバ、ダイズ、エゴマ、シソ、ナガイモなど東アジア原産の農作物のほかに、インド原産のキビやマクワウリもみられる。この時代には、オオムギ、コムギやタイマも地中海地域から中国を経て日本列島に到達している。古代（奈良・飛鳥時代）には記紀などの書物に農作物の記述があらわれ、その一部は遺跡からの発掘品でも確認されている。この時期にはヒマラヤに連なる照葉樹林帯を原産とするコンニャクや、中国原産のウメとモモとスモモが伝来している。東南アジア原産のハトムギは縄文時代の遺跡から発掘されているが、薬用としての記録がこの時期にみられる。そして地中海地域で発達した種子農業を支える作物や熱帯アジア産の根菜類だけではなく、インドやアフリカのサバンナ農耕文化圏から雑穀や豆類とともに野菜や香辛料が伝来している（表2）。

日本書紀以降戦国時代までの中世には、中国、インド、アフリカからの農作物に地中海農耕文化圏の農作物を加えて、日本列島の農作物の種類はますます豊富になり、中世末には、新大陸原産のトウガラシやカボチャが伝わっている。江戸時代には、日本列島は新大陸を含む世界の農作物を受け入れているが、長い鎖国政策もあって、これらは中国や南洋の諸国を経由して日本へ伝わっている。江戸時代末には東アジアや東南アジアからの新たな農作物の導入は少なくなり、明治維新以降には、新たな作物が中国やアジア諸国を経ずにヨーロッパや新世界から直接伝わってくる。現在、日本列島で栽培されている農作物（観賞植物を除く）はおよそ二二〇種程度である。

四　日本列島の攪乱環境における植物群

農業をはじめとする人為攪乱や頻繁な自然攪乱を受ける場所には、共通した特徴をもった植物が生育する。それが攪乱依存性植物 ruderal である。耕地雑草や人里植物がこれに所属し、日本語の「雑草」は広義に攪乱依存性植物と同じ意味に使われることが多い。[27] 自然環境への農業の影響

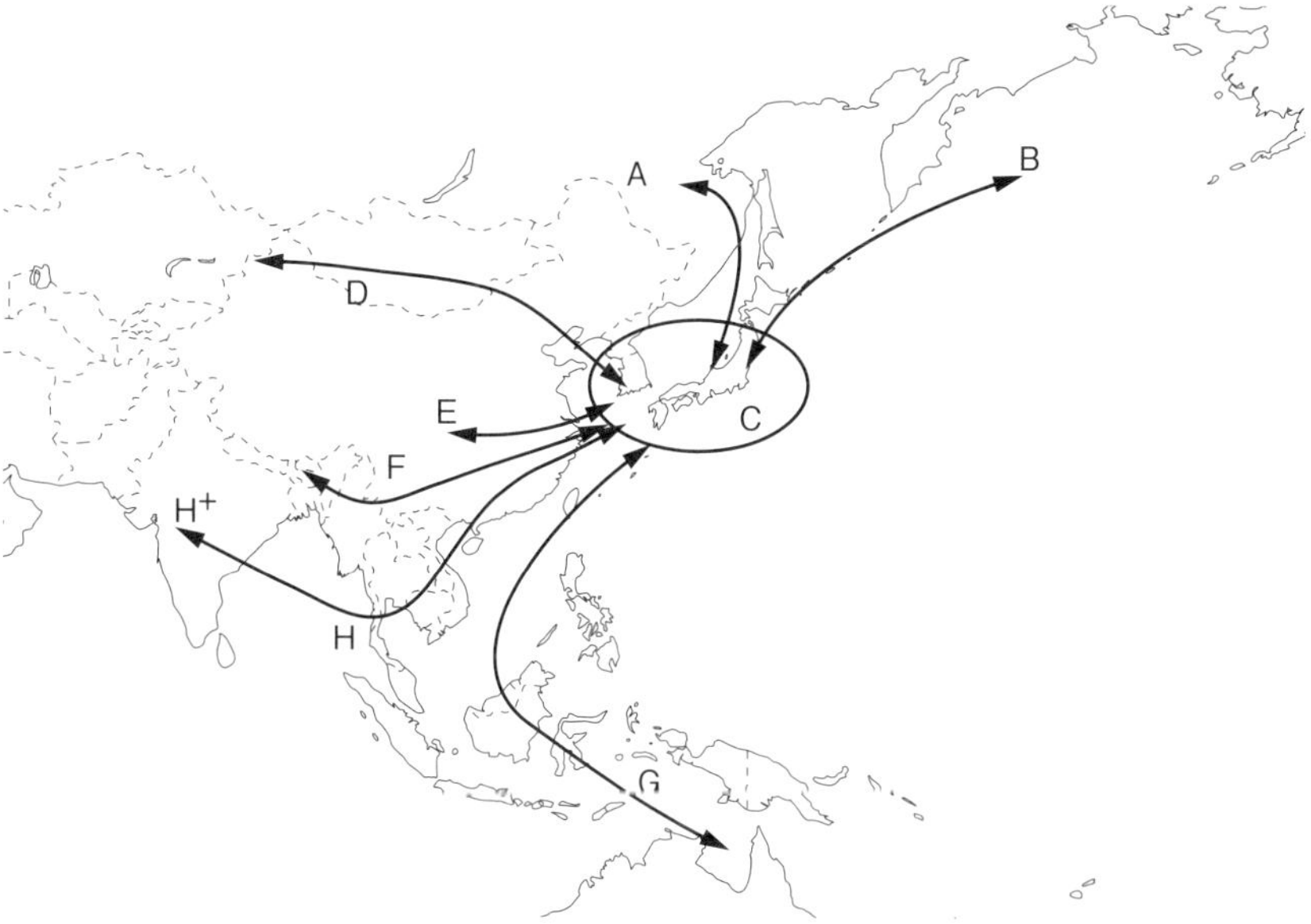

図２　東アジアの在来雑草の広がり（(3)、(5)、(15)、(18)をもとに作成）

が少なかった時にも、日本列島には、このような攪乱依存種があったのはいうまでもない。人類が農作物を積極的に栽培し、地域外からの農作物を受け入れて新たな栽培技術で耕地やその周辺を管理するようになると、在来の生態系は変化し、新たな雑草や外来種の侵入する場を形成する。次に、日本列島にみられるこのような植物の多様性を地理的構造から概観してみよう（図２）。

図２は、日本雑草学会が雑草としてリストアップしている約八七〇種から明らかな外来種を除いたものを対象として、その地理的分布の傾向をまとめている。このなかには田畑の雑草も人里周辺の攪乱環境に生育する木本も含まれている。在来種は、大きくみると、ミズタカモジグサ、アギナシ、ノアザミ、ヨメナなど、基本的に日本列島に固有の一一五種（C群）、アキタブキ、サジオモダカ、アカバナなど朝鮮半島やサハリンなどやや狭い範囲に共通する二四種（A群）、ノコギリソウ、ムカシヨモギ、ウキヤガラなど千島から北米へ連続して分布する七種（B群）、キリンソウ、ハチジョウナ、ウツボグサなどシベリアから北欧に繋がる六八種（D群）、オモダカやスミレなど、中国大陸と共通する一一五種（E群）、ノコンギクやコヨメナ、ヤブタバコ、ドクダミなど中国南部の温帯域の照葉樹林帯

ほかは、最も古い記録にもとづく(16)、(19))

原産地／農耕文化圏（地域）		
サバンナ（インド、アフリカ）	地中海（地中海）	新大陸（メソアメリカ、アンデス）＋豪州
コゴメガヤツリ	イヌビユ	スベリヒユ
	カラスムギ、ハマダイコン、ルリハコベ	
トウゴマ、イチビ		
タイワンツナソ	シロツメクサなど 12	セイヨウフウチョウソウなど 16
	オランダミミナグサなど 43	カモガヤ、ネズミムギなど 32
	コシカギクなど 6	アオゲイトウ、クロバナエンジュなど 14
セイバンモロコシ、ネピアグラス	ブタナなど 9	オオオナモミなど 23
コヒメビエ、ギネアキビ、シナダレスズメガヤなど 5	シロイヌナズナなど 12	コツブキンエノコロ、タチアワユキセンダングサなど 31

に連続する五〇種（F群）、アゼトウガラシ、キンエノコロ、ヒンジガヤツリなど東南アジアからインドへつながり、さらにアフリカへ連続する七八種（H群およびH＋群）、チゴザサ、ミゾコウジュ、ヒナギキョウ、ノシバなど南洋からオーストラリアへ連続する四八種（G群）に分類できる。この他に、日本列島にはユーラシア全域に広がっている種やコスモポリタン種も生育している。

極東アジアに分布するC群とE群には、木本がそれぞれ二三種と二一種含まれ、草本では一年生より多年生の多い傾向にある。F群では、木本はやや少なくなるが、多年生草本が多い傾向にある。D群、H群およびH＋群とG群には一年生草本が多く、木本は含まれない。日本列島に近い地域に共通して分布する在来種（C群、E群、F群）には雌雄異株や雌雄異花など外交配を促進すると考えられる繁殖特性をもつ種が多い傾向にある。日本列島における雑草の多様性は、周辺地域の地史とかかわって成立していることがわかる。

表３　日本の帰化雑草の原産地（縄文・弥生時代の種数は、遺跡よりの発掘記録(6)、(7)。

年代＼在来性	原産地／農耕文化圏（地域）	
	照葉樹林（東アジア）	根栽（東南アジア）
縄文	ネザサ、ヤマゴボウなど 29	
弥生	ヒメタイヌビエなど 32	オナモミ、ホタルイ
古代（～ 900）	アキノエノコロ、コウガイゼキショウなど 5	オヒシバ、クサネムなど 4
中世（900 ～ 1550）		
江戸（1551 ～ 1868）	ニオイタデ、ツルドクダミなど 4	ノアサガオ、オオベニタデ
明治（1869 ～ 1912）	ウラジロアカザ	ホソバツルノゲイトウ
大正（1946 ～）		
昭和（戦前）（1912 ～ 1945）	ショカッサイ	
戦後（1946 ～）	コバナキジムシロ	マルバツユクサ

五　雑草と帰化植物の渡来

日本列島における耕地とその周辺に生育する雑草の多様化の歴史については、その分類地理学的構成から再構築が試みられている。「史前帰化植物」は、水田とその周辺に生育する雑草が有史前に日本へ渡来したとする試案である。(11) 前川は、麦畑の環境に親和性の高い植物を含む越年性雑草の一群を有史初期の渡来と位置づけ、住居周辺に生育するフジバカマ、ツルボ、コモチマンネングサ、ヤブカンゾウなどを竹や芋の輸送に関わって日本に帰化したと推定している。(11) これを受けて中尾は、麦作に関連する植物も史前帰化植物に含めて三群に整理し、水田とその周辺に生育する第１群の史前帰化植物、麦畑に関連する植物を第２群の史前帰化植物、フジバカマやツルボに加えてヒガンバナ、ウルシ、カジノキ、ミョウガ、オニユリ、クワイ、ショウブ、シャガなど照葉樹林帯の攪乱環境に生育する植物を第３群の史前帰化植物として、第１群→第２群→第３群の順で日本へ伝わったと考え、前川[12][13]もこれを支持している。[16] また、有用植物として渡来した第3群の植物は、遺存種として現在の日本に生育しているとしている。これを図2で参照すると、史前帰化植物の第1群の種はH群に、第2群の種はD群に、第3群はE群とF群に共通するから、初期の日本列島の撹乱依存種の多様性は東アジアの狭い地域内に生育する撹乱依存性植物に、稲作と畑作に付随した雑草が順に加わって構築されたことになる。

　植物の帰化した時期は、遺跡から発掘される花粉や種子など植物の遺体や採集された植物標本にもとづいて確認できるほか、文書に残された記述や描画からも知ることができる。このような根拠にもとづいて公刊された記録[7][8][18][21]から雑草の最初の渡来時期を原産地ごとに類型すると表3のようになる。ここでは雑草学会のウェブサイトに表記された種以外に、近年帰化した耕地雑草や路傍の雑草を含めて集計している（単純な帰化記録のみの種を含まない）。雑草については縄文時代の遺跡から発掘された二九種すべて、弥生時代に発掘された三七種のうち三二種、古代に記録された一二種のうち五種は、東アジア原産であり、他地域の原産の種はほとんどがコスモポリタンである。史前帰化植物の第2群にあたる六九種のうち、七種は縄文遺跡から、一二種は弥生遺跡から発掘され、第1群の植物三六種のうち、二種は縄文遺跡から、六種は弥生遺跡から発掘されている。一つの場所では、畑作の雑草が出土した後に、水田の雑草が検出される傾向にある。史前帰化植物あるいは古代の雑草は、コスモポリタンのカタバミを除いて、ユーラシアに分布しているものであり、古代までは雑草の移動はそれほど大きくなかったと推定される。中世に新たに記録される雑草はトウゴマとイチビのみで、いずれも有用植物としての記録であろう。

　江戸時代以降には東アジアからの雑草の渡来は少なくなり、地中海地域や新大陸からの帰化が目立ってくる。江戸時代末期から明治時代にはこの傾向はさらに顕著となり明治期には地中海地域から四三種、新大陸から三二種の雑草が帰化し、大正、昭和の大戦前までには新大陸からの帰化植物が増加する傾向にある。戦後にも雑草は主に地中海地域および新大陸より帰化している。

　日本列島における雑草の帰化の様相を農作物の導入と併せて見ると（表4）、一定の傾向がみられる。古代より以前は農作物も雑草も東アジアを中心にユーラシアの近隣の地から導入されているが、中世以降には地中海地域からの農作物の導入が始まり、江戸時代以降には農作物も雑草も

表4　日本列島への栽培植物と雑草の導入

	原産地／農耕文化圏（地域）				原産地／農耕文化圏（地域）					
年代＼在来性	照葉樹林（東アジア）		根栽（東南アジア）		サバンナ（インド、アフリカ）		地中海（地中海）		新大陸（メソアメリカ、アンデス）＋豪州	
	栽培	雑草	栽培	雑草	栽培	雑草	栽培	雑草	栽培	雑草
在来／未導入	61	―	19	―	42	―	24	―	34	―
縄文	2	29	1	0	1	0	0	0	0	0
弥生	4	32	0	2	2	1	3	1	0	1
古代（～900）	5	5	3	4	7	0	6	3	0	0
中世（900～1550）	9	0	2	0	4	2	10	0	2	0
江戸（1551～1868）	8	4	7	2	8	1	27	12	16	16
明治～昭和（1869～1945）	2	2	2	1	6	2	27	58	5	69
戦後（1946～）	1	1	1	1	4	5	3	12	2	31

数字は種数

ヨーロッパだけでなく、新大陸からの導入が急速に増えている。この時代に新しく帰化する雑草の多くは、ヨーロッパやインドの種子農業に随伴する一年生草本である。特に明治以降の畜産の展開にともなって新しい飼料作物の栽培が始まり、周辺環境への野生化もみられる。欧米からの家畜の導入と畜産の展開によって、在来の草資源を利用する伝統的な方法では家畜の飼料を賄うことができず、外来の飼料作物の作付けが増加する。最近は、食糧に必要な麦類や豆類を輸入するだけでなく、畜産に必要な飼料作物の生産が国内では追いつかないため、飼料そのものを輸入する状態に至っている。これにともなって多くの新たな雑草が帰化してきている。また、栽培化の程度の低い観賞植物の世界各地からの導入によっても、新たな帰化植物が渡来してきている。

六　作物と雑草の多様化からみた自然資源利用

これまで述べてきたように、農作物は、どの地域でも地域の野生植物から栽培化された後、周辺地域に伝播・拡散している。栽培化された農作物の数は地域のくくり方で変わるが、一つの地域では三〇種から一〇〇種ほどになる（表2）。東アジアの約九〇種の農作物のほとんどは、日本列島原産のおよそ二〇種も例外ではなく、撹乱依存性の野生種から栽培化されている（表1）。栽培種は、人間による利用と栽培の行為によって、そのアイデンティティを維持しているが、栽培化の初期には、何らかのかたちで野生種と栽培種の中間的な利用形態である半栽培の段階を経たと考えられる。おそらく、半栽培の段階で利用と意図的栽培の知恵が生まれ、農具の発達や調理の技術の発展への礎ができたであろう。その後の植物とのかかわり方の知恵の醸成とともに、さらに栽培化が進み成熟した農作物が形成されたと推定される。一方、雑草は、半栽培段階の農作物と同様に、人間活動による自然の撹乱に応じて出来上がり、日本列島の雑草は、周辺の地域の自然とかかわった複層的な多様性を呈することになる（図3）。人と植物との関係性という視点から見ると、農作物や雑草は、栽培や除草を含む人間活動に応じて緊密度を増し、栽培化と雑草化という二つの適応進化を遂げていると位置づけられる。地域間の植物の移動を差し引いて農作物や雑草の多様性をみると、どの地域でも人間活動に応じた植物の生態的適応という単純な変化だけが起っていると結論できる。

このような人間と植物との関係性は、農作物や雑草の地域内あるいは地域間の移動によって乱され、時間とともにその影響が大きくなっている（表2、3、4）。農作物や雑草の移動は、これまで地球上で絶えず起こっており、人間や人間活動の影響が広域化するにしたがって本来の地域の生物多様性に大きな影響を与えている。日本をはじめとする東アジアは、農作物や雑草を受け入れただけではなく、他の地域にも影響を与えている。たとえば、アズキは、照葉樹林帯に広く分布する野生種のヤブツルアズキのうち極東の野生集団から、ノラアズキと呼ばれる雑草性の系統の半栽培段階を経て、栽培化した後、栽培種の形でネパールに至る東アジア全域に人為的に広がっている。[30] ダイズやイネはさらに地球規模に広がっている。

冒頭で紹介した麦畑のムギとカラスムギの例のように、耕地生態系のなかで緊密な関係性を作り上げた農作物と雑草（随伴雑草や擬態雑草）は、一つのセットとして伝播している。ユーラシアでは紀元前に人間の東西交流が始まるが、農作物や雑草は、その地理的拡散にともなって東西の集団（種内）分化も起こしている。それは、コムギ、オオムギ、エンバク、ナタネ（カブ類）、ニンジンなどの農作物の種内品種群や、ナズナ、カラスムギ、ニシキソウ、イヌノフグリ、クサノオウなどの攪乱依存性植物の種内の亜種や変種の違いとして認識されている。本章では、種を単位として多様性を分析する技法をとったが、農作物や雑草の伝播が一回限りの出来事でないのはいうまでもない。[26] カラスムギにみられる三回以上にわたる日本への導入や雑草性の系統と栽培の系統が時期を違えて複数の経路で日本へ伝播したとされるイチビ[10]のように、人間にかかわる植物における出来事は輻輳的である。地域間の移動の過程では、農作物や雑草は、人間とのかかわりあいを強くすると栽培化し、かかわりを希薄にすると野生化する。タイヌビエやオモダカやクログワイのような雑草から栽培化した農作物もあれば、モモやビワ、チャやモウソウチクなど、人の手を離れて雑草化した農作物もある。[2][23]

これまで、タネから胃袋までの過程を制御する農業は、利用や管理の知恵を発達させながら生物資源としての農作物とその栽培の中に侵入する雑草の種類や性質を決定してきた。大航海時代以降のグローバル化という大きな波のなかでも人間と農作物と雑草の関係は生物資源を管理する知恵の醸成のなかにあったとみられる。しかし、近年は遠隔地からの飼料や食材だけの輸入にみられるような生物資源を管理する知恵の醸成をともなわない行為に伴って外来植物の渡来と侵入が増加している（表4）。これは農作物と雑草とを一体的に管理し生産物を利用する技術と知恵の崩壊を意味しており、生物多様性の面からは大きな問題と指摘できる。

第9章　現代方言からみた植物利用の地域多様性

中井精一

一　日本語の語彙と植物方言

言語は文化と非常に深くかかわる。サピアとウォーフは、「現実世界はかなりの程度社会の言語習慣の上に無意識的に作りあげられるものであり、それぞれの社会は独自の言語を持つため、社会が異なれば世界観も異なる。ある言語に、あるものを指す言葉がなければ、それはその言語の話し手の思考や世界観の一部になりえず、その意味では知覚されない」と述べている。すなわち、人間の経験や思考の様式はその言語習慣によって規定されているのであり、現実の世界は言語習慣の上に形作られるということになる。[*1]

たとえば、富山県五箇山《ごかやま》地方の樹木名では、suginoki、matsunokiなどのように多くの樹木でnokiという形態素が[*2]付加する。nokiという形態素は「杉の立木」や「松の立木」に対して用い、「杉の材」や「松の材」にはsugi、matsuという。立木とその材との違いを、言語の中にもち込んでいた。また、nokiという形態素は、totʃinoki（トチノキ）、kakinoki（カキ）、umenoki（ウメ）、kuwanoki（クワ）など喬木にしか付加されず、sanso（サンショウ）、naNteN（ナンテン）、tsubakisiba（ツバキ）などの灌木の樹木には付加されないことが知られている。[*3]

このように、植物の名称から階層的な民俗分類体系を明らかにすることができる。ある言語が現実世界のどのような特徴を重視してその体系をつくるかは、基本的には、その言語の荷い手である人々がどのような世界観をもち、どのような社会を形成しているかにかかっている。

語彙の分類やネーミングとは、あるものをほかと区別することであって、語彙を比較すれば、それぞれの社会でいかに対象の分類法が異なるかがわかってくる。あるものを指示する語彙があるのか、否か、また意識するのか、否かといった点に注目し、調査を続けることで日常世界の体系を探ることが可能となる。

日本語の地域的なバリエーションを方言というが、方言の分布はさまざまで、全国のほとんどが同一の言葉で覆われているものもあるかと思うと、それぞれの都道府県内にいくつもの方言が存在する場合やさらに集落ごとに語形が違っている例さえもみられる。ある語は一定の領域をもって分布し、ほかの語と対峙している。一定の領域をもつということは、ある意味や対象について同じ表現を使う地域が存在することである。言葉が社会的記号であり、意志伝達の手段である以上、このような地域性が生ずるのは当然といえる。

方言の伝播は、かつては中心から周辺へ地を這うようにじわじわと広がっていくと考えられていた。しかしながら今日では、伝播の仕方ははるかに多様でダイナミックであって、中央からの語を県庁所在地などの地方の中心地が受容し、次に城下町や門前町、宿場町などのマチが受容し、マチから周辺部に拡大させるというようなモデルこそが実態に即していて、中心から周辺へ地を這うように伝播するのではなく、都市を中心とした拠点間の伝播により高い関心が抱かれるようになっている。各地の都市は、政治・文化・経済の中心地であり、特に歴史的に形成された文化資本の蓄積と地域経済の拠点として高い中心性をもっている。周辺部の人々はその中心性にあこがれ、経済的豊かさとそれに権威をもたせる文化的豊かさを獲得するため都市の動向に注目してきた。このような人々の心意が言語・文化伝播を促進しているのである。[*4]

一般的にいって、地域的変種である方言のバリエーションが豊かか否かについては、言語政策や学校教育などの規範性や経済原理が関与しており、市場性のないモノや子どもの遊びなどは、豊かな方言バリエーションを見せる。一方、茶、煙草、米、昆布などの語彙は方言差が小さい。これらは社会や文化、経済が大きくかかわっていたり、広域的な市場を形成した商品であったからである。反対に南瓜(カボチャ)、落花生、玉蜀黍(トーモロコシ)、馬鈴薯(ジャガイモ)、甘藷(サツマイモ)などは、方言のバリエーションが豊かであるが、これらの作物は広域流通する商品でなかったゆえといえよう。

本章では、各地で栽培、利用されている植物の地域名称に焦点をあて、その全国的分布と歴史的展開に注目し、近世以降、列島内部で展開した人間と自然の相互関係について歴史的・文化的観点から検討したいと考えている。

二　植物の地域名称とその分布

日本語の表現には、歴史的に形成された地域的特性を反映した東西対立型分布や周圏分布といった特徴的分布が存在する。以下では、茄子（ナス）、甘藷（サツマイモ）、玉蜀黍（トーモロコシ）蕪（カブ）を例にあげて、植物の地域名称及びその分布の意味について考えてみたい。[*5]

東西対立型の方言分布を見せる植物

日本の本土方言には、おおよそ日本海側は糸魚川を境とし、太平洋側は浜名湖を境に東西両方言に分かれる東西対立型分布をみせるものがある。この東西対立型分布の例と

＊1　この考え方は、「サピア＝ウォーフの仮説」（あるいは言語相対性仮説）とよばれ、言語はその話者の世界観の形成に差異的に関与することを提唱している。E・サピア、B・L・ウォーフ（一九六五）『文化人類学と言語学』（池上嘉彦 訳、弘文堂）。

＊2　形態素（けいたいそ）とは、言語学の用語で、意味が理解可能な最小の単位のことをいう。

＊3　真田信治は、一九七〇年代前半に富山県五箇山地方の旧上平村にて樹木名語彙などの生活語彙体系の調査を実施し、方言学の観点からその特徴を記述している。真田信治（一九七九）『地域語への接近』（秋山書店）。なお、篠原徹は、民俗学の観点から植物命名、分類に関する研究を行い、民俗的知識と感性の世界について分析している。篠原徹（一九九〇）『自然と民俗―心意のなかの動植物―』（日本エディタースクール出版部）。このほか人類学の観点からは、松井健（一九八三）『自然認識の人類学』（どうぶつ社）、山田孝子（一九九四）『アイヌの世界観』（講談社）などが参考になる。

＊4　中井精一（二〇〇五）「日本語敬語の地域性」『日本語学』二四―一一では、従来、方言研究において重視してきた「隣接地域の原則」とよばれる地を這うような伝播よりも、都市を中継地とする都市間伝播の方が方言の拡大により大きな意味をもつことを指摘した。

＊5　本章では、原則として植物の一般名称について漢字（カタカナ）で、植物の地域名称（方言形）は「カタカナ」で表記する。

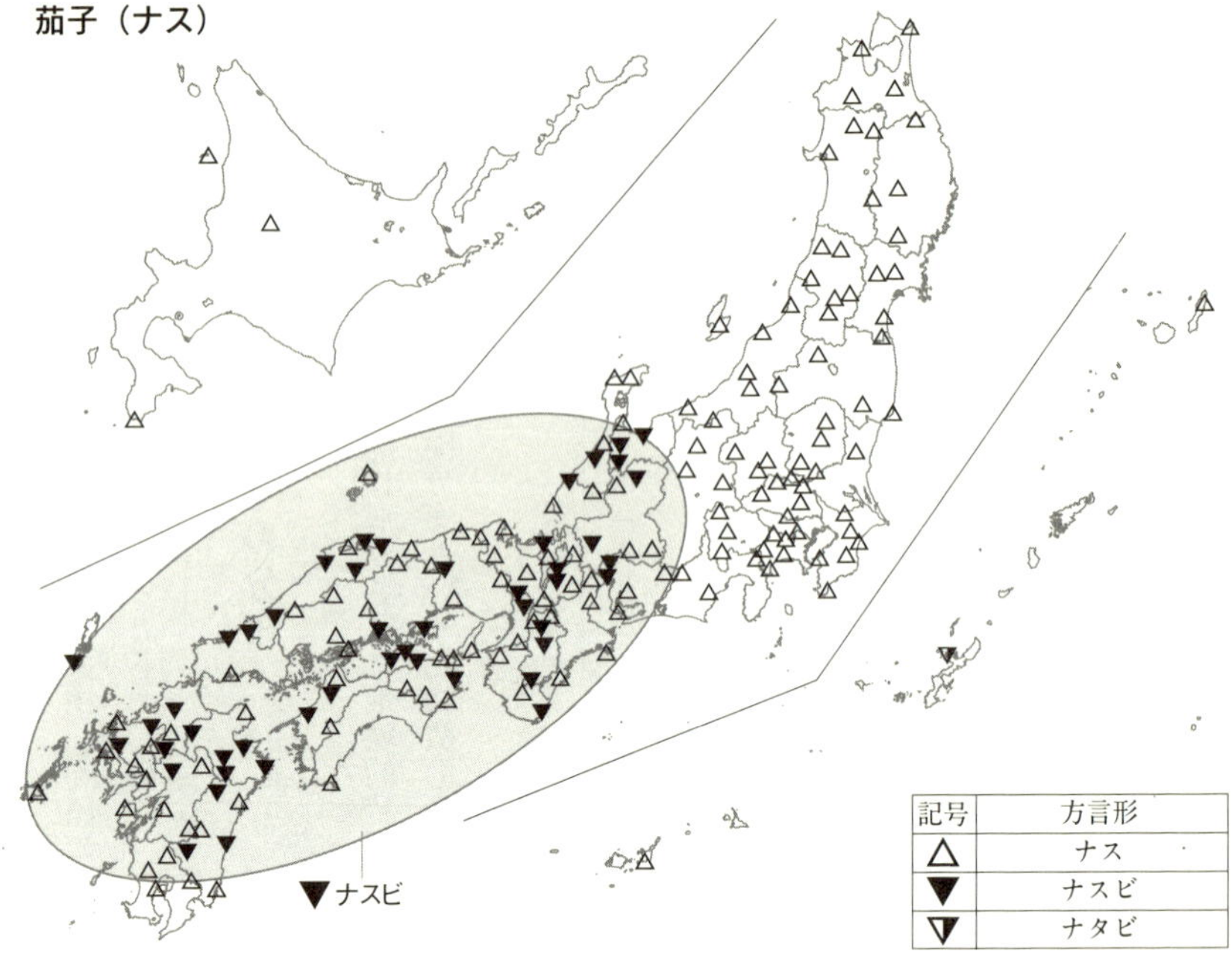

図１　ナスの地域名称の全国分布

しては茄子（ナス）があげられ、東日本では「ナス」、西日本では「ナスビ」とよばれ、東西で分かれている。

茄子（ナス）の地域名称、方言の全国分布を見れば「ナス」、「ナスビ」の両類によって、ほぼ東西に分かれていることが確認される。茄子（ナス）の伝播時期・経路についてはよくわからないが、「本草和名」、「和名抄」に「奈須比」とみえることから平安時代にはすでに栽培されていたと考えられる。またこのことから、文献的には「ナスビ」が古い表現と言える。「ナス」という表現は女房詞の「オナス」のオが脱落して生じたと考えられているが、京都を含む西日本で使用されるのではなく、東日本で使用されていることから、これとは違う語源、あるいは伝播における合理的な説明を必要とするように思う。

茄子（ナス）は京都の賀茂ナス、山形の民田ナス、窪田ナスなど各地にさまざまな品種がある。丸ナスに分類される球形に近い茄子（ナス）は、かつて全国で栽培されていたが、今では秋田、山形、新潟、福島、京都などに残っているだけになった。

近畿地方では一般に長卵形茄子（ナス）が多く、西日本には津田長《つだなが》、博多長《はかたなが》、久留米長《くるめなが》などの長茄子（ナス）あるいは大長茄子（ナス）とよばれる品種が多い。また東北地方にも仙台長、岩手の南部長、秋田の川辺長《かわべなが》などがあって、近畿の長卵形茄子（ナス）をはさむ格好で長茄子（ナス）が東西で栽培されている。

　近年では栽培が容易で色がよく、消費者に好まれる長卵形の一代雑種の品種が全国的に広く栽培されるようになって、地方色豊かな在来種は次第に姿を消してきている。

　巨視的にみると、東日本に「ナス」・西日本で「ナスビ」の方言分布がみられるとはいえ、西日本のかなりの地点で、「ナス」が使用されている点が注目される。[*6] 学校教育やマスメディアの影響を受け共通語として使用される「ナス」に言い換えられたり、新たに栽培する品種には〇〇ナスといった名称が多く、それに影響を受け、茄子（ナス）の総称も変化してきたことが予想される。

　東西対立型分布には、甘藷（サツマイモ）のように東日本は単純で西日本は複雑という分布もある。東日本から西日本の一部にかけては、「サツマイモ類（サツマイモ・サツマ）」が広く一様に分布しているのに対して、西日本は分布が複雑である。

　甘藷（サツマイモ）は、中央アメリカの原産の多年生植物であるが、栽培する場合には一年生作物として扱われる。温暖な気候を好み、茎葉が茂る頃には雨量が多く、成熟期には乾燥する土地が栽培に適している。わが国の場合、甘藷（サツマイモ）の栽培はシラス台地や関東ローム層などで栽培され、全国の作付面積の約四四％が九州地方で、関東地方も約三五％の作付面積を誇っている。

　甘藷（サツマイモ）の地域名称、方言の全国地図をみれば東日本から西日本の一部にかけては「サツマイモ類」が広く分布しているのに対して、西日本ではいくつかの語形に地域ごとのまとまりが見られる。「カライモ類」や「トーイモ類（トーイモ・トイモ）」は九州、四国、中国、石川などでみられる。「リュウキュウイモ類（リュウキュウイモ・

＊6　本章で使用する「植物方言地図」は、中井精一（二〇一一）『植物の地域名称とその分布』（総合地球環境学研究所プロジェクト「日本列島における人間-自然相互関係の歴史的・文化的検討」湯本貴和代表）による。この地図の作成にあたっては、八坂書房編（二〇〇一）『日本植物方言集成』（八坂書房）および農文協編（二〇〇〇）『日本の食生活全集CD-ROM』、（農山漁村文化協会）および農林省統計調査部編集（一九五一）『農作物の地方名』農林調査資料27集（農林省）をデータベース化し、これをもとに作成した。

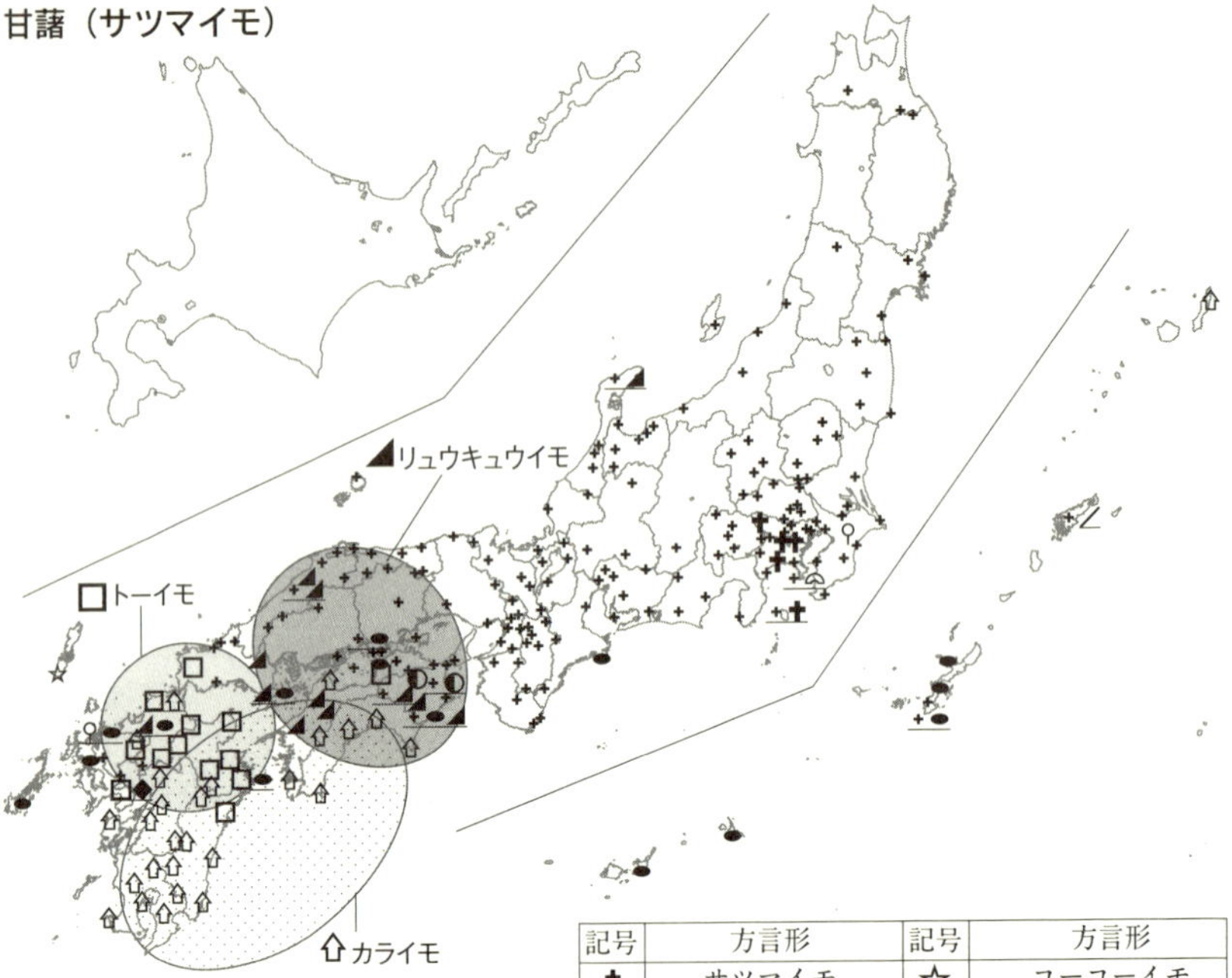

記号	方言形	記号	方言形
＋	サツマイモ	☆	コーコーイモ
✚	サツマ	⬬	イモ
⇧	カライモ		ウム
□	トーイモ		ンム
	トイモ	♀	カンショ
◢	リューキューイモ	◆	ハチリ
	リューキイモ	◐	ボケイモ
	リュキイモ	／	ハヌス
	リーキイモ	⌓	ヤワタイモ

図2　サツマイモの地域名称の全国分布

リュウキイモ・リュキイモ・リイキイモ）」は九州北部や中国に分布している。これは、甘藷（サツマイモ）が外来の作物であり、西日本で栽培していた甘藷（サツマイモ）が次第に東日本にも及んだからだと考察されている。また、琉球地域では「イモ類（イモ・ウム・ンム）」とよんでいて、近畿を中心に東海および九州では芋とは里芋（サトイモ）を、中国・四国地方では甘藷（サツマイモ）を、中部から東北にかけては馬鈴薯（ジャガイモ）を指すことを考えれば、琉球地域における甘藷（サツマイモ）栽培時期がほかに比べて早く、食糧としての重要度も推し量ることができる。

　甘藷（サツマイモ）は一六〇五年に琉球に渡来したと言われ、一六一五年にフィリピンから琉球を経て平戸にもたらされたという。このような背景から、「中国大陸から来たいも」という意味を持つ「カライモ」や「トーイモ」、「琉球から来たいも」という意味を持つ「リュウキュウイモ」という語が生まれた。徐々に九州から中国や四国に普及し、九州に伝来した甘藷（サツマイモ）が、江戸に入るのは一〇〇年以上後だったという。

一八世紀初頭は、享保の飢饉など凶作が続き、日本各地で餓死者が続出した。青木昆陽《あおきこんよう》は、甘藷（サツマイモ）を栽培している薩摩国では、どんな凶作でも餓死する者はないという話を聞き、薩摩から甘藷（サツマイモ）をとり寄せて小石川園で栽培。救荒作物として甘藷（サツマイモ）栽培を幕府に進言し、日本全国に爆発的に広まった。

このように甘藷（サツマイモ）は、まずその栽培が西日本一帯で普及し、「カライモ」、「トーイモ」、「リュウキュウイモ」などとよばれていた。その後、江戸幕府の政策によって東日本各地で栽培されるようになると、それにともなって「サツマイモ」という名称が東日本で普及し、それが西日本の一部にまで及んだと考えられている。伝播・普及の史的変遷過程が植物の地域名称に大きくかかわった一例である。*7

周圏分布型の植物方言

方言研究の分野では、語形Bの外側に語形Aが分布するABA型分布は、語形Bの発生によってもともとあったAの分布領域が分断されたと考え、AがBよりも古いと推定し、語の史的変遷はA→Bという変化を想定することが一般的である。このABA分布は、言葉の歴史と地理的分布の関係を考えるうえで最も典型的な分布パターンであり、柳田国男は『蝸牛考』で全国のカタツムリの方言分布をも

*7 言葉の地域的な広がりや言葉の変化について本格的に研究するには、国立国語研究所（一九六六～七四）『日本言語地図 第一集～第六集』大蔵省印刷局や小学館（二〇〇二）『日本国語大辞典 第二版』、平山輝男（一九九四）『現代日本語方言大辞典』明治書院、をはじめ、柴田武（一九六九）『言語地理学の方法』筑摩書房、徳川宗賢（一九九三）『方言地理学の展開』ひつじ書房、馬瀬良雄（一九九二）『言語地理学研究』桜楓社などの専門書にあたることをおすすめしたい。ただし、初学者には徳川宗賢（一九七九）『日本の方言地図』中公新書、徳川宗賢（一九八一）『日本語の世界8 言葉・西と東』中央公論社、井上史雄（一九九八）『日本語ウォッチング』岩波書店、真田信治（二〇〇二）『方言の日本地図ー言葉の旅』講談社プラスアルファ新書などが手軽な入門書といえる。

玉蜀黍（トウモロコシ）

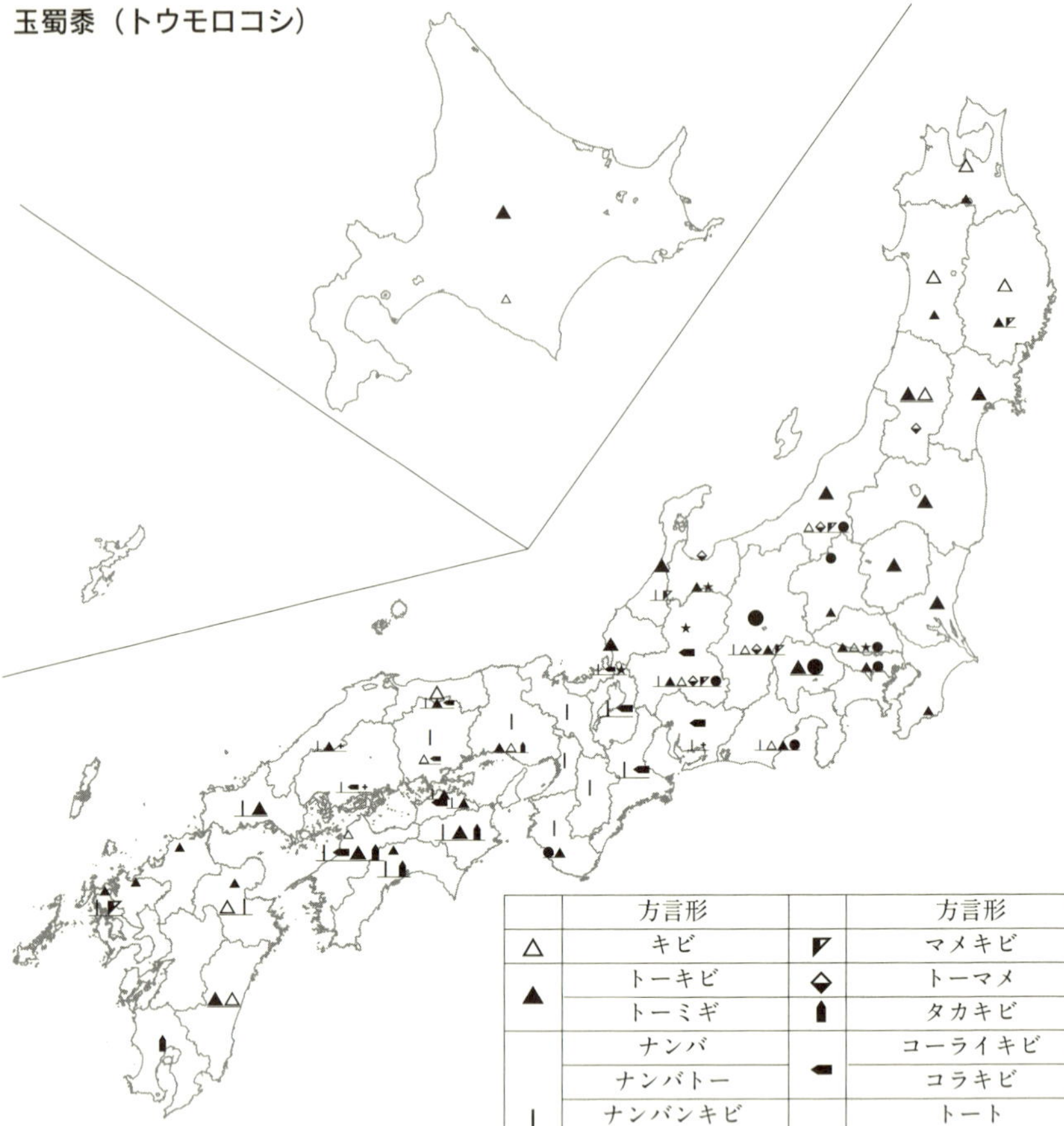

	方言形		方言形
△	キビ	◤	マメキビ
▲	トーキビ	◈	トーマメ
	トーミギ	▮	タカキビ
┃	ナンバ	▬	コーライキビ
	ナンバトー		コラキビ
	ナンバンキビ	+	トート
	ナンマン（キビ）		トートキビ
	ナンマンコ		トートコ
★	トーアワ	●	モロコシ（キビ）
	トナワ		

図３　トウモロコシの地域名称の全国分布

とに、「古語は周辺に残る」として「方言周圏論」という考え方を示した。

玉蜀黍（トーモロコシ）の方言分布をみれば、東北地方や九州などの中央から遠い地方で「キビ」や「トーキビ」が使用され、中心部でナンバが使用されている。また、共通語である「トーモロコシ」の分布領域は意外に狭いことに気がつくとともに、この名称を形成する唐（トー）やモロコシ（唐土）といった国号や地名、蜀黍（もろこし）や黍（きび）といった植物名が気にかかる。

黍（きび）は『本草和名』、『和名抄』にみられ、『全国農作物栽培分布図説』によれば、蜀黍（もろこし）は天正年間の伝来、玉蜀黍（トーモロコシ）はポルトガル人によって一五七八（天正七）年に伝えられたとしているが、蜀黍（もろこし）の伝来は中世以前とする説もある。語源については諸説あるが、既存の黍に対して、新たに伝来した蜀黍を「唐土」＝モロコシあるいはモロコシキビと通称して区別した。そのような状況下にまた玉蜀黍（トーモロコシ）が持ち込まれて、これに「唐」を付加することで区別したと考えられる。

分布図を鳥瞰すれば、「キビ」は東北地方のほか全国のあちらこちらに分布している。分布領域が最も広いのは「トーキビ」で、九州と北海道、四国の過半、北陸・東北の一部のほか、ところどころに分布している。

近畿を中心とした地域には、中世から近世にかけて伝来した植物に特有の形態素をもつ「ナンバン類（ナンバ・ナンバントー・ナンバンキビ・ナンマンキビ・ナンマンコ）」が、また「コーライ（キビ）」が愛知・岐阜などと中国地方の一部に分布している。

ナンバン類は、玉蜀黍（トーモロコシ）を「ナンバントーキビ」・「ナンバンキビ」などとよんだことに由来する。また、「コーライ類（コーライキビ・コラキビ）」は高麗黍に由来すると考えられる。なお、「ナンバン」や「コーライ」という語形は玉蜀黍（トウモロコシ）に特有の形態素ではなく、唐辛子（トーガラシ）にも認められる。玉蜀黍（トーモロコシ）における「ナンバン類」の分布領域と唐辛子（トーガラシ）の「ナンバン類」の分布領域が相補うような関係になっていて、唐辛子のナンバン類が近畿において衰退するのと並行して、玉蜀黍のナンバン類が近畿でその勢力を伸ばしたものと思われる。

「トーアワ」・「トナワ」は「唐の粟」であると考えられるが、この語形は玉蜀黍と粟（アワ）の関係を想定して命名しており、黍（キビ）との想定で命名された語形とは視点が異なっている。粟（アワ）にまつわる形態素をもつ語形は富山・岐阜を中心に福井などでみられる。

また、「トーマメ」、「マメキビ」のように豆との関係を想定した語形も山形や長野・岐阜といった中部地方ならびに長崎県や熊本県の天草地方で使用されていることから、辺境に残存した古い語形と考えられる。

「トーキビ」や「ナンバン」、「コーライ」は分布のタイプからＡＢＡ型分布をみせている。ただ、その分布から「トーキビ」→「コーライ」→「ナンバン」ということばの史的変遷を想定することは容易ではない。『物《ぶつ》類《るい》称《しょう》呼《こ》』の蜀黍（モロコシ）の項には「東国にてもろこしと云（略）

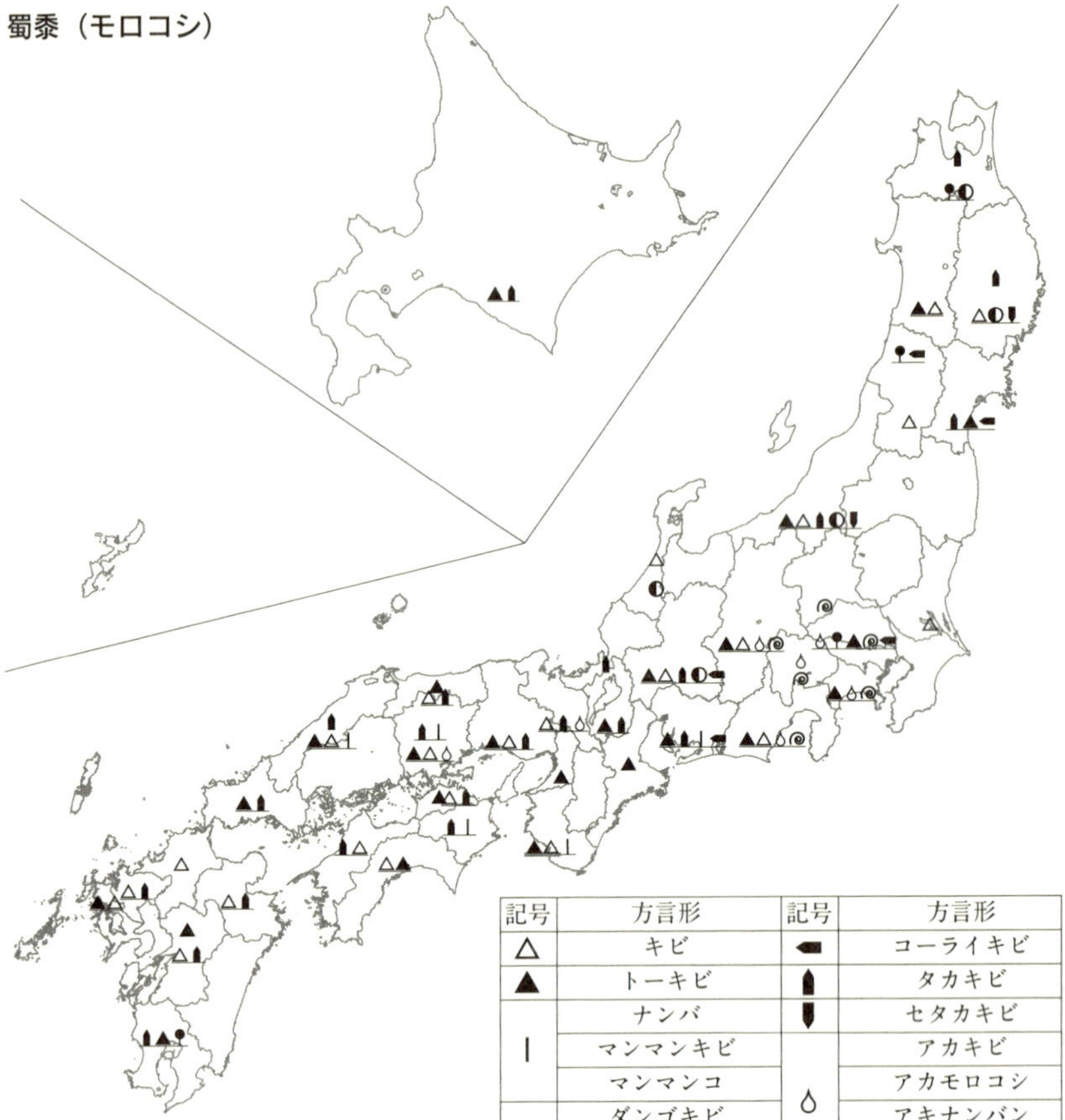

記号	方言形	記号	方言形
△	キビ	◀	コーライキビ
▲	トーキビ	⬆	タカキビ
｜	ナンバ	⬇	セタカキビ
	マンマンキビ	◊	アカキビ
	マンマンコ		アカモロコシ
♀	ダンゴキビ		アキナンバン
	ダゴトキビ		アカンボ
	ダゴタカキビ	◎	ホモロコキ
◐	モロコシキビ		

図４　モロコシの地域名称の全国分布

畿内にてたうきびと云」とあって、蜀黍を「トーキビ」とよんでいた近畿地方で新たに伝来した玉蜀黍（トーモロコシ）を「トーキビ」とよぶとは考えられない。つまり、玉蜀黍を近畿で「トーキビ」とよんでいたことは、近畿で使われていた語形が関東などの地方に広がったとは考えにくい。

こうした玉蜀黍（トーモロコシ）を意味する諸語形の変遷については、蜀黍（モロコシ）の分布と比較することでより詳しくわかってくる。図4は蜀黍（モロコシ）の地域名称を示した地図であるが、図3と図4を合わせて見ることで、九州や東北の一部には、玉蜀黍（トーモロコシ）と蜀黍（モロコシ）を「トーキビ・タカキビ」あるいは「トー

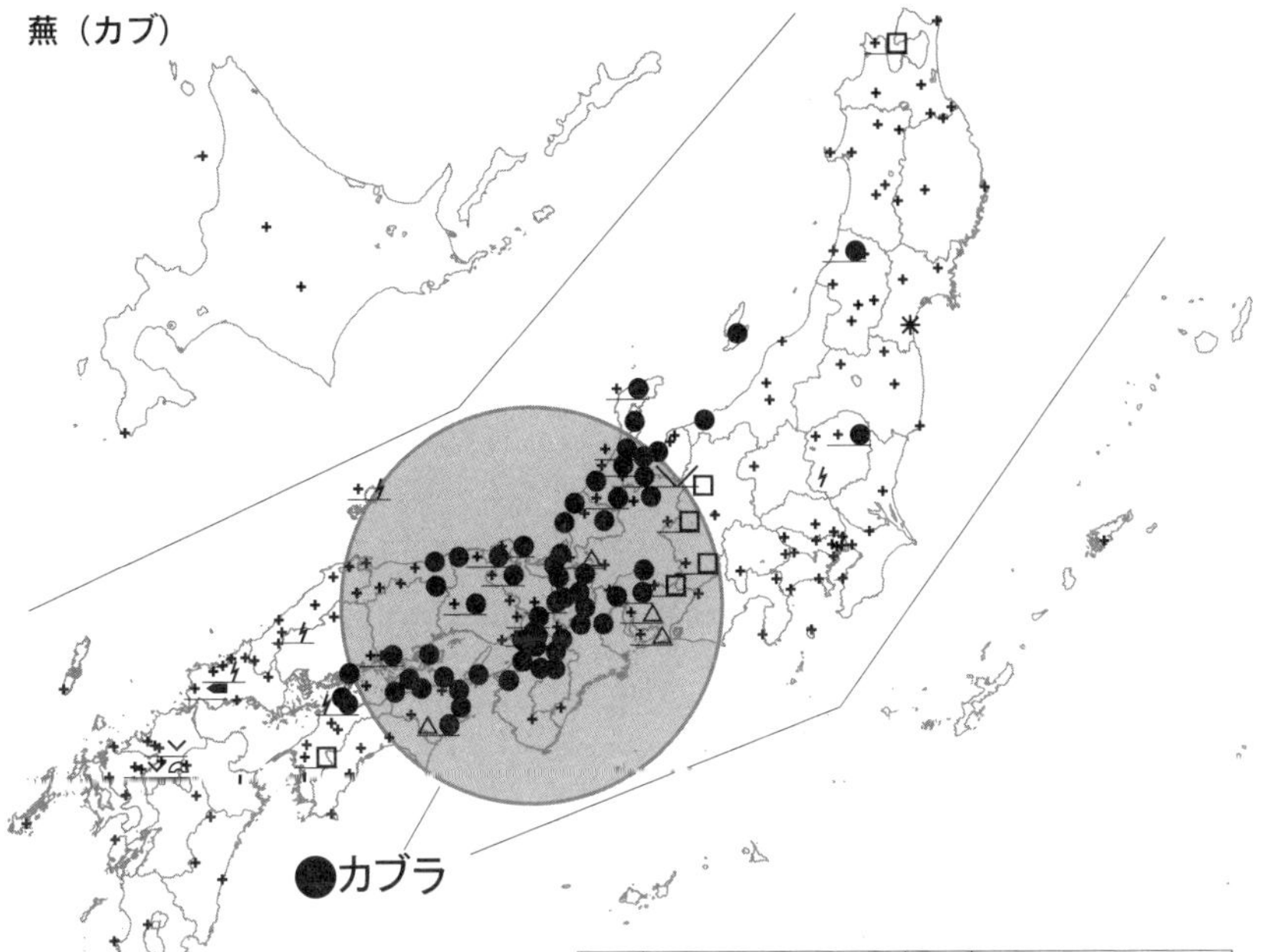

記号	方言形	記号	方言形
✚	カブ	ϟ	スズナ
●	カブラ	◀▬	コロゲ
□	カブナ	✳	カブダイコン
△	カブラナ	∨	スワリカブ
＼	ナギナ	⌓	チョンカブ
／	ナナギ		

図５　カブの地域名称の全国分布

キビとコーライキビ」とよんで区別し、同音衝突を避けている地域のあること。また、近畿から中国・四国地方にかけては玉蜀黍（トウモロコシ）と蜀黍（モロコシ）を「ナンバ（キビ）とトーキビ」というようによび分けて、最も新しく栽培を始めた玉蜀黍には「ナンバ」を付加することで蜀黍（モロコシ）と区別した。つまり、玉蜀黍（トーモロコシ）と蜀黍（モロコシ）の形態素に注目することで、各地の作物受容の歴史がある程度推定することもできるといえよう。

植物の地域名称でもう一つＡＢＡ分布の例をあげてみたい。蕪（カブ）は近畿地方に「カブラ」、その東西に「カブ」があって、「カブ」ー「カブラ」ー「カブ」という分布になることがよく知られている。方言の分布からことばの史的変遷過程を考える方言周圏論の視点に立てば、周辺にある「カブ」が古い言い方で、中央にある「カブラ」が新しいということになる。

蕪（カブ）はアフガニスタン原産のアジア

系と、地中海沿岸原産のヨーロッパ系との二系統に分かれると言われる。わが国では、西日本で中国伝来のアジア系が、東日本でヨーロッパ系が在来種として確認されていて、アジア系とヨーロッパ系を分ける線は、おおよそ関ヶ原付近に引くことができる。

『和名抄《わみょうしょう》』には「加布良」、『宇津保《うつほ》物語』には「はじかみ、漬たるかぶら、堅い塩ばかりして」と、また『物類称呼』には「関西にて、蕪青（カプラ）と云を東国にて、かぶなといひ根をかぶと云」とあって、近畿地方では古くからカブラとよんでいたことがわかる。「カブ」は「カブラ」の女房詞である「オカブ」から「オ」が脱落してできた新しい言葉と考えられていて、『日葡辞書』に「Ca bu（カブ）」とあるところからも、比較的新しい時期に近畿地方から地方へ広がっていったことばと推定できる。蕪（カブ）はABA型分布をとるが、中央の「カブラ」よりも周辺の「カブ」が新しく、周圏論による時間的前後関係は適用できない。

最も生産量が多い金町小カブは、西洋系の代表的な蕪（カブ）で、東京都葛飾区金町近辺の特産で、関東近辺で広く栽培されている。また蕪（カブ）には千枚漬けで利用される聖護院《しょうごいん》カブラ、西日本で栽培されている中型の天王寺カブラ、滋賀県特産の日野菜《ひのな》カブラ及び北海道で近世から栽培されてきたアジア系の大野紅カブや山形県鶴岡市温海《あつみ》地区に特産の温海カブ（アツミカブ）などがよく知られている。

蕪（カブ）の葉はスズナとよばれ、春の七草にも数えられていて、現代でも葉がついた状態で販売されていることが多い。日本人の暮らしの中に根づいた伝統的な野菜で、身近な作物であったこと、換金作物として改良され流通することがなかったことなどによって、品種に対する人々の関心が及ばず、アジア系とヨーロッパ系といった二つの品種栽培の地域差が方言の分布に対応しなかったのではないかと考えている。

三　植物利用と地域名称

今日の日本人の暮らし、特に衣食住は一六世紀を中心にその前後の時期に形成され、その変化の大きさは江戸時代から明治への転換よりも、激しかったと言われる。たとえば、建築の分野では現代の和風住宅につながる書院造がこの時代に成立する。また、日本食には欠かせない味噌や醤油が普及し始めたり、食用油の普及によってそれまでの焼く・煮る・蒸す・煎るといった調理法に加え、揚げる・炒めるといった調理法が加わった。また棉（ワタ）の栽培の始まりによって衣料も麻から綿に大きく変化していった。

日本人の暮らしが大きく変化するとともに植物の栽培もそれに応じて変容していったと考えられる。ここでは、油の生産にかかわるエゴマと菜種（ナタネ）に注目し、食のデータベースならびに植物方言地図をもとに方言に含まれる形態素とその利用の特長について考えてみたい。

エゴマの栽培と地域性

エゴマはシソ科の植物で、紫蘇（シソ）に似た匂いを放つ。種子はゴマに似ており、大まかに黒色と白色のものに分けられる。

エゴマが油として使われるようになったのは平安時代初期で、山城国（京都）の大山崎神宮宮司がエゴマから油をしぼったことに始まるといわれる。[*8]

鎌倉時代から江戸時代中期までが主たる牛産の時代で、菜種（ナタネ）油が広がると、エゴマの栽培は少なくなった。また近代以降は、満州（中国東北地方）や朝鮮から安いエゴマが輸入されるようになり、国内生産は激減したといわれる。

エゴマの方言分布をみると、東北地方や長野県、岐阜県を中心に、「アブラヅマ」や「アブラコ」、「アブラナ」、「アブラエ」といったアブラという形態素をもつ方言語形が使用され、西日本には広く「エゴマ」を中心とした語形の分布が見られる。また、東日本から東北にかけて、「ジューネ」といった方言形も広く使用されている。

『日本の食生活全集』によれば、エゴマを栽培し、油として使用するという記述があるのは青森県・岩手県・宮城県・秋田県・山形県・福島県・長野県・岐阜県の八県である。これらの地域ではエゴマの方言名に「アブラ」、「アブラエ」、「アブラコ」といった、形態素にアブラが含まれている。方言形が当該地域の生活や植物利用の実態を反映することがわかる。

エゴマから菜種（ナタネ）へ

戦国時代、美濃の国主となった斎藤道三《さいとうどうさん》は、京都の油商

＊8　食用油の歴史、変遷については、湯川具美（一九九八）「油料理の変遷」『全集　日本の食文化5　油脂・調味料・香辛料』（雄山閣）四一～五九頁に詳しい。

エゴマ

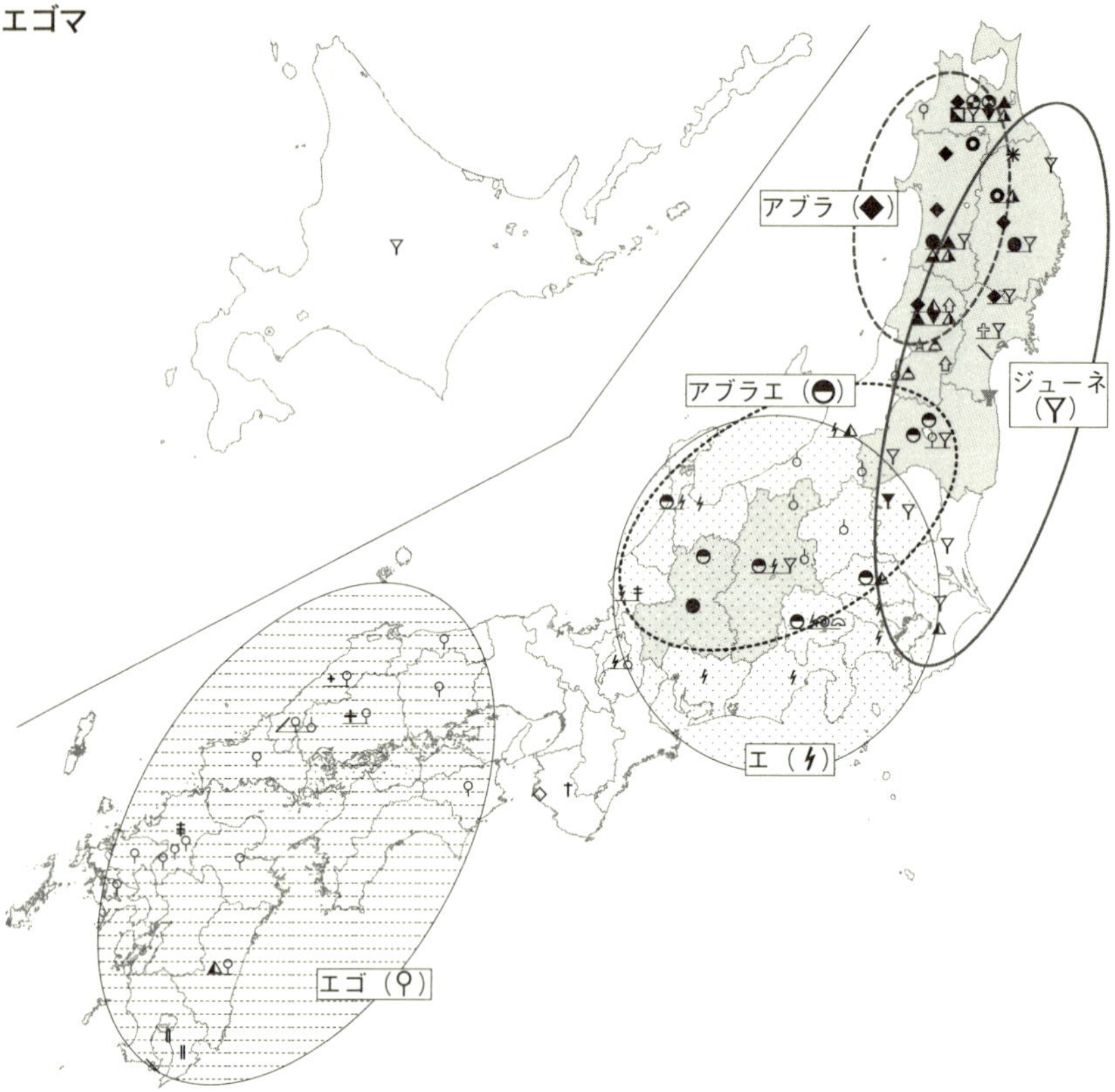

記号	方言形	記号	方言形	記号	方言形
◆	アブラ	▼	ジューネアブラ	✳	ジフネ
♀	エゴ	▲	クロアブラ	／	アオジソ
	エゴクサ	▼	シロアブラ	＼	シロジソ
♁	エグサ	△	シショアブラ	‖	ヤマジソ
◓	アブラエ	△	タネアブラ	＋	アメゴマ
◕	アブラコ	◭	ツブアブラ	＋	ウマゴマ
◍	アブラゴマ		ツボアブラ	✙	オニゴマ
◉	アブラシソ	◭	エアブラ	†	シナゴマ
●	アブラナ	◪	コーバシアブラ	‡	チンゴマ
⇧	ナタネ	☆	アエス	ǂ	エコゴマ
ϟ	エ	◇	エカ		
Y	ジィーネン	◎	エノミ		
	ジューネン	⌓	エンタ		

図６　エゴマの地域名称の全国分布

人としてエゴマ油の売買をしていたことがあるといわれるが、戦国末期から江戸時代初頭は、すでにエゴマ油から菜種（ナタネ）油に移行し始める時期で、江戸時代後期以降、全国に菜種（ナタネ）油が広がると、エゴマ栽培は急速に衰退していった。

エゴマに代わる油糧作物をみる目的で、菜種（ナタネ）の地域名称を地図にしてみた。菜種（ナタネ）の栽培は、現在では菜種（ナタネ）油の輸入によって衰退し、かつてほど大規模に行われることはない。全国各地でなお細々と栽培されてはいるが、そのほとんどは食用である。

菜種（ナタネ）は「アブラナ」、「アブラタネ」、「ナタネ」、「ウンダイ（蕓苔）」などとよばれてきた。「ウンダイ」は漢名で、野菜としてではなく油を絞るために栽培する作物で、「ウンダイ」という方語形が各地で使用されていた。

菜種（ナタネ）油がわが国で搾油され始めた年代は明確ではないが、『製油録』の記述をみると「攝津国住吉の辺り遠里小野村の若野氏某がはじめて蕓苔子（今いふ菜種子なり）を製し清油をとりて従来の果子の油にかえて住吉明神に献じ奉れり、皇国菜種子油の原始なり」とあって、エゴマ油に比べてはるかに優れた燈明油であったため、近畿地方から急速に普及するようになったと考えられる。

菜種（ナタネ）油は、「種油」「水油」ともよばれ、綿実油の「白油」とともに、一般庶民たちの灯火油として広く普及した。菜種（ナタネ）は、一一月上旬頃（春の節分の九二、三日前）に種を蒔き、下旬に移殖し、五月下旬には刈りとる。

作物の商品化は早くから進み、近世以降、畿内では綿と菜種（ナタネ）とが広く栽培された。菜種（ナタネ）は裏作として栽培され、裏作の四割は菜種（ナタネ）であった。一七世紀後半には大坂から京都、江戸など諸国への油積み出し高は合計七万二〇〇〇石（一石＝約一八〇リットル）で、この代金（銀）は菜種（ナタネ）油六八％、綿実油二五％、ゴマ油五％、エゴマ油二％であって、菜種（ナタネ）油の普及の状況がわかる。

一八世紀に井原西鶴によって書かれた『日本永代蔵』の「国に移して風呂釜の大臣」には、次のような話がある。

豊後府内（大分市）の万屋三弥が、「親仁は遺言で、『渡世の種を大事にせよ』と言い残されたが、菜種（ナタネ）は油をしぼる草だから、きっとこの種のことだろう」と、一途に思いこみ、いつかは菜種の買置きをするか、またはこれを作らせるかして分限になってやろうと、明け暮

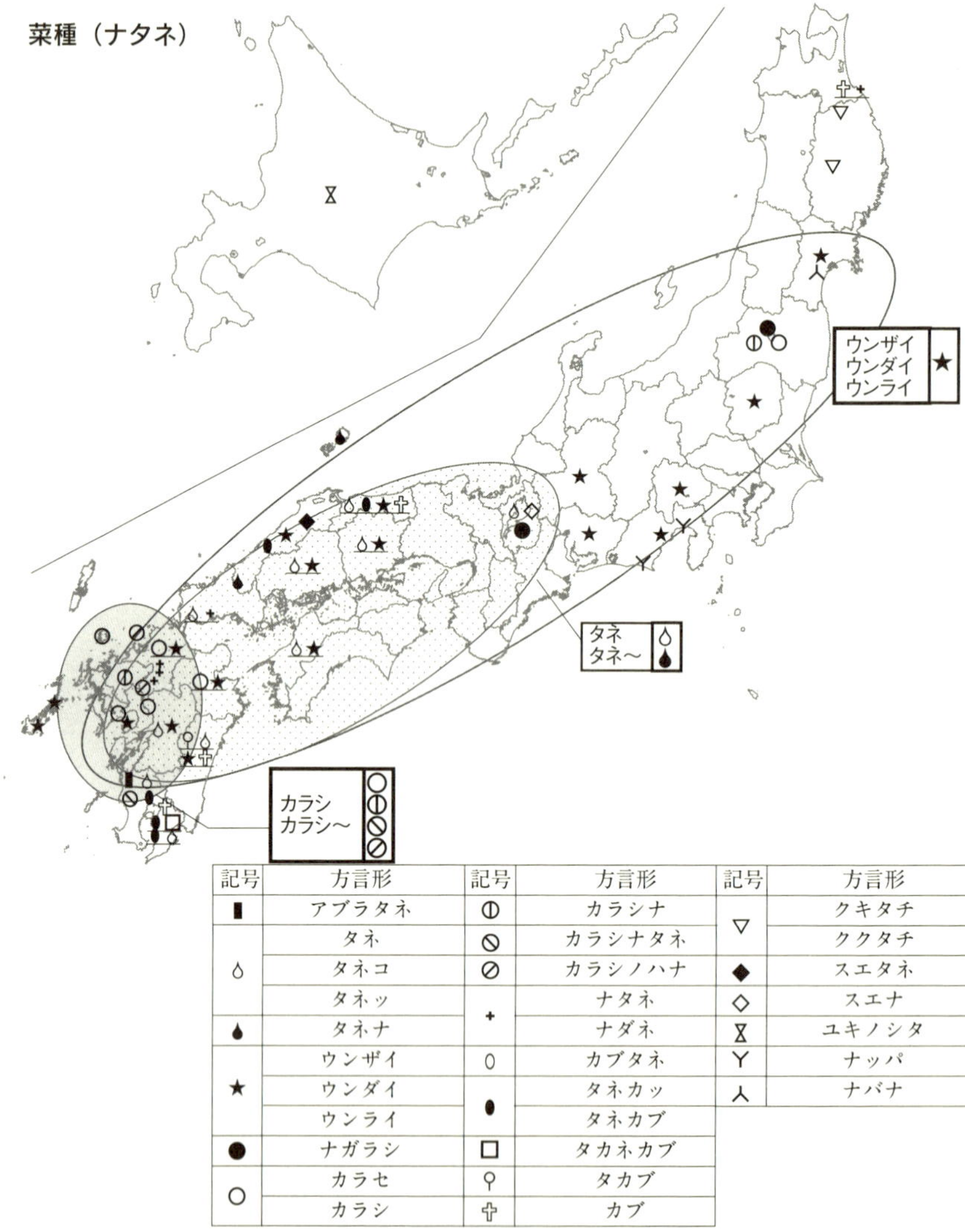

記号	方言形	記号	方言形	記号	方言形
▮	アブラタネ	⦶	カラシナ	▽	クキタチ
◌	タネ	⦸	カラシナタネ		ククタチ
	タネコ	⊘	カラシノハナ	◆	スエタネ
	タネッ	+	ナタネ	◇	スエナ
💧	タネナ		ナダネ	⧗	ユキノシタ
★	ウンザイ	⬯	カブタネ	Y	ナッパ
	ウンダイ	⬮	タネカッ	人	ナバナ
	ウンライ		タネカブ		
●	ナガラシ	□	タカネカブ		
○	カラセ	♀	タカブ		
	カラシ	♱	カブ		

図７　ナタネの地域名称の全国分布

れ工夫をめぐらしていた。あるとき、人里離れた広い荒野で、昔から泄々たる薄原になっている所を通ったが、こういう所を狼の寝床にしておくのも国土のむだ遣いだと思いつき、ひそかに菜種をまき散らしてためして見ると、その時節には花が咲き、実がなったので、ほうっておいてさえこれほどなのだからと、新田に払い下げてもらい、一〇年間は年貢もいらず、ここを切り開いて、所々に人家を建てていくつか集落を作り、鋤・鍬を持たせて耕作させたところ、毎年、利益を得て人の知らぬ金銀がたまり、それからは上方へ船をまわして商売し、多くの手代に諸事を切盛りさせて、西国に並ぶ者のない次第長者となり、なに不足ない身の上となった。

菜種（ナタネ）栽培の成功で大金持ちになった記述があるが、換金作物としての菜種（ナタネ）栽培が広く近畿を中心とした西日本世界で普及し、それによって大きな富を得る者がいたことがわかる。

五　植物の地域名称に見る進取と保守

エゴマは、①種から採れる油が少ないこと②面積当たりの収穫量が少ないこと、さらにそれから採れる油は③酸化しやすく、長期の保存に向かないこと④酸化しやすく、炒め物や揚げ物の油に向かないこと⑤わずかに魚の油に似たクセのある香りがすること、といったマイナス面がある。特に採れる油が少ないこと、収穫量が少ないことの一つは経済性の観点から決定的な欠点であった。

そこで日本人の暮らしが大きく変化する一六世紀前後にその主役を菜種（ナタネ）に譲らざるを得なかった。ただ、その後も東北地方や岐阜県などでは引き続きエゴマの栽培は続けられていた。『日本の食生活全集』に記載された各地の食用油の記述をもとにエゴマ及び菜種（ナタネ）の利用について考えてみることにしたい。

〈青森〉

油は菜種油を使う。しぼり方は菜種を炒って油台（しぼり機）にかけるため、作業が大がかりになる。しかも菜種二、三斗から油が二、三升とれるだけなので、

表1　エゴマ油・ナタネ油の用途の違い

地名は調査時のもの

地点	エゴマ		ナタネ	
	ハレ食*1	ケ食*2	ハレ食	ケ食
北海道上川郡清水町		焼き味噌		
青森県下北郡東通村	◎けんちん汁	えごまあえ		
青森県三戸郡三戸町	◎てんぷら	串もち		▲おひたし／▲胡麻和え／▲白あえ／▲味噌汁
岩手県九戸郡軽米町	きらずもち／豆腐の味噌でんがく／◎かすおもし／◎てんぷら	そばかっけ／うちわもち／きらずもち／おこつもち／えごま味噌		
宮城県亘理郡亘理町	◎てんぷら	◎なす炒り／◎油豆／◎けんちん汁		
宮城県加美郡小野田町	えごまもち／白あえ	そばねっけ		
宮城県登米郡東和町				▲味噌汁／てんぷら
秋田県由利郡由利町		こしあぶら味噌／◎豆腐粕		
山形県天童市		かいもち／もろこしだんご／えごまあえ／あえもの		
福島県田村郡常葉町	さえもち／白あえ	うどん／そば／でんがく／よごし／たらぼあえ	柿皮の卵揚げ	いもでんがく／油炒り／にしん味噌
茨城県鹿島郡波崎町				▲雑煮
茨城県東茨城郡御前山村				▲七草粥
栃木県小山市			なまずのてんぷら	きのこ飯／てんぷら／たったきだんご／けんちん汁／しぎ焼き／煮つけおつけ
栃木県塩谷郡栗山村		えごま汁／大麦飯／そばねり／えごまだんご／えごま味噌／えごまよごし		

群馬県高崎市				鉄火味噌／かきもち／あられ／油炒め／干し大根の煮もの／▲おひたし／▲よごし
群馬県吾妻郡長野原町	ぼたもち	おきりこみ／しめ豆腐／えごまあえ／よごし		
埼玉県加須市				▲雑煮／▲おひたし／▲味噌汁
千葉県長生郡長南町			きんぴら	あられ／かきもち／きんぴら／けんちん汁
東京都新宿区四谷				▲さやえんどうの卵とじ
東京都日野市			てんぷら	きんぴら／油味噌
神奈川県平塚市			なすの油味噌／かりんとう／けんちん汁	
新潟県佐渡郡畑野町			そばカステーラ	どじょう汁
新潟県古志郡山古志村	焼き大根／白あえ	えごまあえ	てんぷら	
富山県東砺波郡福野町				▲煮物／▲よごし／▲しめもの
石川県金沢市				なすのでんがく／おから
福井県坂井郡坂井町				おあえ／▲菜ごけ
福井県勝山市・大野市	からごんぼ	あえもんまま／あえもん／菜味噌		
山梨県北都留郡上野原町	ぼたもち			
山梨県東山梨郡牧丘町			油味噌	
長野県木曽郡開田村		いもけえもち／いもでんがく／えごまあえ		

地点	エゴマ		ナタネ	
	ハレ食	ケ食	ハレ食	ケ食
岐阜県吉城郡国府町	えごまあえ／いものでんやき			
岐阜県揖斐郡徳山村		味噌汁／えごまあえ／えごまよごし／えごま汁		
静岡県袋井市				おけんちゃん／▲ごまあえ
愛知県北設楽郡津具村	ごまあえ	五平もち／えごまあえ		
愛知県安城市				キャベツの炒め物
滋賀県大津市				炒め味噌
滋賀県伊香郡余呉町		煮しめ／きんぴらごぼう／たたきごぼう		
京都府京都				▲花漬／でんがく
大阪府大阪市				▲浅漬／▲からしあえ／カレーライス／▲おひたし／▲ぬか漬け
兵庫県三原郡南淡町				そうめん
奈良県宇陀郡御杖				▲おくも／▲おひたし／▲漬物
和歌山県伊都郡高野町			てんぷら	
鳥取県境港市			つぼ	つぼ
島根県仁多郡横田町			てんぷら	
島根県飯石郡吉田村				炒め物
広島郡豊田郡瀬戸田町				てんぷら
山口県山口市			衣揚げ	けんちょう／▲あえもの
徳島県三好郡東祖谷山村				てんぷら

香川県綾歌郡綾南町				☆こんこの油炒り／☆おみいさん
香川県香川郡塩江町			あげもん	☆ひっかりずし
高知県南国市			厚揚げ	厚揚げ
福岡県嘉穂郡筑穂町				へこやしだご／炒め物／炒め煮
福岡県豊前市			てんぷら揚げ	てんぷら揚げ
佐賀県佐賀市				油炒め／▲お葉漬
長崎県諫早市			ごんぼ飯	
熊本県鹿本郡植木町			つき揚げ	南関手打ち
熊本県飽託郡飽田町				ひこずり／菜焼き／味噌よごし／こねり／きんぴらごぼう／つくだ煮
大分県東国東郡国東町			高菜のしらえ	にすあえ／けんちゃん
宮崎県西臼杵郡高千穂町				てんぷら
鹿児島県鹿屋市				油炒め
鹿児島県川辺郡笠沙町			つけあげ	

＊1：ハレ食は祝事、祭事などの際に供される非日常的な食事。ご馳走。
＊2：ケ食は日常食のこと。普通の食事。

菜種凡例	▲	菜種の種以外（葉やつぼみ）を食用する
	☆	味つけのために菜種油を使用
	記号なし	菜種の種から油をとる
エゴマ凡例	◎	えごまを油として使用
	記号なし	えごまを胡麻（調味料）として使用

貴重品である。これを食用と、女たちの髪の手入れ用に使う。油は口の細長い油どっくりに入れる。食用には一年間に四合びん二本もあればよい。

〈岩手〉

油は自家製のじゅうね（エゴマ）油と、買った菜種油の二種類を使う。じゅうね油は香りがよくておいしいが、少ししかとれないので、炒めものや揚げものの香りづけに使う程度である。てんぷらなどの揚げものには、菜種油を買って使う。

〈宮城〉

干しもち（かきもち）は焼いたり菜種油で揚げたりする。（油豆は）大豆をじゅうねん（エゴマ）油で時間をかけて火が通るまで炒り、油がなくなったところで味噌を入れ、かき回してあえる。油豆は保存がきくので、重宝なおかずである。

〈秋田〉

食用油は、畑に菜種を植え、商売人に頼んで油をしぼってもらう。年間一升ぐらいの油しかとれないので、おもに法事、運動会の日などのごちそうとして、これで野菜やいも、魚を揚げて食べる。

水田の裏作として栽培する菜種からは、一年間使用する菜種油をとる。しかし、油は貴重品で、てんぷらなどはめったに作れないので、料理法は煮物やあえ物が多くなる。あえ物には、エゴマを使った香ばし油あえ、くるみあえ、ごまあえをはじめとしていろいろな種類がある。

〈栃木〉

菜種は採り入れ後、自家用分を残して穀物屋に売ってしまう。自家用の菜種やごまは油屋に頼んでしぼってもらう。だいたい菜種一升から二合八勺、ごまでは三合はとれる。しぼり粕は肥料として使う。

〈群馬〉

菜種はよく乾燥させて、町の油屋に持って行ってしぼってもらう。松本家の場合は二斗ほどとり、これで一年分をまかなう。

〈新潟〉

野菜はかて飯や味噌汁の実として大切に使われるので、野菜だけの煮しめや、油炒めなどの油ごっつお（ごちそう）は、特別の行事以外は作らない。

〈長野〉

あえものやおはぎには、あぶらえ（エゴマ）をよく使う。あぶらえは独特の香りとこくがある。

ふだんはめったに食べられないてんぷらを、このお盆ばかりはどっさり作る。七輪に炭をおこし、小さな鉄なべをかけ、油をたっぷり入れる。油を買うのはお正月とかお盆である。ふつうは三合びんに買うが、このお盆には五合も買う。

〈岐阜〉

あぶらえは、このあたりの独特な味覚の材料として使われている。油をしぼったり、炒ってよくすりのばして、でんやき（でんがく）やかいもち（おはぎ）につけたり、あえものに使う。油はたね油より香りがよく、てんぷらにしてもさらっと揚がる。

かつては菜種（ナタネ）は各地で栽培され、盆や正月、祭りや儀式といったハレの日の食をかざるてんぷらなどの食用油として使用されていた。一方エゴマは、福島県、岩手県、岐阜県、宮城県などの一部に伝統食や調味料として使用されることで残存している。これらの地域では二つの油の利用方法が異なっていて、菜種（ナタネ）油はハレの食に、エゴマ油は日常のケの食で使用され、日々の暮らしの中で菜種（ナタネ）とエゴマにはそれぞれ異なる意味を与えられている。

一方、いち早く菜種（ナタネ）栽培を始めた畿内では状況が異なる。畿内では、古代より人々が住み、開発を続けてきたため、江戸時代の初めには、もはや新たに耕地を開発する余地は残っていなかった。また、消費地である奈良・京都・大坂の三都の近郊に位置する立地条件を生かして、商業的農業を展開していくためには、換金作物の栽培することが必須でもあった。このような畿内先進地域とよばれる地域では、生産性が低く、商品価値の低いエゴマ栽培は、戦国末期から江戸時代初頭、つまり四〇〇年前には姿を消していた。

畿内の中央に位置する奈良盆地は、年間降水量が一五〇〇ミリ前後しかなく、中小河川の集水域も狭く、水不足のため、一つの耕地を田としても、畑としてもかわるがわる使う田畑輪換法が行われていた。その代表的なサイクルは、稲→麦→稲→菜種（ナタネ）→棉（ワタ）→麦・蚕豆（ササギ）で、表作は稲二年棉（ワタ）一年のサイクルで、裏作率は八〇～九〇％あり、そのうち麦が約半分で菜種（ナタネ）は四割、残りの一割は蚕豆であり、菜種（ナタネ）が換金作物として高い比率を占めていた。

この商業的農法は、近代以降、棉（ワタ）の栽培に替わって西瓜（スイカ）やトマト、茄子（ナス）などの栽培に変化したが、昭和三〇年代まで続いた。昭和三〇年代の調査によれば、この転換畑で栽培された西瓜（スイカ）、トマト、茄子（ナス）、胡瓜（キュウリ）、苺（イチゴ）などの換金作物の収益は、水田稲作一〇アールあたり換算の収益をはるかに上回っていた。現在では水不足が解消し、田畑輪換法は見られなくなったが、ビニールハウスを利用し、商品価値の高い作物は、なお盛んに栽培が続けられている。

わが国における商業的農業は菜種（ナタネ）、あるいは棉（ワタ）などの栽培に始まると考えられるが、その開始による社会経済の変容が、その後の日本の植物栽培に大きな影響を与えることになったといっても過言ではない。

エゴマと菜種（ナタネ）の方言語彙に含まれる形態素アブラ（及びウンダイ）に注目することで、油量作物栽培の地域差がわかるとともに、食生活におけるエゴマ油と菜種（ナタネ）油利用の差異ならびに商品経済の歴史的展開もみえてくる。

五　植物方言語彙からみえる歴史と社会

私は奈良盆地の西部、大和高田で生まれ、ここから通学、通勤し、その後富山に転じた。子どもの頃私の友だちの中には花木や苺（イチゴ）などの換金作物を栽培する専業農家の子息・子女が何人もいて、彼らは伝統的な暮らしをし、少し保守的な感覚をもっていたが一様に豊かであったように思う。

彼らが暮らす集落は、中世の動乱期に集落を防御するために形成された堀のある環濠集落で、東南の隅には鎮守の春日社、西南には墓地と浄土真宗の寺院があり、田畑は集落の外側に広がっていた。奈良盆地の集落は、一六世紀から一七世紀の時期に、現在われわれが目にするような姿になったと言われる。昭和四〇年代初頭の奈良盆地は、宅地開発などによって集落景観が改変される直前の時期で、大都市の近郊に位置するため、米作のほか、多品種の換金作物が作られ、市場の動向を見て大阪、京都、名古屋などに

振り分けて出荷していた。(1)

かつて今西錦司は、この盆地の農村のありようを「農村クライマックス」ととらえ、農村には農村独自の進化のあることを示したが、大和高田周辺の集落では自給自足的な生活が基本とされる農村において、早くからカネに直接かかわる農業が展開されていた。*9

先にも述べたが、今日の日本人の暮らし、特に衣食住は一六世紀を中心にその前後の時期に形成され、その変化の大きさは江戸時代から明治への移行よりも激しかったとされる。社会経済の進展によって日本人の暮らしが大きく変化するとともに、植物の栽培方法もそれに応じて変容していったと考えられる。

池谷(2)は、近世前期には、出羽・秋田からゼンマイなどの山菜が日本海岸の航路を利用して大坂の問屋へ大量に運ばれていたことから、北前船の活躍によって北海道から日本海沿岸地方や瀬戸内・畿内地方にかけての地域は、相互に物質の流通を通じて強く結びついていたこと、そして近世前期には商品経済の進展によって、沿岸部だけでなくその影響が秋田の山村に及んでいたことを推定している。

近世以前には畿内およびその一部でしか認められなかった商品経済・貨幣浸透の波が、遠く離れた東北地方の山村にも押し寄せ、個々の社会構造は変化し、既存の土地利用システムは変貌を余儀なくなされた。貨幣というのは人と人との間を媒介することで、つねにその機能を発揮して相互に結びつけていく性質をもっている。貨幣のもつ交換機能、尺度機能、貯蔵機能、金融機能などを通じて、人と人とを結びつけ新たな社会を形成するからである。

共同体の内部に貨幣経済が浸透していくと、それまでの共同体内の「富」のあり方が変わり、また同時にそれまでの共同体の形態もどうしても変わらざるを得ない。中世から近世、近世前期から中期にかけて加速度的に展開する貨幣経済によって激変した農村では、それまでの自給自足的

*9 戦後、奈良盆地の集落は、地理学および人類学の研究者による多くの共同研究のフィールドになった。今西らは磯城郡田原本町をフィールドとして調査を実施し、都市近郊の農村のあり様を「農村クライマックス」という言葉で表現した。今西錦司（一九五二）『村と人間』（新評論社）。なお、村松らも天理市二階堂村で共同調査を実施し、大きな成果をあげた。村松繁樹ほか（一九五二）「歴史の古い農村の諸相－大和二階堂村－」『人文研究』三－四　大阪市立大学文学部。

な村落共同体の秩序が保てなくなって、貨幣を持ち込んだと思われる人物の排除、つまり異人殺しなどの伝承を生んでいったといわれる。

東北地方に伝承される座頭・六部殺しにみられる異人殺しは、まさに商品経済・貨幣経済浸透期に形成されたものであり、山村におけるゼンマイの栽培・出荷やエゴマから菜種（ナタネ）への移行期と近世前期を中心とした時期の社会変動は、このような伝承を生むような大きな節目の時期であった。これは、今回とり上げた甘藷（サツマイモ）や玉蜀黍（トーモロコシ）が伝来し、栽培されるようになって人々の暮らしが豊かになり始めた頃でもある。

語彙を比較すれば、それぞれの社会でいかに対象の分類法が異なるかがわかる。また日常世界の体系を探ることが可能となるといわれるが、甘藷（サツマイモ）や玉蜀黍（トーモロコシ）のように渡来してから比較的日の浅い作物が、方言語形の豊富さを誇っている一方で、日本社会の根幹となる米やハレに欠くことのできない小豆（アズキ）は、「コメ」や「アズキ」以外のよび名がほとんどない。物が日本人に親しまれてきた時間とその物の方言量とは、必ずしも比例しないし、方言の分布が言葉の史的変遷過程や植物の栽培品種と対応するものではない。

しかしながら各地で栽培されている植物にスポットをあて、食材としての調達方法、調理法、料理内容や食べ方、食器など）に注目し、文化要素との関連で分析すれば、分布などに同調性が見つかったり、これまで気づかれることのなかった個別地域の歴史や環境利用のあり様が見えてくる可能性もある。[*10] 植物の地域名称をもとにした研究はまだ途についたばかりで、成長・発展のためにはたいへんな困難をともなうであろうが、関連分野の知に学び、協業をはかることでその糸口を見出していきたい。

＊10　首都大学東京の村上哲明氏からご教示いただいた。

コラム3　ストロンチウム同位体分析からわかる人や動物の移動

日下宗一郎
覚張隆史
中野孝教

遺跡から人や動物の遺物が多く出土している。このような遺物を用いて人や動物がどのように移動したのかを再現できれば、日本列島に居住してきた人々の生活や交流、社会の仕組みについて新たな知見を得ることができる。たとえば人の場合、先史時代の集団の中に、外部からの移入者が存在したことを明らかにできれば、その集団の交流の様相を解明できる。一方、動物の場合は、その行動履歴を追跡できれば生息した地理的範囲の特定につながるし、それが家畜であれば流通や飼育に関する情報を得ることもできるかもしれない。

従来の方法では、遺跡から出土した人や動物の骨や歯から在地者と移入者を識別するのは難しく、まして移動する前に居住していた地域を推定することは不可能に近かった。しかし、近年の研究によって、骨や歯に多く含まれるストロンチウム（Sr）という元素の安定同位体比を分析すれば、人や動物の移動という難問に新しい切り口をもたらす可能性が出てきた。ここでは、Sr同位体分析を縄文人骨と中世のウマについて適用した研究例を紹介する。

Srには四つの同位体があるが、そのうち質量が八七のSrと八六のSrの存在量の比を用いてSr同位体比（$^{87}Sr/^{86}Sr$）は表現される。Srは岩石に比較的多く含まれている元素であるが、その同位体比は岩石の種類と形成年代によって異なる。岩石に含まれているSrは土壌や水を通して生物に取り込まれるが、Sr同位体比は、このような自然のプロセスで同位体比の変化（同位体分別）が生じない。つまり、人間をはじめとする生物に取り込まれたSrは、消化され、体内を移動し、骨や歯として固定される過程を経ても、生物のSr同位体比は摂取した飲食物の値をそのまま反映するこ

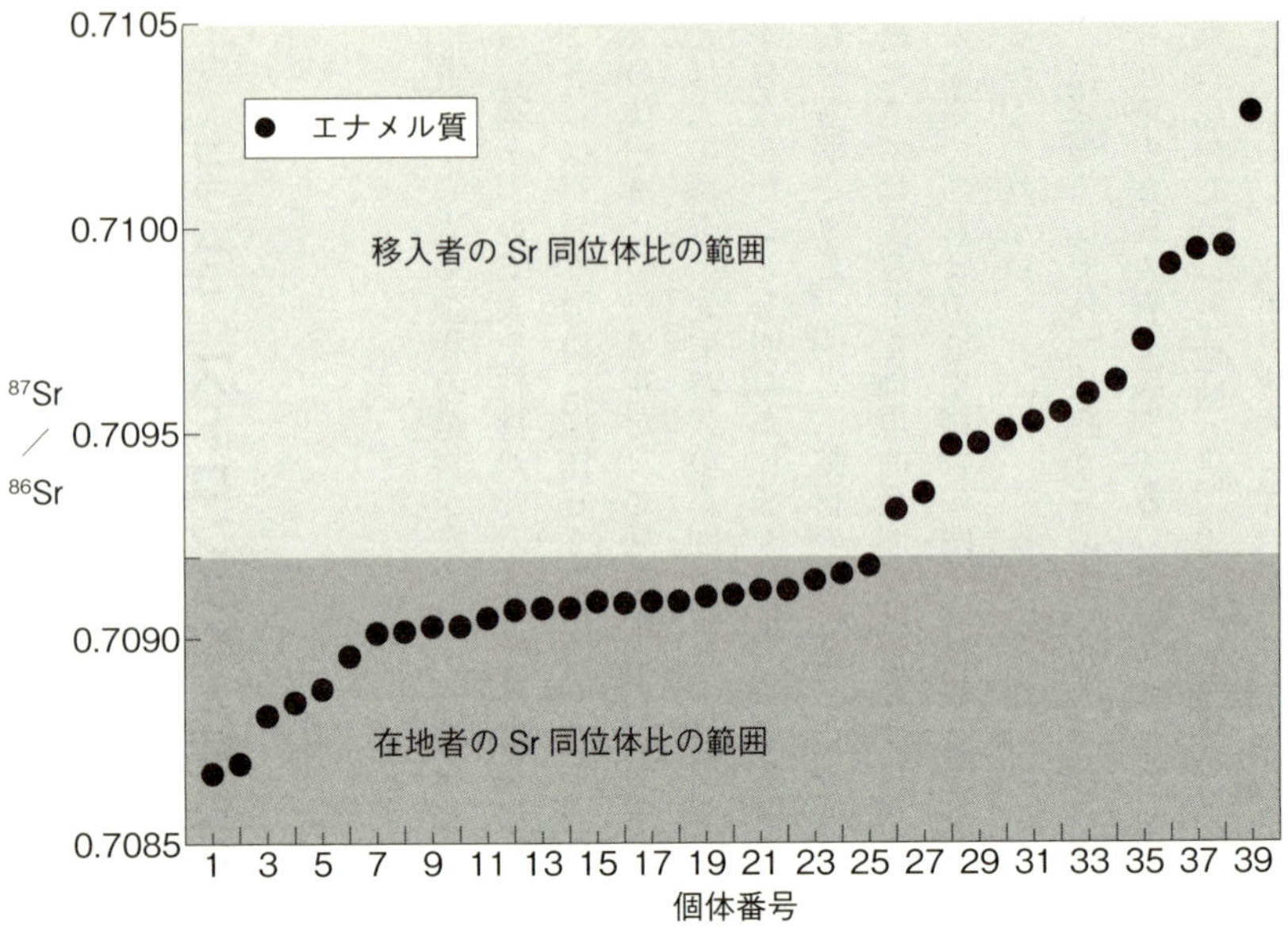

図１　吉胡貝塚縄文人の歯のエナメル質の Sr 同位体比
個体番号は個体比の小さい個体から大きい個体の順に並べた

とになる。このため、植物や動物はその生息地の地質環境を反映したSr同位体比を示し、同じ生物でも生息地の地質が違えば異なるSr同位体比を示す。それゆえ、Sr同位体比は生物の生息場所の指標として使うことができる。

Sr同位体比を測定するためには、採取した試料からSrを単離する必要がある。骨や歯の試料では歯科医が使うドリルで削った後、酢酸で洗浄して試料形成後にもたらされた二次的なSrを取り除き、塩酸を用いて溶解する。植物などの試料は蒸留水で洗浄・乾燥した後、過酸化水素や硝酸などで溶解する。この溶液から陽イオン交換樹脂などを用いてSrを単離し、金属フィラメントに塗布した後、表面電離型質量分析装置を用いてSr同位体比を正確に測定する。

私たちは、愛知県にある吉胡《よしご》貝塚の縄文人の歯を対象に、Sr同位体比を分析し、当時の人々の移動について検討している。ヒトの歯のエナメル質は、幼少期に居住していた地域のSr同位体比を示す。図1に示すように、歯のエナメル質のSr同位体比は大きな変動を示した。海産物のSr同位体比は海水（〇・七〇九二）と同じなので、海産物だけを摂取した人のエナメル質のSr同位体比は、〇・七〇九二に近づくはずである。縄文人の歯のSr同位体比が広い変動幅を示すことは、海産物以外の陸上資源を食料として摂取して

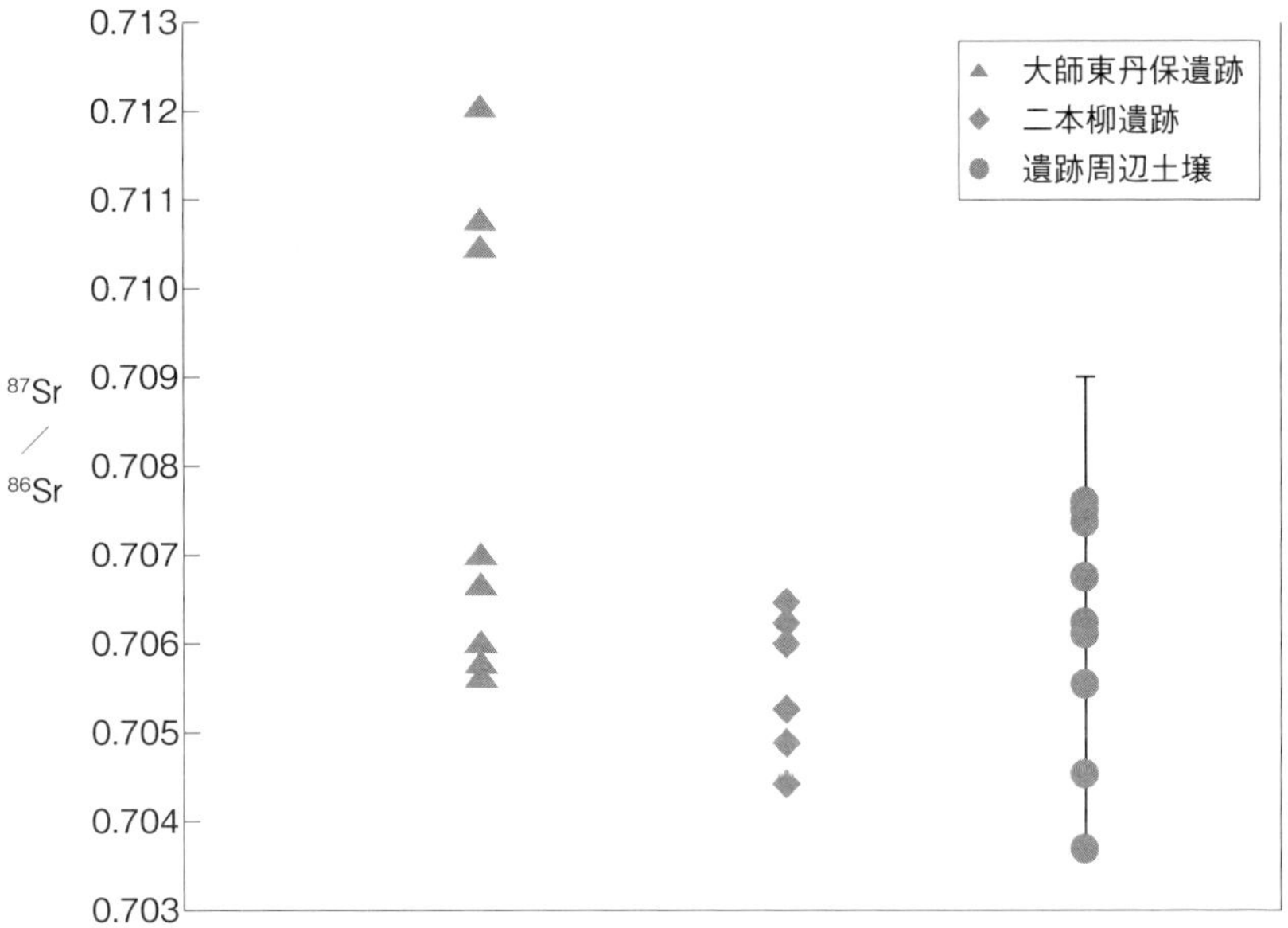

図2　中世（山梨）遺跡出土の家畜馬のSr同位体比

いたことを示す。吉胡貝塚周辺地域の植物のSr同位体比は〇・七〇九二より低いことから、植物と同じようなSr同位体比を示す歯をもつ縄文人は「在地者」、一方、海水より高いSr同位体比を示す縄文人は「移入者」と考えられる。このような基準で統計解析を行った結果、分析した試料の三六％が「移入者」と推定された。吉胡貝塚の縄文人の中には移入者が多く存在しており、当時の人々が活発に移動していたことが示唆された。

Sr同位体分析は人に限らず、さまざまな動物にも応用できる。私たちは中世における家畜馬の流通様式を復元する研究を行っている。古代よりウマの産地として有名な山梨県南アルプス市の遺跡から、中世前期の馬骨が多数出土している。そのなかで、大師東丹保《だいしひがしたんぼ》遺跡と二本柳《にほんやなぎ》遺跡から出土した馬骨のSr同位体比を測定した結果、異なる分布を示した（図2）。大師東丹保遺跡出土の三頭の家畜馬は、遺跡周辺に分布する土壌のSr同位体比と大きく異なることから、現地産ではなく、比較的遠方から移入したと考えられる。この三頭の家畜馬の骨形態は、他の個体と比較しても大きな違いはなかった。この結果は、育種選抜によって馬産地ごとに独自の骨形態をもつようになった現代の日本在来馬とは異なり、中世の家畜馬は強い育種選抜を受けていなかった一つの証拠といえる。

これらの研究例のように、Sr同位体比を調べることで、今までわからなかった人や動物の移動の様子を復元できる。Sr同位体比の他にも、産地や移動情報をもたらす地球化学的な指標が存在が存在する。今後は、他の遺跡で出土した人や動物の骨に加えて、周辺の植物や水、土壌も調べていくことで、より多くのデータから人や動物の移動の歴史をより詳細に明らかにしていく予定である。

コラム4　同位体比から魚の産地を読みとる

石丸恵利子

魚の同位体比を調べる

第4章では、人骨や髪の毛の分析からヒトの食生態についてみてきたが、ヒトが食物として摂取した動物質や植物質食料の同位体比は、いつでもどこでも同じ値をもつのだろうか。日本列島におけるヒトの同位体比の地域性ならびに時代の変化は、各地域や時代による食生態の大きな違いなのか、それとも食物そのものの同位体比が異なることに起因するのだろうか。ここでは、ヒトが摂取した食物の同位体比をみてみよう。食物の同位体比を知ることは、ヒトの食生態を復元するために必要な情報であり、各時代の生態系の物質循環を知るうえでも興味深い知見を与えてくれる。

ここでは、われわれ日本人の食卓にあがる海産魚の同位体比の結果を示してみたい。これまでに各地の遺跡の発掘調査によって多くの魚の骨が出土しており、縄文時代から現在にかけての長きにわたり、日本人が多様な魚を食料としていたことが明らかになっている。また、前述したように古人骨の同位体分析の結果もそれを支持する。さらに骨に残された加工の痕跡からは、当時の調理・解体方法を知ることができ、また日本人は魚類を道具や装身具の材料としても利用していたことがわかる。魚が出土する遺跡の立地は日本各地に及んでおり、北は北海道の天寧《てんねる》1遺跡（縄文時代前・後・晩期）や東釧路貝塚（縄文時代前期）でスズキやマダイ、ヒラメなどが確認されているし、南は沖縄の平屋敷トウバル遺跡（貝塚時代前・後期）や古我地原《こがちばる》貝塚（貝塚時代前期）などではブダイやフエフキダイなどの

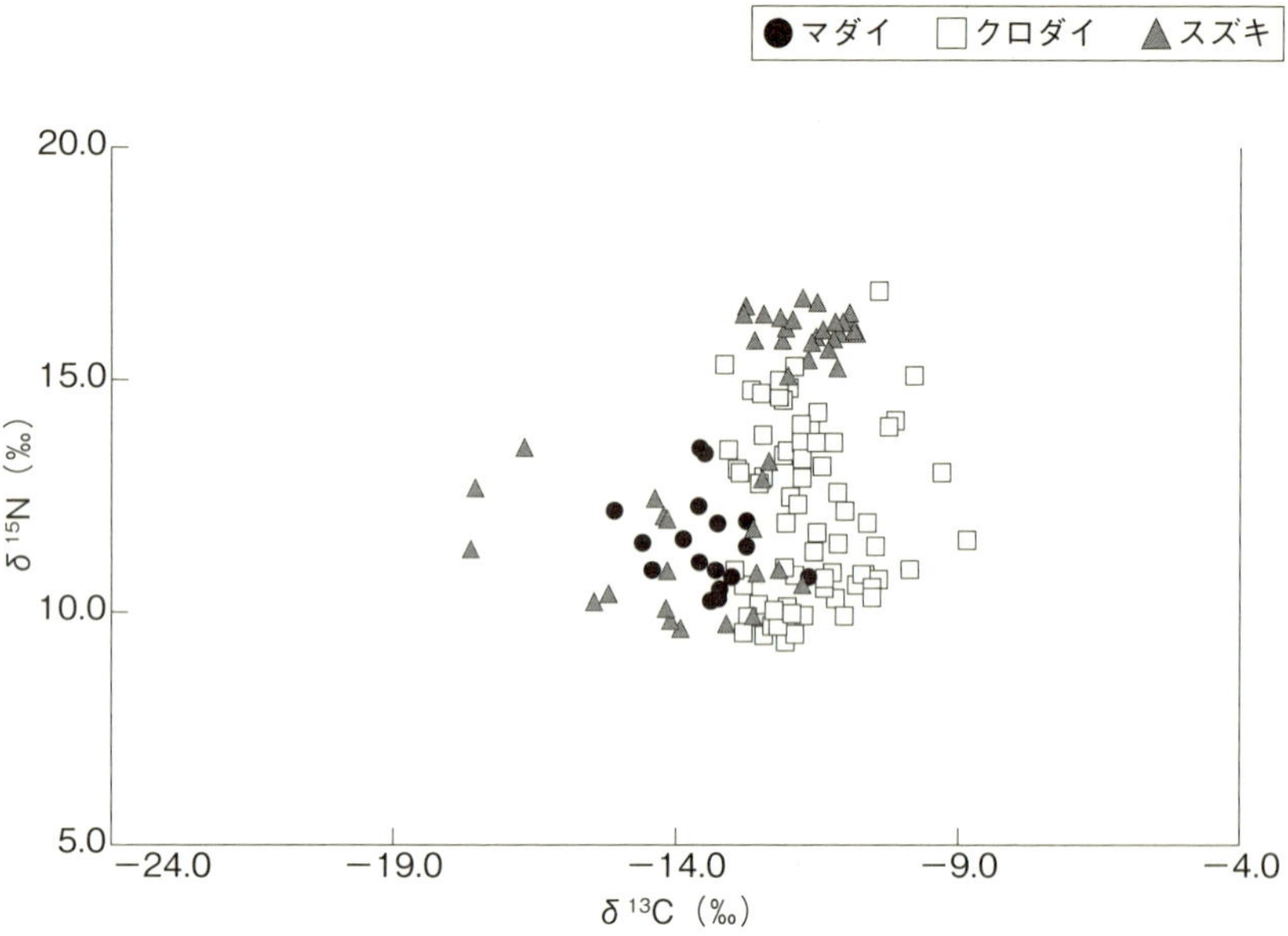

図1　現生魚類の炭素・窒素同位体比

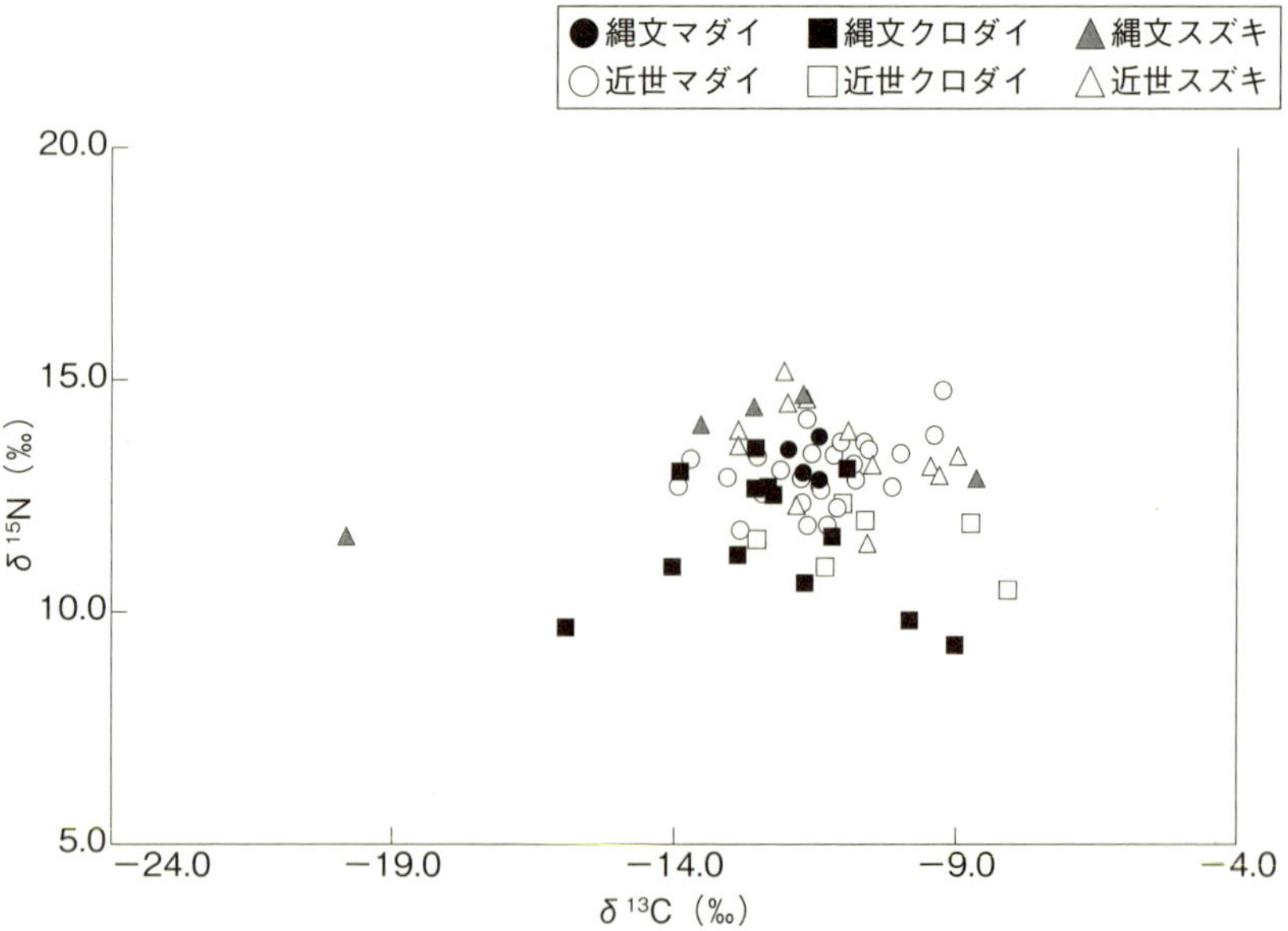

図2　縄文時代・近世遺跡出土魚類の炭素・窒素同位体比

暖海性の多様な魚種が報告されている。[*1] これらの出土魚類相は、現在にまで多くの海産魚が生存してきたことを示し、縄文時代から現代までに日本列島周辺の魚の生息域がほとんど変わっていないことも教えてくれる。

注目した魚種は、遺跡から出土する主要な魚であり、現在もよく食べられているマダイ、クロダイ、スズキの三種である。まず、日本各地の海域で捕獲した現生資料の同位体分析の結果を縄文時代と近世の結果と比較してみよう。その比較から、過去と現在において魚の同位体比はほとんど変わっていないことが読みとれる（図1、2）。

しかし、同一魚種であっても海域による同位体比の差が認められる。現在、マダイやクロダイは、養殖や稚魚の放流などが行われ、食生態が過去と現在で変化している可能性があるため、これらの人為的な改変が行われておらず、自然分布ならびにその生息環境における同位体比を示すと考えられるメジナ[*2]において分析を試みた。その結果、漁獲された海域によって同位体比に差があることが確認できた（図3）。特に、窒素同位体比の値に特徴があり、瀬戸内海で漁獲された資料で最も高く、日本海で最も低いことが示された。また、太平洋はその中間の値を示し、瀬戸内海から太平洋を結ぶ豊後水道のメジナは、瀬戸内海と太平洋の中間の値を示すという非常に興味深い測定結果が得られた。なお、炭素同位体比においても、日本海よりも瀬戸内海でやや高い傾向が指摘できよう。

それでは、遺跡出土資料の値はどうであろうか。クロダイとスズキの結果をみてみると、いずれの時代の資料においても、窒素同位体比が瀬戸内海で高く、日本海で低い傾向がうかがえる（図4・5）。炭素同位体比についても、日本海よりも瀬戸内海でやや高い点が指摘できる。このような同位体比に差が生じる要因は、閉鎖的な海域や湾奥部

＊1　遺跡出土魚類の同定可能なレベルは、クロダイは「クロダイ属」、ハモは「ハモ属」、ブダイは「ブダイ科（イロブダイ、アオブダイ、ナンヨウブダイなどの複数種を含む）」であるが、本章においては属と科それらを省略して表記した。その他の魚種においても同様である。

＊2　メジナは、北海道南部以南の日本列島各所の岩礁域に生息する雑食性の魚である。地方名に「グレ」、「クチブト」、「クロバンチョ」などがある。

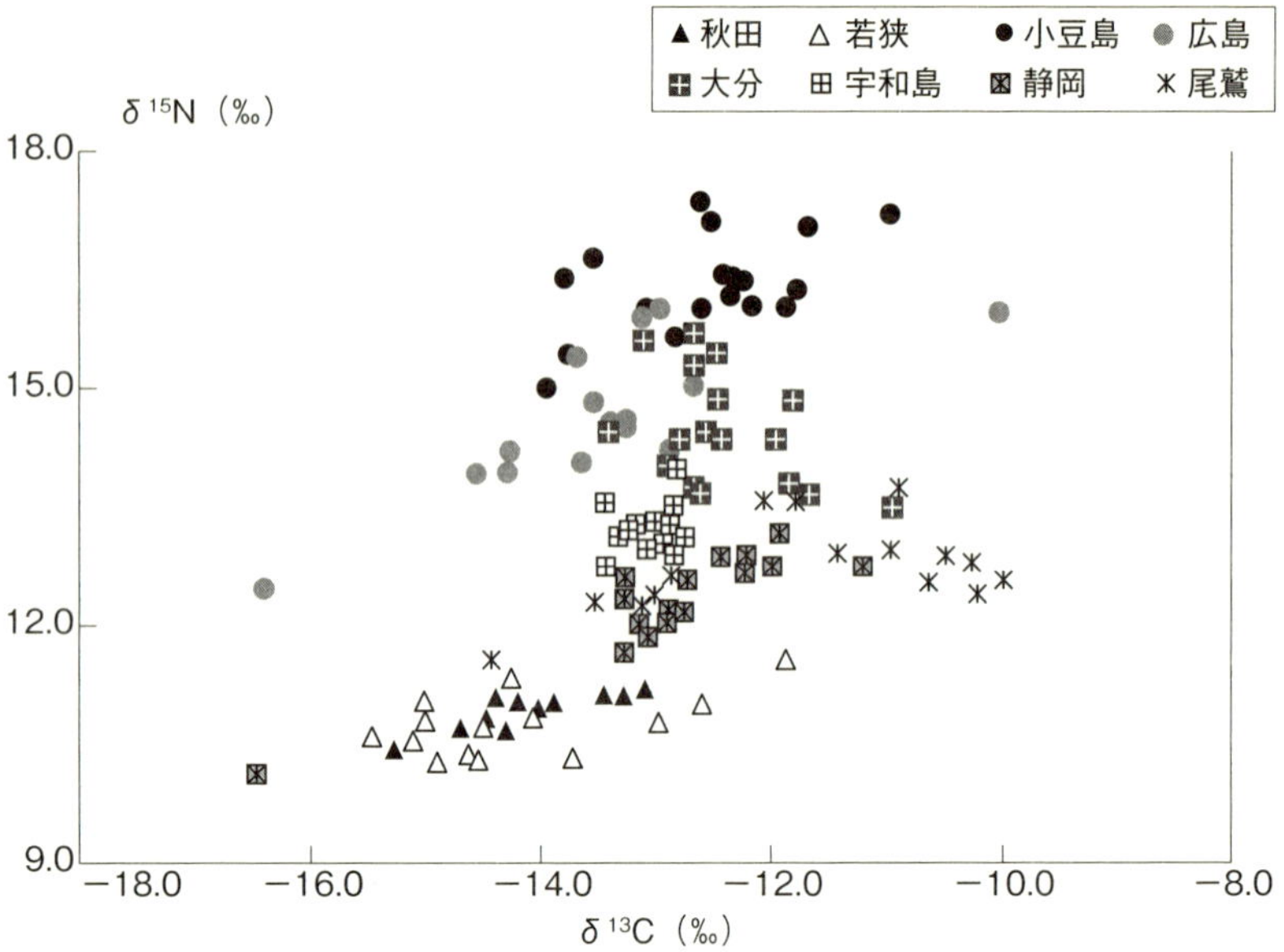

図３　現生メジナの漁獲地別炭素・窒素同位体比

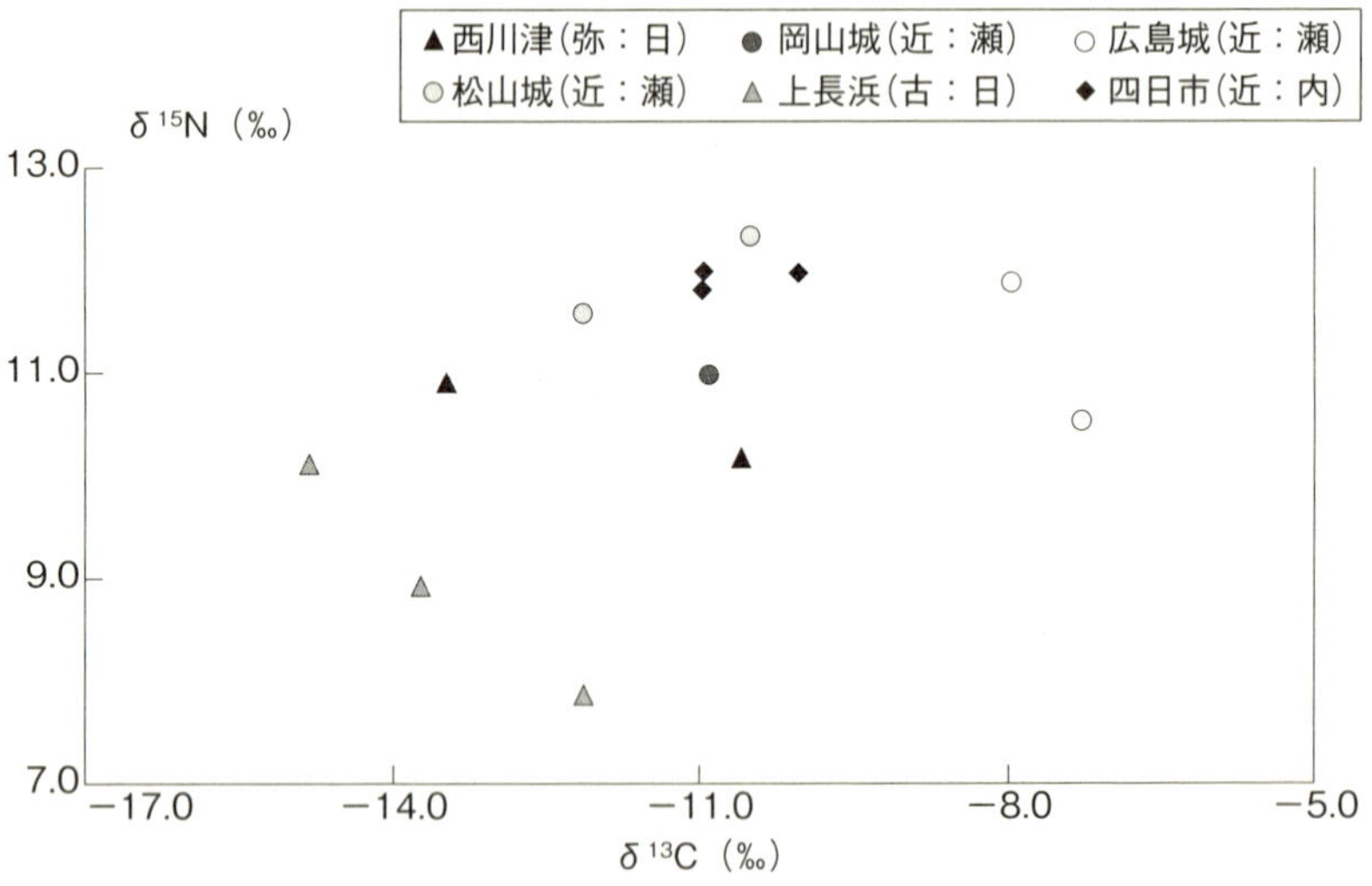

図４　遺跡出土クロダイの炭素・窒素同位体比
遺跡名に続く（★：◎）は、★が遺跡の時代（近＝近世、中＝中世、古＝古代、弥＝弥生）を示し、◎は立地（瀬＝瀬戸内海沿岸、日＝日本海沿岸、内＝内陸部）を示す（以下図５、６も同様）。

のような場所と外洋に面した海域で、栄養供給源の差や塩分濃度あるいは海水温などのさまざまな条件が海域ごとに異なるからではないかと考えられる。またこの特徴は、マダイにおいても確認することができている。[2] ただし、モノの流通が広域化する中世以降の遺跡や、城郭遺跡や都市として栄えた場所は、多くのヒトが行き来し、さまざまなモノが遠方からも運ばれたであろうことから、たとえ沿岸部に位置した遺跡であっても離れた海域の魚も持ち込まれていた可能性がある。したがって、遺跡の性格によって値の解釈の仕方には注意が必要である。

スケールの細かい範囲での議論となるが、魚の炭素と窒素の同位体比の差は、魚種による栄養段階の差に加えて、各海域の生態系あるいは水域環境の差としても特徴づけられる。この海域による差の確認は、動物考古学だけでなく魚類学や生態学にも強く印象づける結果であろう。一方で、魚をはじめとした食料資源の同位体比を調べることは、ヒトの食生態の地域性をより明確に理解するための重要な情報となることが示された。

魚の産地を推定する

このような海域による同位体比の差を利用すると、炭素・窒素同位体分析を魚の産地推定の方法として応用することが可能である。海から離れた遺跡で、海産の魚類や貝類が出土することがある。マダイがその一つの例である。マダイは、中世以降多くの遺跡の主要な出土魚種で、人々に特に好まれたことがうかがえる。また、平安時代以降、マダイは饗応や贈答の主な対象となり、その嗜好が日本の外水面における漁撈技術も発達させた。文献史料への鯛料理に関する記述の多さもそれを物語っている。『本朝食鑑《ほんちょうしょっかん》』、『大草家料理書』、『料理物語』、『鯛百珍料理秘密箱』など多くの史料に記されている。内陸部に位置する遺跡から出土する魚のうち、その多くを占めるのもマダイである。その同位体比の比較によって、マダイがどこの海域で漁獲されたのか、その流通ルートを解明してみたい。

四日市遺跡（広島県東広島市）は、近世を中心に「四日市宿」として栄えた宿駅の跡を残す遺跡で、瀬戸内海沿岸部から直線距離にして約二〇キロメートル内陸に位置する。にもかかわらず、アカニシ、アリビなどの貝類とマダ

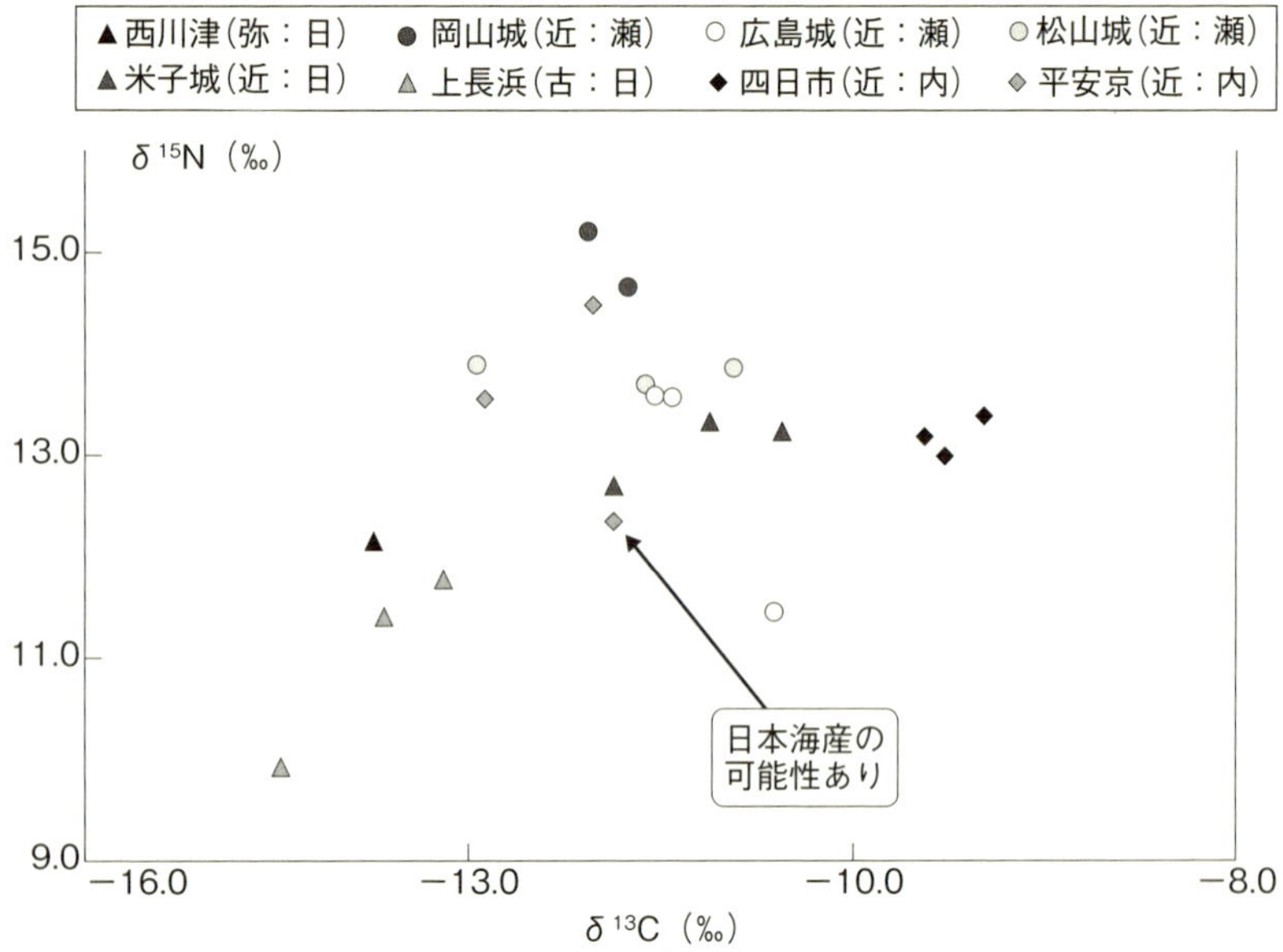

図5　遺跡出土スズキの炭素・窒素同位体比

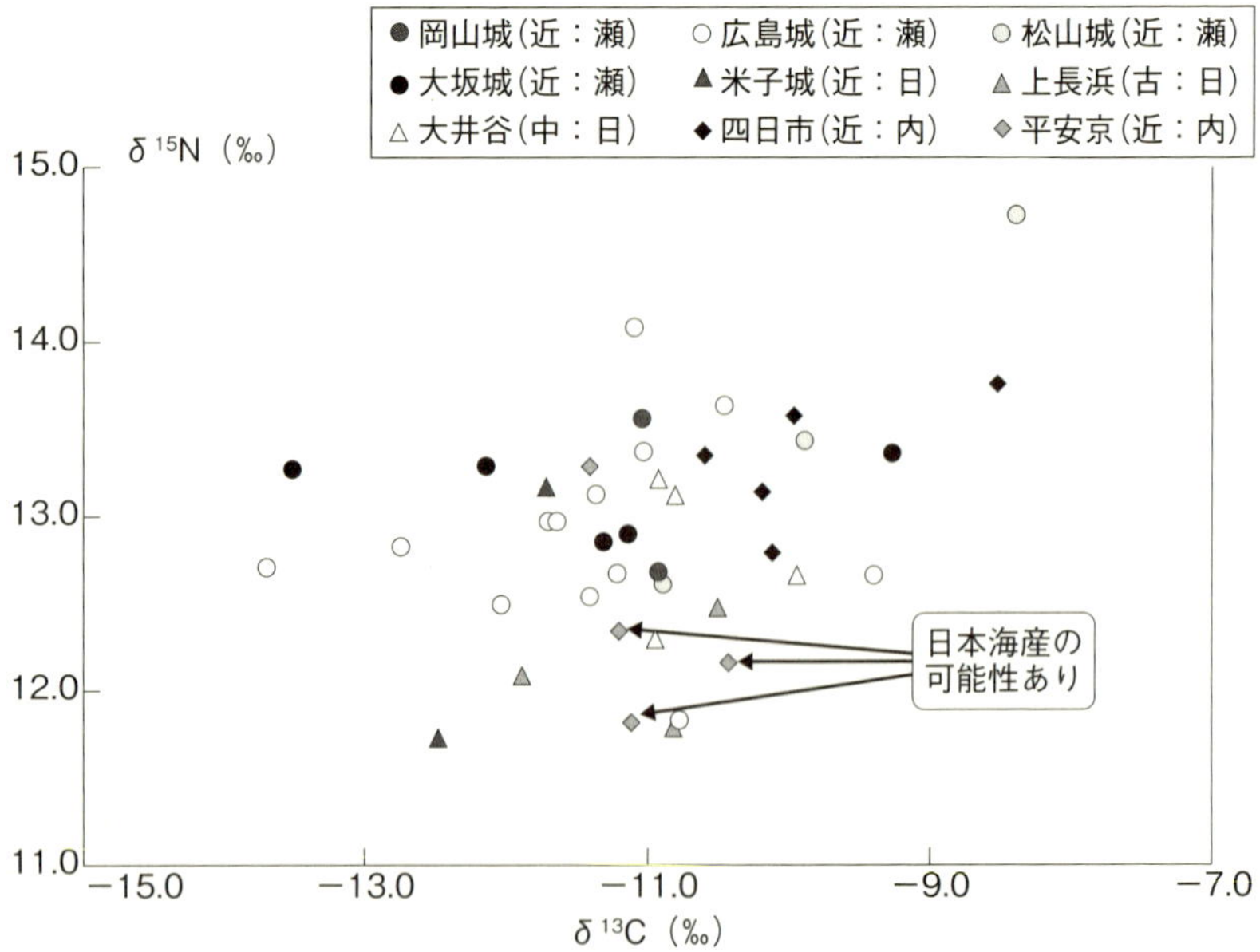

図6　遺跡出土マダイの炭素・窒素同位体比

イ、スズキに加え、ハモやヒラメ、ブリなど多様な海産物が確認できる。[1] それらの同位体比をみると、彦崎貝塚や大坂城跡と同様の高い窒素同位体比を示し、瀬戸内海産のマダイが運びこまれていたと判断することができる（図6）。一九世紀初頭に太田南畝《おおたなんぽ》が、海田（広島市）の牡蠣を肴に西条酒を味わったと『小春紀行』に記している。このような記述からも、西国街道を通って瀬戸内海の海産物が運ばれたことが証拠づけられる。

それでは、平安京のマダイはどうであろうか。京都は、現在の海岸線では瀬戸内海からも日本海からも約五〇キロメートル離れているが、平安京にも多くの海産物が運ばれたことが出土遺物からわかっており、[3][4] その運搬ルートの解明は非常に興味ある問題である。左京北辺四坊遺跡から出土したマダイの分析結果から、窒素同位体比が高いものと低いものの両者が存在し、資料四点中三点で日本海産だと判別できる値を示した（図6）。このことから、京都には日本海産と瀬戸内海産の両海域のマダイが持ち込まれていた可能性を読み解くことができる。さらに、京都料理として有名なハモは、どちらの海からもたらされたのだろうか。今後、同位体分析によって確実な証拠を示すことができるのではないだろうか。

都市埋蔵文化財研究所研究紀要 **10**（30 周年記念号）：227-244.
(4) 富岡直人 2004. 動物遺存体の分析. 京都市埋蔵文化財研究所（編）平安京左京北辺四坊－第 2 分冊（公家町）－ 京都市埋蔵文化財研究所調査報告書第 22 冊，p. 342-356，財団法人京都市埋蔵文化財研究所.

日本列島の環境史年表

鬼頭宏 2000. 人口から読む日本の歴史. 講談社.

国立歴史民俗博物館 2009. 企画展示 縄文はいつから!?—1 万 5 千年前になにがおこったのか—. 歴史民俗博物館振興会.

鈴木三男（2002）日本人と木の文化. 八坂書房.

He, Y., Theakstone, W. H , Zhonglin, Z., Dian, Z., Tandong, Y., Tuo, C., Yongping, S., Hongxia, P. 2004. Asynchronous Holocene climatic change across China. *Quaternary Research* **61**: 52-63.

Kawamura, Y. 1994. Late Peistcene to Holocene mammalian faunal succession in Japanese islands, with comments on the late Quaternary extinctions. *Archaeozoologia* Vol. VI/2, p. 7-22.

Rasmussen, S. O., Andersen, K. K., Svensson, A. M., Steffensen, J. P., Vinther, B. M., Clausen, H. B., Siggaard-Andersen, M.-L., Johnsen, S. J., Larsen, L. B., Dahl-Jensen, D., Bigler, M., Rothlisberger, R., Fischer, H., Goto-Azuma, K., Hansson, M. E., Ruth, U. 2006. A new Greenland ice core chronology for the last glacial termination. Journ. *Geophysical Research* vol. 111, D06102. http://www.ncdc.noaa.gov/paleo/metadata/noaa-icecore-2493.html

Yang, B., Achim, B., Kathleen, R. J., Yafeng, S. 2002. General characteristics of temperature variation in China during the last two millennia. *Geophysical Research Letters* 10.1029/2001GL014485

Totman C (1989) The green archipelago; forestry in preindustrial Japan. Ohaio University Press.〔邦訳：タットマン，C.（著），熊崎実（訳） 1998. 日本人はどのように森をつくってきたか. 築地書館〕

李時珍　1930（1596）．本草綱目（頭注国訳本草綱目）．春陽堂．
前川文夫　1973．日本人と植物．岩波書店．
馬瀬良雄　1992．言語地理学研究．桜楓社．
松井健　1983．自然認識の人類学．どうぶつ社．
源順，正字敦夫（編纂）　1977（931）．倭名類聚抄．風間書房．
宮崎安貞　1978．農業全書 巻１～５（日本農書全集 12）．農山漁村文化協会．
村松繁樹ほか　1952．歴史の古い農村の諸相—大和二階堂村—．人文研究 **3**（4）：265-360.
中井精一　2005．日本語敬語の地域性．日本語学 **24**（11）：110-123.
中井精一　2011．植物の地域名称とその分布．総合地球環境学研究所プロジェクト「日本列島における人間－自然相互関係の歴史的・文化的検討」．湯本貴和代表．
農林省統計調査部編集　1951．農作物の地方名．農林調査資料 27 集．農林省．
農山漁村文化協会　1991 ～ 1992．日本の食生活．
大蔵永常　1994（1836）．製油録．製油録・甘蔗大成・製葛録 ほか（日本農書全集 50 農産加工 1）．農山漁村文化協会．
小野蘭山　1992．本草綱目啓蒙（東洋文庫）．平凡社．
斎藤錬一，荒井隆夫（編集）　1959．全国農作物栽培分布図説．東京堂．
真田信治　1979．地域語への接近．秋山書店．
真田信治　2002．方言の日本地図－ことばの旅（講談社プラスアルファ新書）．講談社．
サピア，E.，ウォーフ，B. L.（著），池上嘉彦（訳）　1965．文化人類学と言語学．弘文堂．
柴田武　1969．言語地理学の方法．筑摩書房．
篠原徹　1990．自然と民俗—心意のなかの動植物．日本エディタースクール出版部．
小学館　2002．日本国語大辞典 第二版．
徳川宗賢　1979．日本の方言地図．中公新書．
徳川宗賢　1981．日本語の世界 8　言葉・西と東．中央公論社．
徳川宗賢　1993．方言地理学の展開．ひつじ書房．
坪井洋文　1979．イモと日本人．未来社．
辻本満　1912．日本植物油脂』丸善株式会社．
山田孝子　1994．アイヌの世界観（講談社選書メチエ）．講談社．
柳田國男　1980．蝸牛考．岩波書店．
八坂書房　2001．日本植物方言集成．
八坂書房および農文協　2000．日本の食生活全集 CD-ROM．
湯川具美 1998．油料理の変遷（全集 日本の食文化 5 油脂・調味料・香辛料）雄山閣．

コラム 4

(1)　石丸恵利子　2007．西条盆地の動物遺存体と骨利用．広島大学東広島キャンパス埋蔵文化財発掘調査報告書Ⅳ p. 529-548．広島大学埋蔵文化財調査室．
(2)　石丸恵利子・海野徹也・米田穣・柴田康行・湯本貴和・陀安一郎　2008．海産魚類の産地同定からみた水産資源の流通の展開－中四国地方を中心とした魚類遺存体の炭素・窒素同位体分析の視角から－．考古学と自然科学 **57**: 1-20.
(3)　丸山真史・富岡直人・平尾政幸　2007．本多甲斐守京邸出土の動物遺存体．財団法人京

本の野生植物 草本編I，II，III，木本編I，II．平凡社．
(21) 清水建美（編） 2003．日本の帰化植物．平凡社．
(22) 塩谷格 1977．作物のなかの歴史．法政大学出版局．
(23) 高嶋四郎・傍島善次・村上道夫 1971．有用植物（標準原色図鑑全集 第13巻）．保育社．
(24) ヴァヴィロフ，N. I.（著），中村英司（訳） 1980．栽培植物発祥地の研究．八坂書房．〔Vavilov, N. I. 1925. Studies on the origin and evolution of cultivated plants. Bull. Appl. Bot. Gen. & Plant Breed. 16〕．
(25) Yamaguchi H., Nakao, S. 1975. Studies on the origin of weed oats in Japan. *Japanese Journal of Breeding* **25**（1）: 32-45.
(26) 山口裕文 1976．東アジアの雑草燕麦－その民族植物学的考察－．季刊人類学 **7**（1）: 86-103.
(27) 山口裕文 1997．日本の雑草の起源と多様化．山口裕文（編）雑草の自然史：たくましさの生態学，p. 3-16．北海道大学図書刊行会．
(28) 山口裕文 2001．栽培植物の分類と栽培化症候．山口裕文・島本義也（編）栽培植物の自然史：野生植物と人類の共進化，p. 3-15．北海道大学図書刊行会．
(29) 山口裕文・梅本信也 1992．雑草の種内変異と適応 遺伝別冊 適応，p. 26-34.
(30) Ye Tun Tun, Yamaguchi, H. 2008. Sequence variation of four chloroplast non-coding regions among wild, weedy and cultivated *Vigna angularis* accessions. *Breeding Science* **58**: 325-330.

第9章 現代方言からみた植物利用の地域多様性

(1) 藤田佳久 1985．農業・農村の変化．奈良県史1地理：地域史・景観．名著出版．
(2) 池谷和信 2003．山村における商品経済化と採集経済の成立．池谷和信（著）山菜採りの社会誌，p. 33-57. 東北大学出版会．

【参考文献】

土井忠生・森田武・長南実（編訳） 1980．邦訳日葡辞書．岩波書店．
深江輔仁（著），正宗敦夫（編纂校訂） 1978．本草和名（覆刻日本古典全集）．現代思潮社．
緒方健三郎・新田あや・星川清親・堀田満・柳宗民・山崎耕宇（編集） 1989．世界有用植物事典．平凡社．
平山輝男ほか（編集） 1994．現代日本語方言大辞典．明治書院．
星川清親 1980．栽培植物の起源と伝播．二宮書店．
井原西鶴 1996（1688）．日本永代蔵（新編日本古典文学全集 68）．小学館．
今西錦司 1952．村と人間．新評論社．
井上史雄 1998．日本語ウォッチング．岩波書店．
貝原益軒 1709．大和本草．
国立国語研究所 1966-1974．日本言語地図 第1集～第6集．大蔵省印刷局．
越谷吾山（著），東條操（校訂） 1941（1775）．物類称呼．岩波書店．
河野多麻（校注） 1956-1962（平安中期）．宇津保物語．（日本古典文学大系 10，11）．岩波書店．
倉田悟 1967．続樹木と方言．地球出版社．
倉田悟 1969．植物と民俗．地球出版社．

(32) Tsujino R, Ishimaru E, Yumoto T. 2010. Distribution patterns of five mammals in the Jomon period, middle Edo period, and the present, in the Japanese Archipelago. *Mammal Study* **35**: 179-189.
(33) Uno, H., Kaji, K., Tamada, K. 2009. Sika deer population irruptions and their management on Hokkaido island, Japan. *In*: McCullough, D. R., Takatsuki, S., Kaji, K. (eds.) Sika Deer: biology and management of native and introduced populations, p. 405-420. Springer.
(34) Watanobe, T., Ishiguro, N., Nakano, M., Matsui, A., Hongo, H., Yamazaki, K.,Takahashi, O. 2004. Prehistoric Sado Island populations of *Sus scrofa* distinguished from contemporary Japanese wild Boar by ancient mitochondrial DNA. *Zoological Science* **21**: 219-228.
(35) 渡瀬庄三郎 1912. 元禄寶永年間に於ける對馬殲猪の事蹟（第廿四巻口繪第三附）. 動物学雑誌 **24**: 135-146

第8章 作物と雑草の来た道

(1) 星川清親 1987. 栽培植物の起原と伝播 改訂増補版. 二宮書店.
(2) 堀田満 1980. モモ・ビワ. 堀田満（編）植物の生活誌, p. 136-142. 平凡社.
(3) 堀田満・緒方健・新田あや・星川清親・柳宋民・山崎耕宇（編） 1989. 世界有用植物事典. 平凡社.
(4) 石毛直道 1991. 文化麺類学ことはじめ. フーディアム・コミュニケーション.
(5) 角野康郎 1994. 日本水草図鑑. 文一総合出版.
(6) 笠原安夫 1979. 雑草の歴史. 沼田眞（編）雑草の科学, p. 69-135. 研成社.
(7) 笠原安夫 1982. 菜畑遺跡の埋蔵種実の分析・同定研究－古代農耕と植生の復元－. 菜畑：佐賀県唐津市における初期稲作遺跡の調査, p. 354-379. 唐津市.
(8) 笠原安夫 1982. 菜畑縄文晩期（山の寺）層から出土の炭化ゴボウ, アズキ, エゴノキと未炭化メロン種子の同定. 菜畑：佐賀県唐津市における初期稲作遺跡の調査, p. 447-454. 唐津市.
(9) 栗島光夫 1973. クワイ：湿地・水田を有利に生かす. 農山漁村文化協会.
(10) 黒川俊二 2007. 外来雑草の蔓延：イチビの侵入経路. 種生物学会（編）農業と雑草の生態学：侵入生物から遺伝子組み換え作物まで, p. 51-69. 文一総合出版.
(11) 前川文夫 1943. 史前帰化植物について. 植物分類・地理 **13**: 274-279.
(12) 前川文夫 1973. 日本人と植物（岩波新書）. 岩波書店.
(13) 前川文夫 1977. 史前帰化植物考. 朝日百科世界の植物 95 雑草の文化史, p. 3214-3217.
(14) 村田懋麿（編） 1932. 土名對照鮮滿植物字彙. 目白書院.
(15) 中尾佐助 1966. 栽培植物と農耕の起源（岩波新書 青 583）. 岩波書店.
(16) 中尾佐助 1971. 史前帰化植物. 遺伝 **25**（12）: 29-33.
(17) 沼田真・吉沢長人（編） 1983. 日本原色雑草図鑑. 全国農村教育協会.
(18) 長田武正 1977. 原色日本帰化植物図鑑. 保育社.
(19) 阪本寧男 1999. 民族植物学からみた農耕文化（農文研ブックレット No.15）. 農耕文化研究振興会.
(20) 佐竹義輔・大井次三郎・北村四郎・亘理俊次・富成忠夫（編） 1981～1982, 1989. 日

208p.
(12) 梶光一　1995. シカの爆発的増加—北海道の事例—. 哺乳類科学 35: 35-43.
(13) Koda, R., Noma, N., Tsujino, R., Umeki, K. and Fujita, N. 2008. Effects of sika deer (*Cervus nippon yakushimae*) population growth on saplings in an evergreen broad-leaved forest. *Forest Ecology and Management* **256**: 431-437.
(14) 小山泰弘　2008. 長野県におけるニホンジカの盛衰. 信濃 **60**: 559-578
(15) 松下幸子・山下光雄・冨成邦彦・吉川誠次　1982. 古典料理の研究（八）: 寛永十三年「料理物語」について. 千葉大学教育学部研究紀要 第2部 **31**: 181-224.
(16) 三戸幸久　1992. 東北地方北部のニホンザルの分布はなぜ少ないのか. 生物科学 **44**: 141-158.
(17) 三戸幸久　1997. 東北地方北部のニホンザルの分布変遷について. ワイルドライフ・フォーラム **3**: 23-30.
(18) Miura, S. and Tokida, K. 2009. Management strategy of sika deer based on sensitivity analysis. *In*: McCullough, D. R., Takatsuki, S., Kaji, K. (eds.) Sika Deer: biology and management of native and introduced populations, p. 453-474. Springer.
(19) 室山泰之　2008. 里山の保全と被害管理—ニホンザル. 高槻成紀・山極寿一（編著）中大型哺乳類・霊長類（日本の哺乳類学 2）, p. 427-452. 東京大学出版会.
(20) Moberg, A., Sonechkin, D. M., Holmgren, K., Datsenko, N. M., Karlén, W. 05. Highly variable Northern Hemisphere temperatures reconstructed from low- and high-resolution proxy data. *Nature* **433**: 613-617
(21) 落合啓二　1996. 森林施業がカモシカに与える影響：ハビタットの保全によせて. 哺乳類科学 **36**: 79-87.
(22) 大泰司紀之　1986. ニホンジカにおける分類・分布・地理的変異の概要. 哺乳類科学 **53**: 13-17.
(23) 岡田章雄　1937. 近世初期に於ける鹿皮の輸入に就いて(下). 社會經濟史學 **7**(7):114-124.
(24) 白水智　2009. 野生と中世社会—動物をめぐる場の社会的関係—. 小野正敏・五味文彦・萩原三雄（編）動物と中世—獲る・使う・食らう—（考古学と中世史研究 6）, p. 49-72. 高志書院.
(25) 下山晃　2005. 毛皮と皮革の文明史—世界フロンティアと略奪のシステム—, ミネルヴァ書房
(26) Skogland, T. 1991. What are the effects of predators on large ungulate population? *Oikos* **61**: 401-411.
(27) 田口洋美　2004. マタギ—日本列島における農業の拡大と狩猟の歩み—. 地学雑誌 **113**: 191-202.
(28) Takatsuki, S. 1992. Food morphology and distribution of Sika deer in relation to snow depth in Japan. *Ecological Research* **7**: 19-23
(29) Takatsuki, S. 2009. A 20-year history of sika deer management in the Mt. Goyo area, northern Honshu. *In*: McCullough, D. R., Takatsuki, S., Kaji, K. (eds.) Sika Deer: biology and management of native and introduced populations, p. 365-374. Springer.
(30) 田中由紀・高槻成紀・高柳敦　2008. 芦生研究林におけるニホンジカ（*Cervus nippon*）の採食によるチマキザサ（*Sasa palmata*）群落の衰退について. 森林研究 **77**: 13-23.
(31) 常田邦彦　200. カモシカ保護管理の四半世紀. 哺乳類科学 **47**: 139-142.

町文化財報告書第 12 集．信楽町教育委員会．
(20) 島地謙・伊東隆夫（編） 1988．日本の遺跡出土木製品総覧．雄山閣．
(21) 下宅部遺跡調査団（編）2006．下宅部遺跡Ⅰ．東村山市遺跡調査会．
(22) 鈴木三男 2002．日本人と木の文化．八坂書房．
(23) 鈴木三男・能城修一 1999．第 7 節 池子遺跡群出土の木製品および自然木の樹種．財団法人かながわ考古学財団 池子遺跡群Ⅹ 第 4 分冊（かながわ考古学財団調査報告 46），p.219-280．
(24) 高原光 1998．近畿地方の植生史．安田喜憲・三好教夫（編著）図説日本列島植生史，p.114-137．朝倉書店．
(25) 田中琢・光谷拓実・佐藤忠信 1990．年輪に歴史を読む―日本における古年輪学の成立―．奈良国立文化財研究所学報第 48 冊．奈良国立文化財研究所．
(26) タットマン，C.（著），熊崎実（訳） 1998．日本人はどのように森をつくってきたのか．築地書館．
(27) 辻誠一郎 2002．日本列島の環境史．白石太一郎（編）倭国誕生（日本の時代史 1），p.224-278．吉川弘文館．
(28) 渡邊 晶 2004．日本建築技術史の研究―大工道具の発達史―．中央公論美術出版．
(29) 山田昌久 1993．日本列島における木質遺物出土遺跡文献集成―用材から見た人間・植物関係史．植生史研究 特別第 1 号．

第 7 章 中大型哺乳類の分布変遷からみた人と哺乳類のかかわり

(1) Agetsuma, N. 2007. Ecological function losses caused by monotonous land use induce crop raiding by wildlife on the island of Yakushima, southern Japan. *Ecological Research* **22**: 390-402.
(2) 安藤元一 2008．ニホンカワウソ―絶滅に学ぶ保全生物学．東京大学出版会．
(3) Asada, M., Ochiai, K. 2009. Sika deer in an evergreen broad-leaved forest zone on the Boso Peninsula, Japan. *In*: McCullough, D. R., Takatsuki, S., Kaji, K. (eds.) Sika Deer: biology and management of native and introduced populations, p. 385-404. Springer.
(4) 平井貞雄 1985．青森県の動物たち～哺乳類のはなし～．東奥日報社．
(5) 平岩米吉 1992．狼：その生態と歴史［新装版］．築地書館．
(6) Ishibashi, Y., Saitoh, T. 2004. Phylogenetic relationships among fragmented Asian black bear (*Ursus thibetanus*) populations in western Japan. *Conservation Genetics* **5**: 311-323.
(7) Ishiguro, N., Naya, Y., Horiuchi, M., Shinagawa, M. 2002. A genetic method to distinguish crossbred inobuta from Japanese wild boars. *Zoological Science* **19**: 1313-1319.
(8) 日本野生生物研究センター 1987．過去における鳥獣分布情報調査報告書．環境庁．
(9) 環境省 2004．第 6 回自然環境保全基礎調査 種の多様性調査 哺乳類分布調査報告書．環境省自然環境局 生物多様性センター，山梨県．213p.
(10) 環境庁 1979．第 2 回自然環境保全基礎調査 動物分布調査報告書（哺乳類）全国版．日本野生生物研究センター．
(11) 環境庁 1993．第 4 回自然環境保全基礎調査 動植物分布調査報告書．環境庁自然保護局．

任編集）環境史をとらえる技法（シリーズ日本列島の三万五千年——人と自然の環境史大6巻），p. 85-103. 文一総合出版.
⒀ 米田穣・覚張隆史・石丸恵利子・富岡直人 2010. 骨の同位体分析から中世博多の人々の生活に迫る. 市史研究ふくおか 第**5**号，福岡市博物館市史編さん室.

第6章 遺跡出土木製品からみた資源利用の歴史

⑴ 財団法人かながわ考古学財団（編） 1999. 池子遺跡群Ⅷ～Ⅹ. かながわ考古学財団調査報告44～46. 財団法人かながわ考古学財団.
⑵ 金原正明・粉川昭平・金原正子 1992. 木質遺物の樹種および植生復原.城之越遺跡―三重県上野市比土―，p. 137-168. 三重県埋蔵文化財センター.
⑶ 鐘方正樹 2003. 井戸の考古学. 同成社.
⑷ 工藤雄一郎・佐々木由香・坂本稔・小林謙一・松崎浩之 2007. 東京都下宅部遺跡から出土した縄文時代後半期の植物利用に関する遺構・遺物の年代学的研究. 植生史研究 **15**(1): 5-17.
⑸ 丸山岩三 1983. 奈良時代の奈良盆地とその周辺諸国の森林状態の変化（Ⅷ）. 水利科学 **38**(4): 91-114.
⑹ 三重県埋蔵文化財センター（編）1992. 城之越遺跡―三重県上野市比土―. 三重県埋蔵文化財センター.
⑺ 光谷拓実 1990. 年輪年代法. 文建協通信 **93**: 2-37.
⑻ 水野章二 2011. 古代・中世における山野利用の展開. 湯本貴和（編），大住克博・湯本貴和（責任編集）林と里の環境史（シリーズ日本列島の三万五千年——人と自然の環境史 第3巻），p. 37-62. 文一総合出版.
⑼ 村上由美子 2005. 縄文－弥生移行期の木材利用. 日本植生史学会第20回大会発表要旨，p. 6-9.
⑽ 村上由美子 2008. 出土遺物 木材. 高野城遺跡，p. 119-128. 財団法人滋賀県文化財保護協会.
⑾ 奈良文化財研究所 2007. 西大寺食堂院・右京北辺発掘調査報告.
⑿ 能城修一・佐々木由香 2007. 東京都東村山市下宅部遺跡の出土木材からみた関東地方の縄文時代後・晩期の木材資源利用. 植生史研究 **15**(1): 19-34.
⒀ 能城修一・佐々木由香・村上由美子 2009. 反町遺跡出土木材の樹種. 反町遺跡Ⅰ，p.315-345.（財）埼玉県埋蔵文化財調査事業団.
⒁ 能城修一・佐々木由香・高橋敦 2006. 下宅部遺跡から出土した木材の樹種同定. 下宅部遺跡Ⅰ，p. 332-339. 下宅部遺跡調査団.
⒂ 能登町教育委員会・真脇遺跡発掘調査団 2006. 石川県能登町 真脇遺跡2006 史跡真脇遺跡整備事業に関わる第7～9次発掘調査概要. 能都町教育委員会.
⒃ 奥敬一・村上由美子 2011. 民家の材料からみた里山利用. 湯本貴和（編），大住克博・湯本貴和（責任編集）林と里の環境史（シリーズ日本列島の三万五千年——人と自然の環境史 第3巻），p. 187-208. 文一総合出版.
⒄ 財団法人滋賀県文化財保護協会（編）2007. 丸木舟の時代.サンライズ出版.
⒅ 滋賀県教育委員会・財団法人滋賀県文化財保護協会 1997. 穴太遺跡発掘調査報告書Ⅱ 一般国道161号（西大津バイパス）建設に伴う埋蔵文化財発掘調査報告書.
⒆ 信楽町教育委員会 2004. 紫香楽宮跡関連遺跡 北黄瀬遺跡発掘調査概要報告. 信楽

⑾ 堤隆　2009. 旧石器時代ガイドブック．新泉社．
⑿ 和田英太郎　2002. 地球生態学．岩波書店．
⒀ 渡辺誠　1975. 縄文時代の植物食．雄山閣．
⒁ 渡辺誠　1986. 縄文文化再考 日本文化のルーツとなった多様な文化．坪井清足（編）縄文文化との対話（日本古代史２），p. 17-50．集英社．
⒂ 米田穣　2006. 古人骨の化学分析による先史人類学－コラーゲンの同位体分析を中心に－．Anthropological Science (Japanese Series) **114**: 5-15.
⒃ 米田穣　2008. 古人骨の同位体分析でみた旧石器時代の食生態の進化．旧石器研究 **4**: 5-13.

第５章　動物遺存体からみた日本列島の動物資源利用の多様性

⑴ 石丸恵利子　2004. 中世遺跡出土の魚類遺存体－草戸千軒町遺跡出土のマダイ頭蓋骨を中心として－」『考古論集－河瀬正利先生退官記念論文集－』河瀬正利先生退官記念事業会．
⑵ 石丸恵利子　2005. 魚類の体長復元と中世の調理方法－草戸千軒町遺跡出土のマダイ・クロダイを例として－」『考古論集－川越哲志先生退官記念論文集－』川越哲志先生退官記念事業会．
⑶ 石丸恵利子　2006. 上帝釈地域における動物遺存体の様相」『広島大学大学院文学研究科帝釈峡遺跡群発掘調査室年報』ＸＸ，広島大学大学院文学研究科帝釈峡遺跡群発掘調査室．
⑷ 石丸恵利子　2007. 山間地域における縄文時代の狩猟と遺跡の利用形態－帝釈峡遺跡群の洞窟・岩陰遺跡の検討－．動物考古学（24）：1-23.
⑸ 石丸恵利子　2007. 西条盆地の動物遺存体と骨利用」『広島大学東広島キャンパス埋蔵文化財発掘調査報告書』Ⅳ，広島大学埋蔵文化財調査室．
⑹ 石丸恵利子　2007. 瀬戸内海地域の漁労・魚食文化の展開－遺跡出土動物遺存体の分析を中心として－」『瀬戸内海文化研究・活動支援助成報告書（平成 18 年度）』財団法人福武学術文化振興財団．
⑺ 石丸恵利子・松井章　2008. 草戸千軒町遺跡における動物資源の利用－第 30 次調査出土の動物遺存体を中心として－．広島県立歴史博物館研究紀要 第 10 号．広島県立歴史博物館．
⑻ 石丸恵利子・富岡直人　2006. 彦崎貝塚出土の動物遺存体」『彦崎貝塚－範囲確調査報告書－』岡山市教育委員会．
⑼ 石丸恵利子・海野徹也・米田穣・柴田康行・湯本貴和・陀安一郎　2008. 海産魚類の産地同定からみた水産資源の流通の展開－中四国地方を中心とした魚類遺存体の炭素・窒素同位体分析の視角から－．考古学と自然科学 **(57)**：1-20.
⑽ 石丸恵利子・申基澈・寺村裕史・辻野亮・中野孝教・湯本貴和　2009. 縄文・弥生時代の狩猟域－ストロンチウム同位体分析を通して－．日本哺乳類学会 2009 年度大会プログラム・講演要旨集．
⑾ 宮本真二・渡邊奈保子・牧野篤史・前畑政善　2001. 日本列島の動物遺存体記録にみる縄文時代以降のナマズの分布変遷」『動物考古学』第 16 号，動物考古学研究会．
⑿ 米田穣・陀安一郎・石丸恵利子・兵藤不二夫・日下宗一郎・覚張隆史・湯本貴和　2011. 同位体からみた日本列島の食生態の変遷．湯本貴和（編），高原光・村上哲明（責

(70) 矢野牧夫　1970．北海道の第四系より産出した *Larix gmelini* の遺体について．地質学雑誌 **76**: 205-214.
(71) 安田喜憲・三好教夫（編）　1998．図説 日本列島植生史．朝倉書店．
(72) 吉川純子　1995．仙台市富沢遺跡第 88 次調査で産出した大型植物化石．仙台市文化財調査報告書第 203 集 富沢・泉崎浦・山口遺跡（8）－富沢遺跡第 88 次・89 次発掘調査報告書，p. 50-67．仙台市教育委員会．
(73) 吉田明弘・竹内貞子　2009．最終氷期末期以降の八郎潟の植生変遷と東北地方北部の植生分布．第四紀研究 **48**: 417-426.
(74) 吉田義・伊藤七郎・鈴木敬治　1969．東北地方南部の阿武隈川流域の第四紀編年と 2，3 の問題．地団研専報 **15**: 99-125.

コラム 1　日本養蜂史探訪

(1) 井上満男　1999．古代の日本と渡来人：古代史にみる国際関係．明石書店．
(2) 森田悌　2009．天智天皇と大化の改新（古代史選書 2）．同成社．
(3) 岡田一次　2001．ニホンミツバチ誌．玉川大学出版部．
(4) 大坪藤代　1990．対馬の和蜂の養蜂今昔．ミツバチ科学 **11**: 59-62
(5) 佐々木正己　1999．ニホンミツバチ：北限の *Apis cerana*．海游舎．
(6) 山口裕文　2001．照葉樹林文化の一要素としてのニホンミツバチの養蜂．金子努・山口裕文（編）照葉樹林文化論の現代的展望，p. 335-349．北海道大学図書刊行会．
(7) 湯本貴和　2007．森の一万年から．日高敏隆・秋道智彌（編）森はだれのものか？アジアの森と人の未来（地球研叢書），p. 2-50．昭和堂．

第 4 章　同位体からみた日本列島の食生態の変遷

(1) Ambrose, S. H.　1993.　Isotopic analysis of paleodiet: Methodological and interpretive considerations. *In*:　Sandford, M. K. (ed.) Investigation of ancient human tissue: chemical analyses in Anthropology, p. 59-130.　Gordon and Breach, Langhorne.
(2) 藤本強　1988．もう二つの日本文化 北海道と南島の文化．東京大学出版会．
(3) Fry, B.　2006.　Stable isotope ecology. Springer.
(4) 石丸恵利子・海野徹也・米田穣・柴田康行・湯本貴和・陀安一郎　2008．海産魚類の産地同定からみた水産資源の流通の展開－中四国地方を中心とした魚類遺存体の炭素・窒素同位体分析の視角から－．考古学と自然科学 **57**: 1-20.
(5) 金子浩昌　1960．貝塚と食料資源．鎌木義昌（編）縄文時代（日本の考古学 II），p. 372-398．河出書房．
(6) 松井章　2005．環境考古学への招待．岩波書店．
(7) Minagawa, M.　1992.　Reconstruction of human diet from δ^{13}C and δ^{15}N in contemporary Japanese hair - a stochastic method for estimating multisource contribution by double isotopic tracers. *Applied Geochemistry* **7**: 145-158.
(8) 永田雅啓　2003．日本の輸入構造（相手国）変化．季刊国際貿易と投資 **52**: 152-159.
(9) 西本豊弘（編著）　2008．動物の考古学（人と動物の日本史 1）．吉川弘文館．
(10) 渋谷綾子　2009．旧石器時代および縄文時代の石器残存デンプンの分析的研究．吉田学記念文化財科学研究助成金研究論文誌 まなぶ **2**: 169-20.1

13 EST-SSRs for *Cerasus jamasakura* and their transferability for Japanese flowering cherries. *Conservation Genetics* **10**: 685-688.

(54) 辻誠一郎　1992. 東京都調布の後期更新世野川泥炭層から産した花粉化石群. 植生史研究 **1**: 21-26.

(55) 辻誠一郎・南木睦彦・鈴木三男　1984. 栃木県南部, 二宮町における立川期の植物遺体群集. 第四紀研究 **23**: 21-29.

(56) Tsukada, M. 1982. *Cryptomeria japonica*: Glacial refugia and late-glacial and postglacial migration. *Ecology* **63**: 1091-1105.

(57) Tsukada, M. 1982. Late-Quaternary development of the *Fagus* forest in the Japanese Archipelago. *Japanese Journal of Ecology* **32**: 113-118.

(58) Tsumura, Y. 2006. The phylogeographic structure of Japanese coniferous species as revealed by genetic markers. *Taxon* **55**: 53-66

(59) Tsumura, Y., Ohba, K. 1992. Allozyme variation of five natural populations of *Cryptomeria japonica* in western Japan. *Japanese Journal of Genetics* **67**: 299-308.

(60) Tsumura, Y., Suyama, Y. 1998. Differentiation of mitochondrial DNA polymorphisms in populations of five Japanese *Abies*. *Evolution* **52**: 1031-1042.

(61) Tsumura, Y., Tomaru, N. 1999. Genetic diversity of *Cryptomeria japonica* using co-dominant DNA markers based on sequenced-tagged site. *Theoretical and Applied Genetics* **98**: 396-404.

(62) Tsumura, Y, Taguchi, H., Suyama, Y., Ohba, K. 1994. Geographical cline of chloroplast DNA variation in *Abies mariesii*. *Theoretical and Applied Genetics* **89**: 922-926.

(63) Tsumura, Y, Kado, T., Takahashi, T., Tani, N., Ujino-Ihara, T., Iwata, H. 2007. Genome-scan to detect genetic structure and adaptive genes of natural populations of *Cryptomeria japonica*. *Genetics* **176**: 2393-2403.

(64) Tsumura, Y, Matsumoto, A., Tani, N., Ujino-Ihara, T., Kado, T., Iwata, H., Uchida, K. 2007. Genetic diversity and the genetic structure of natural populations of *Chamaecyparis obtusa*: implications for management and conservation. *Heredity* **99**: 161-172.

(65) Uchida, K., Tomaru, N., Tomaru, C., Yamamoto, C., Ohba, K. 1997. Allozyme variation in natural populations of hinoki, *Chamaecyparis obtusa* (Sieb. et Zucc.) Endl., and its comparison with the plus-trees selected from artificial stands. *Breeding Science* **47**: 7-14.

(66) Ueno, S., Setsuko, S., Kawahara, T., Yoshimaru, H. 2005. Genetic diversity and differentiation of the endangered Japanese endemic tree *Magnolia stellata* using nuclear and chloroplast microsatellite markers. *Conservation Genetics* **6**: 563-574

(67) Wang, Z. M., Nagasaka, K. 1997. Allozyme variation in natural populations of *Picea glehnii* in Hokkaido, Japan. *Heredity* **78**: 470–475.

(68) Wendel, J. F., Parks, C. R. 1985. Genetic diversity and population structure in Camellia japonica L. (Theaceae) . *American Journal of Botany* **72**: 52-65.

(69) Yamada, H., Ubukata, M., Hashimoto, R. 2006. Microsatellite variation and differentiation among local populations of *Castanopsis* species in Japan. *Journal of plant research* **119**: 69-78.

(37) 種生物学会（編） 2000. 森の分子生態学. 文一総合出版.

(38) Suyama, Y., Kawamuro, K., Kinoshita, I., Yoshimura, K., Tsumura, Y., & Takahara, H. 1996. DNA sequence from a fossil pollen of *Abies* spp. from Pleistcene peat. *Genes & Genetic Systems* **71**: 145-149.

(39) Suyama, Y., Tsumura, Y. & Ohba, K. 1997. A cline of allozyme variation in *Abies mariesii*. *Journal of Plant Research* **110**: 219-226

(40) 鈴木敬治・藤田至則・八島隆一・吉田義・真鍋健一・箱崎高衛・萩原茂・周東・賢治・角田史雄 1972. 若松地域の地質. 福島県地質調査報告 5 万分の 1 図幅「若松」.

(41) Suzuki, K., 1991. *Picea* cone-fossils from Pleistocene strata of northeast Japan. *Saito-Ho-on Kai Museum of Natural History Resarech Bulletin* **no. 59**: 1-41.

(42) Takahara, H. 1998. Sugi-rin no hensen. *In*: Yasuda, Y., Miyoushi, N. (eds.) Nippon Rettou Syokusei-si, p. 207-223. Asakura-Shoten, Tokyo, (in Japanese).

(43) Takahashi, M., Tsumura, Y., Nakamura, T., Uchida, K., Ohba, K. 1994. Allozyme variation of *Fagus crenata* in northeastern Japan. *Canadian Journal of Forest Research* **24**: 1071-1074.

(44) Takahashi, T., Tani, N., Taira, H., Tsumura, Y. 2005. Microsatellite markers reveal high allelic variation in natural populations of *Cryptomeria japonica* near refugial areas of the last glacial period. *Journal of Plant Research* **118**: 83-90.

(45) 滝谷実香・萩原法子 1997. 西南北海道横津岳における最終氷期以降の植生変遷. 第四紀研究 **36**: 217-234.

(46) Tani, N., Tomaru, N., Araki, M., Ohba, K. 1996. Genetic diversity & differentiation in populations of Japanese stone pine (*Pinus pumila*) in Japan. *Canadian Journal of Forest Research* **26**: 1454-1462.

(47) Tani, N., Tsumura, Y. & Sato, H. 2003. Nuclear gene sequences and DNA variation of *Cryptomeria japonica* samples from the post-glacial period. *Molecular Ecology* **12**: 859-868.

(48) Tani, N., Maruyama, K., Tomaru, N., Uchida, K., Araki, M., Tsumura, Y., Yoshimaru, H., Ohba, K. 2003. Genetic diversity of nuclear and mitochondrial genomes in *Pinus parviflora* Sieb. & Zucc. (Pinaceae) populations. *Heredity* **91**: 510-518.

(49) Tomaru, N., Tsumura, Y., Ohba, K. 1994. Genetic variation and population differentiation in natural populations of *Cryptomeria japonica*. *Plant Species Biology* **9**: 191-199.

(50) Tomaru, N., Mitsutsuji, T., Takahashi, M., Tsumura, Y., Uchida, K., Ohba, K. 1997. Genetic diversity in Japanese beech, *Fagus crenata*: influence of the distributional shift during the late-Quaternary. *Heredity* **78**: 241-251.

(51) Tomaru, N., Takahashi, M., Tsumura, Y., Takahashi, M., Ohba, K. 1998. Intraspecific variation and phylogeographic patterns of *Fagus crenata* (Fagaceae) mitochondrial DNA. *American Journal of Botany* **85**: 629-636.

(52) Tsuda, Y., Ide, Y. 2005. Wide-range analysis of genetic structure of *Betula maximowicziana*, a long-lived pioneer tree species and noble hardwood in the cool temperate zone of Japan. *Molecular Ecology* **14**: 3929–3941.

(53) Tsuda Y., Ueno, S., Kato, S., Katsuki, T., Mukai, Y., Tsumura, Y. 2009. Development of

Science Reviews **21**: 343-360.

⑲ 町田洋・新井房夫　2003. 新編 火山灰アトラス－日本列島とその周辺. 東京大学出版会.

⑳ Miki, S., Kokawa, S. 1962. Late Cenozoic floras of Kyushu, Japan. *Journal of biology, Osaka City University* **13**: 65-86.

(21) 南木睦彦・松葉千年　1985. 三重県多度町から産出した約18,000年前の大型植物遺体群集. 第四紀研究 **24**: 51-55.

(22) 宮田増男・生方正俊　1994. クロマツ天然性林におけるアロザイム変異. 日本林学会誌 **76**: 445-455.

(23) Miyamoto, N., Kuramoto, N., Yamada, H. 2002. Differences in spatial autocorrelation between four sub-populations of *Alnus trabeculosa* Hand.-Mazz. (Betulaceae). *Heredity* **89**: 273–279.

(24) 百原新・水野清秀・沖津進　1997. 近畿地方南部，菖蒲谷層の前期更新世末寒冷期大型植物化石群，植生史研究 **5**: 29-37.

(25) Nagasaka, K., Wang, Z. M., & Tanaka, K. 1997. Genetic variation among natural *Abies sachalinensis* populations in relation to environmental gradients in Hokkaido, Japan. *Forest Genetics* **4**: 43-50.

(26) 中村純・塚田松雄　1960. 北海道第四紀堆積物の花粉分析学的研究 I. 渡島半島. 高知大学学術研究報告 **10**: 117-138.

(27) 野尻湖植物グループ　1987. 野尻湖の植物遺体－第9次野尻湖発掘・第4回陸上発掘－. 地団研専報 no.32 野尻湖の発掘 4， p. 95-106.

(28) Ohi, T., Wakabayashi, M., Wu, S.-G., Murata, J. 2003. Phylogeography of *Stachyurus praecox* (Stachyuraceae) in the Japanese Archipelago based on chloroplast DNA haplotypes. *Journal of Japanese Botany* **78**: 1-14.

(29) Okaura, T. & Harada, K. 2002. Phylogeographical structure revealed by chloroplast DNA variation in Japanese beech (*Fagus crenata* Blume). *Heredity* **88**: 322-329.

(30) 大西郁夫・赤木三郎・三好環　1987. 鳥取県産チョウセンマツ泥炭層の14C年代－日本の第四紀層の ^{14}C 年代（166）－. 地球科学 **41**: 251-252.

(31) 小野有五・五十嵐八枝子　1991. 北海道の自然史－氷期の森林を旅する. 北海道大学図書刊行会.

(32) Ooi, N., Minaki, M., Noshiro, S., 1990. Vegetation changes around the Last Glacial Maximum and effects of the Aira-Tn ash, at the Itai-Teragatani Site, central Japan. *Ecological Research* **5**: 81-81.

(33) Parducci, L., Suyama, Y., Lascoux, M., Bennett, K. D. 2005. Ancient DNA from pollen: a genetic record of population history in Scots pine. *Molecular Ecology* **14**: 2873-2882.

(34) Saiki, R., Scharf, S., Faloona, F., Mullis, K., Horn, G., Erlich, H. 1985. Enzymatic amplification of beta-globin genomic sequences and restriction site analysis for diagnosis of sickle cell anemia. *Science* **230**: 1350-1354.

(35) 酒井潤一・中島豊志・隅田耕治　1979. 木曽平沢における後期更新世末の花粉化石および植物遺体. 信州大学理学部紀要 **14**: 51-55.

(36) Shiraishi, S., Kaminaka, H., Ohyama, N. 1987. Genetic variation and differentiation recognized at two loci in hinoki (*Chamaecyparis obtusa*). *Journal of the Japanese Forest Society* **74**: 44-48.

spruce (*Picea jezoensis*) determined using nuclear microsatellite markers. *Journal of Biogeography* **36**: 996-1007.

(3) Aoki, K., Suzuki, T., Hsu, T.-W., Murakami, N. 2004. Phylogeography of the component species of broad-leaved evergreen forests in Japan, based on chloroplast DNA variation. *Journal of Plant Research* **117**: 77-94.

(4) Aoki, K., Matsumura, T., Hattori, T., Murakami, N. 2006. Chloroplast DNA phylogeography of *Photinia glabra* (Rosaceae) in Japan. *American Journal of Botany* **93**: 1852-1858.

(5) Cooper, A., Poinar, H.N. 2000. Ancient DNA: do it right or not at all. *Science* **289**: 1139.

(6) 第四紀古植物研究グループ　1974. 日本におけるウルム氷期の植生の変遷と気候変動(予報). 第四紀研究 **12**: 161-175.

(7) Fujii, N., Tomaru, N., Okuyama, K., Koike, T., Mikami, T., & Ueda, K. 2002. Chloroplast DNA phylogeography of *Fagus crenata* (Fagaceae) in Japan. *Plant Systematics and Evolution* **232**: 21-33.

(8) 畑中健一　1994. 貫川（北九州市小倉南区）川床から検出された植物遺体と花粉化石. わたしたちの自然史第 **50** 号, 10-13.

(9) Hiraoka, K., Tomaru, N. 2009. Genetic divergence in nuclear genomes between populations of *Fagus crenata* along the Japan Sea and Pacific sides of Japan. *Journal of Plant Research* **122**: 269-282.

(10) Hiraoka, K. Tomaru, N. 2009. Population genetic structure of *Fagus japonica* revealed by nuclear microsatellite markers. *International Journal of Plant Sciences* **170**: 748-758.

(11) Hofreiter, M., Serre, D., Poinar, H. N., Kuch, M., Pääbo, S. 2001. Ancient DNA. *Nature Genetics Review* **2**: 353-359.

(12) 鴨井幸彦・斎藤道春・藤田英忠・小林巌雄　1988. 新潟県北部に産する最終氷期の植物遺体群集. 第四紀研究 **27**: 21-29.

(13) Kanno, M., Yokoyama, J., Suyama, Y., Ohyama, M., Itoh, T. & Suzuki, M. 2004. Geographical distribution of two haplotypes of chloroplast DNA in four oak species (*Quercus*) in Japan. *Journal of Plant Research* **117**: 311-317.

(14) Kato, S., Mukai, Y. 2004. Allelic diversity of S-RNase at the self-incompatibility locus in natural flowering cherry populations (*Prunus lannesiana* var. *speciosa*). *Heredity* **92**: 249-256.

(15) Koike, T., Kato, S., Shimamoto, Y., Kitamura, K., Kawano, S., Ueda, K. *et al.* 1998. Mitochondrial DNA variation follows a geographic pattern in Japanese beech species. *Botanica Acta* **111**: 87–92.

(16) 公文富士夫・河合小百合・井内美郎　2003. 野尻湖湖底堆積物中の有機炭素・全窒素含有率および花粉分析に基づく約 25,000 ～ 6,000 年前の気候変動. 第四紀研究 **42**: 13-26.

(17) 公文富士夫・河合小百合・井内美郎　2009. 野尻湖堆積物に基づく中部日本の過去 7.2 万年前の詳細な古気候復元, 旧石器研究 **no5**, 3-9.

(18) Lambeck, K., Yokoyama, Y., Purcell. T. 2002. Into and out of the Last Glacial Maximum: sea-level change during Oxygen Isotope Stages 3 and 2. *Quaternary*

fuscata) inferred from mitochondrial DNA phylogeography. *Primates* **48**: 27-40.
(18) 前田保夫　1980. 縄文の海と森：完新世前期の自然史. 蒼樹書房.
(19) 松井健・永塚鎮男　1985. 日本の土壌図. デュショフール, Ph（著）・永塚鎮男, 小野有五（訳）世界土壌生態図鑑, 後見返し. 古今書院.
(20) 松岡數充・三好教夫　1998. 最終氷期最盛期以降の照葉樹林の変遷. 安田喜憲・三好教夫（編）図説日本列島植生史, p. 224-236. 朝倉書店.
(21) 三好教夫・藤木利之　1993. 縄文海進期における照葉樹林の分布について. 日本花粉学会会誌 **39**: 57-60.
(22) Nagata, J., Masuda, R., Tamate, H. B., Hamasaki, S., Ochiai, K., Asada, M., Tatsuzawa, S., Suda, K., Tado, H., Yoshida, M. C. 1999. Two genetically distinct lineages of the sika deer, *Cervus nippon*, in Japanese islands: comparison of mitochondrial d-loop region sequences. *Molecular Phylogenatics and Evolution* **13**: 511-519.
(23) 日本分類学会連合　2003. 第１回日本産生物種数調査. http://research2.kahaku.go.jp/ujssb/
(24) Ohnishi, N., Uno, R., Ishibashi, Y., Tamate, H. B., Oi, T. 2009. The influence of climatic oscillations during the Quaternary Era on the genetic structure of Asian black bears in Japan. *Heredity* **102**: 579-589.
(25) 瀬尾明弘・堀田満　2000. 西南日本の植物雑記Ⅴ 九州南部から琉球列島にかけてのボタンボウフウの分類学的再検討. 分類地理 **51**: 99-116.
(26) 須賀丈　2008. 中部山岳域における半自然草原の変遷史と草原性生物の保全. 長野県環境保全研究所研究報告 **4**: 17-31.
(27) 塚田松雄　1984. 日本列島における約２万年前の植生図. 日本生態学会誌 **34**: 203-208.
(28) 山中二男　1979. 日本の森林植生. 築地書館.
(29) Yasukochi, Y., Nishida, S., Han, S.-H., Kurosaki, T., Yoneda, M., Koike, H. 2009. Genetic structure of the Asiatic black bear in Japan using mitochondrial DNA analysis. *Journal of Heredity* **100**: 297-308.
(30) 安田徳一　2007. 初歩からの集団遺伝学. 裳華房, 東京.
(31) Watanobe, T., Ishiguro, N., Nakano, M. 2003. Phylogeography and population structure of the Japanese wild boar *Sus scrofa leucomystax*: mitochondrial DNA variation. *ZOOLOGICAL SCIENCE* **20**: 1477-1489.
(32) Wiens, J. J., Grahama, C. H. 2005. Niche conservatism: integrating evolution, ecology, and conservation biology. *Annual Review of Ecology, Evolution, and Systematics* **36**: 519-539.

第３章　植物化石とDNAからみた温帯性樹木の最終氷期最寒冷期のレフュージア

(1) Aizawa, M., Yoshimaru, H., Saito, H., Katsuki, T., Kawahara, T., Kitamura, K., Shi, F., Kaji, M. 2007. Phylogeography of a northeast Asian spruce, *Picea jezoensis*, inferred from genetic variation observed in organelle DNA markers. Molecular *Ecology* **16**: 3393-3405.
(2) Aizawa M., Yoshimaru, H., Saito, H., Katsuki, T., Kawahara, T., Kitamura, K., Shi, F., Sabirov, R., Kaji, M. 2009. Range-wide genetic structure in a north-east Asian

第2章　DNA情報からみた植物の分布変遷

(1) 網野善彦　1998. 東と西の語る日本の歴史（講談社学術文庫）. 講談社.

(2) Aoki, K., Suzuki, T., Hsu, T. W., Murakami, N. 2004. Phylogeography of the component species of broad-leaved evergreen forests in Japan, based on choloroplast DNA variation. *Journal of Plant Research* **117**: 77-94.

(3) Aoki, K., Kato, M., Murakami, N. 2008. Glacial bottleneck and postglacial recolonization of a seed parasitic weevil, *Curculio hilgendorfi*, inferred from mitochondrial DNA variation. *Molecular Ecology* **17**: 3276-3289.

(4) Aoki, K., Kato, M., Murakami, N. 2009. Phylogeographical patterns of a generalist acorn weevil: insight into the biogeographical history of broadleaved deciduous and evergreen forests. *BMC Evolutionay Biology* **9**: 103.

(5) Avise, J. C. 2004. Molecular Markers, Natural History, and Evolution. 2nd ed. Sinauer, Sunderland.

(6) Barton, N. H., D. E. Briggs, J. A. Eisen, D. B. Goldstein, N. H. Patel. 2007. Evolution. Cold Spring Harbor Laboratory, New York.〔邦訳：宮田隆・星山大介（監訳）2009. 進化　分子・個体・生態系. メディカル・サイエンス・インターナショナル〕.

(7) Goodman, S. J., Tamate, H. B., Wilson, R., Nagata, J., Tatsuzawa, S. G., Swanson, M., Pemberton, J. M., McCullough, D. R. 2001. Bottlenecks, drift and differentiation: the population structure and demographic history of sika deer (*Cervus nippon*) in the Japanese archipelago. *Molecular Ecology* **10**: 1357-1370.

(8) 萩原信介　1977. ブナにみられる葉面積クラインについて. 種生物学研究 **1**: 39-51.

(9) 服部保　1985. 日本本土のシイ－タブ型照葉樹林の群落生態学的研究. 神戸群落生態研究会研究報告第1号.

(10) 服部保　1992. タブノキ型林の群落生態学的研究Ⅰ. タブノキ林の地理的分布と環境. 日本生態学会誌 **42**: 215-230.

(11) 堀田満　1974. 植物の分布と分化. 三省堂.

(12) Iwasaki, T., Aoki, K., Seo, A., Murakami, N. 2006. Intraspecific sequence variation of chloroplast DNA among the component species of decidous broad-leaved forests in Japan. *Journal Plant Research* **119**: 539-552.

(13) Iwasaki, T., Tono, A., Aoki, K., Seo,A., Murakami, N. 2010. Phylogeography of *Carpinus japonica* Blume and *Carpinus tschonoskii* Maxim. growing in Japanese deciduous broad-leaved forests, based on chloroplasta DNA variation. *Acta Phytotaxonomica et Geobotanica* **61**: 1-20.

(14) 亀井節夫・ウルム氷期以降の生物地理総研グループ　1981. 最終氷期における日本列島の動・植物相. 第四紀研究 **20**: 191-205.

(15) 吉良竜夫　1949. 農業地理学の基礎としての東亜の新気候区分. 京都大学園芸学研究室.

(16) 吉良竜夫　2001. 森林の環境・森林と環境. 新思索社.

(17) Kawamoto, Y., Shotake, T., Nozawa, K., Kawamoto, S., Tomari, K., Kawai, S., Shirai, K., Morimitsu, Y., Takagi, N., Akaza, H., Fujii, H., Hagihara, K., Aizawa, K., Akashi, S., Oi, T., Hayaishi, S. 2007. Postglacial population expansion of Japanese macaques (*Macaca*

(89) Miyake, N., Nakamura, J., Yamanaka, M., Nakagawa, T. and Miyake, M.（印刷中）Spacial changes in the distribution of *Cryptomeria Japonica* since the last interstade in Shikoku Island, southwestern *Japan. Japanese Journal of Historical Botany.*

(90) 三宅尚・本多マチ・石川愼吾　2003. 愛媛県東宇和郡宇和盆地から得られた最終氷期の化石花粉群. 日本花粉学会会誌 **49**: 1-8.

(91) 三宅尚・石川愼吾　2004. 高知県中村市具同低湿地周辺における完新世の植生変遷. 日本花粉学会会誌 **50**: 83-94.

(92) 三宅尚・中村純・山中三男・三宅三賀・石川愼吾　2005. 高知平野伊達野低湿地周辺における最終氷期以降の植生史. 第四紀研究 **44**: 275-287.

(93) 三好教夫　1998. 中国・四国地方の植生史. 安田喜憲・三好教夫（編）図説日本列島植生史, p. 138-150. 朝倉書店.

(94) 小椋純一　2002. 深泥池の花粉分析試料に含まれる微粒炭に関する研究. 京都精華大学紀要 **22**: 207-288.

(95) 大井信夫・佐々木章・佐々木尚子　2009）大分県九重町千町無田における過去8000年間の環境変遷. 植生史研究 **17**: 65-74.

(96) Sasaki, N., Takahara, H.（印刷中）Late-Holocene human impact on the vegetation around Mizorogaike Pond in northern Kyoto Basin, Japan: a comparison of pollen and charcoal records with archaeological and historical data. *Journal of Archaeological Science.* DOI:10.1016/j.jas.2010.12.013.

(97) Sasaki, N. and Takahara, H.（印刷中）Fire and human impact on the vegetation of the western Tamba Highlands, Kyoto, Japan during the late Holocene. *Quaternary International*, DOI:10.1016/j.quaint.2010.12.003.

(98) 杉田真哉・塚田松雄　1983. 山陰地方・沼原湿原周辺における過去1.7万年間の植生変遷史. 日本生態学会誌 **33**: 225-230.

(99) 高原光　1998. 近畿地方の植生史. 安田喜憲・三好教夫（編）図説日本列島植生史, p. 114-137. 朝倉書店.

(100) Takahara, H., Kitagawa, H.　2000.　Vegetation and climate history since the last interglacial in Kurota Lowland, western Japan. *Palaeogeography, Palaeoclimatology, Palaeoecology* **155**: 123-134.

(101) Takahara, H., Tanida, K., Miyoshi, N.　2001.　The Full-glacial Refugium of *Cryptomeria japonica* in the Oki Islands, Western Japan. *Japanese Journal of Palynology* **47**: 21-33.

(102) 高原光・植村善博・檀原徹・竹村恵二・西田史朗　1999. 丹後半島大フケ湿原周辺における最終氷期以降の植生変遷. 日本花粉学会会誌 **45**: 115-129.

(103) Takahara, H., Uemura, Y, Danhara, T.　2000.　The Vegetation and Climate History during the Early and Mid Last Glacial Period in Kamiyoshi Basin, Kyoto, Japan. *Japanese Journal of Palynology* **46**: 133-146

(104) 外山秀一　1982. 大淀川下流域における古環境の復元. 立命館文學（**446-447**）: 1094-1123.

(105) Tsukada, M., Sugita, S., Tsukada, Y.　1986.　Oldest primitive agriculture and vegetational environment in Japan. *Nature* **322**: 632-634.

(106) 渡辺正巳・古野　毅・那須孝悌・(2009）三瓶小豆原スギ埋没林とその周辺におけるおよそ3500年前の古植生. 植生史研究 **17**: 45-53

Journal of Geography **50**: 189-200
(73) Hase, Y., Iwauchi, A., Uchikoshiyama, U., Noguchi, E., Sasaki, N.（印刷中）Vegetation changes after the late period of the Last Glacial Age based on pollen analysis of the northern area of Aso Caldera in central Kyushu, Southwest Japan. *Quaternary International.*
(74) 畑中健一・野井英明・岩内明子　1998. 九州地方の植生史. 安田喜憲・三好教夫（編）図説日本列島植生史, p. 151-161. 朝倉書店.
(75) Hayashi, R., Inoue, J., Makino, M., Takahara, H.（印刷中）Vegetation history during the last 17,000 years around Sonenuma Swamp in the eastern shore area of Lake Biwa, western Japan: with special reference to changes in species composition of *Quercus* subgenus *Lepidobalanus* trees based on SEM pollen morphology. *Quaternary International.*
(76) Inoue, J., Nishimura, R., Takahara, H.（印刷中）A 7500-year history of intentional fires and changing vegetation on the Soni Plateau, Central Japan, reconstructed from macroscopic charcoal and pollen records within mire sediment. *Quaternary International*, doi:10.1016/j.quaint.2010.08.012
(77) 井上淳・高原光・古川周作・井内美郎　2001. 琵琶湖湖底堆積物の微粒炭分析による過去約13万年間の植物燃焼史. 第四紀研究, **40**, 97-104
(78) 井上　淳・高原光・千々和一豊・吉川周作　2005. 滋賀県曽根沼堆積物の微粒炭分析による約17,000年前以降の火事の歴史. 植生史研究 **13**: 7-54
(79) 岩内明子・長谷義隆　1992）熊本平野および阿蘇カルデラ地域における最終氷期以降の植生変遷. 日本花粉学会会誌 **38**: 116-133.
(80) Kawano,T., Sasaki, N., Hayashi, T., Takahara, H.（印刷中）Grassland and fire history since the late-glacial in northern part of Aso Caldera, central Kyusyu, Japan, inferred from phytolith and charcoal records. *Quaternary International* DOI:10.1016/j.quaint.2010.12.008.
(81) 北川陽一郎・吉川周作・高原光　2009. 夢州沖コアの花粉分析に基づく大阪湾集水域における完新世の植生変遷. 第四紀研究 **48**: 351-363.
(82) 黒田登美雄　1998. 南西諸島の植生史. 安田喜憲・三好教夫（編）図説日本列島植生史, p. 162-175. 朝倉書店.
(83) 黒田登美雄・小澤智生　1996. 花粉分析からみた琉球列島の植生変遷と古気候. 地学雑誌 **105**: 328-342.
(84) 松下まり子　1992. 日本列島太平洋岸における完新世の照葉樹林発達史. 第四紀研究 **31**: 375-387.
(85) 宮縁育夫・杉山真二　2006. 阿蘇カルデラ東方域のテフラ累層における最近約3万年間の植物珪酸体分析. 第四紀研究 **45**: 15-28.
(86) 宮縁育夫・杉山真二　2008. 阿蘇火山南西麓のテフラ累層における最近約3万年間の植物珪酸体分析. 地学雑誌 **117**: 704-717.
(87) 宮縁育夫・杉山真二・佐々木尚子　2010. 阿蘇カルデラ北部, 阿蘇谷千町無田ボーリングコアの植物珪酸体および微粒炭分析. 地学雑誌 **119**: 17-32.
(88) Miyabuchi, Y., Sugiyama, S., Nagaoka, Y.（印刷中）Vegetation and fire history during the last 30,000 years based on phytolith and macroscopic charcoal records in the eastern and western regions of Aso Volcano, *Japan. Quaternary International.*

(54) Igarashi, Y., Oba, T. 2006. Fluctuation in the East Asian monsoon over the last 144 ka in the northwest Pacific based on a high-resolution pollen analysis of IMAGES core MD01-2421. *Quaternary Science Reviews*, **25**: 1447-1459
(55) 辻 誠一郎 1987.最終間氷期以降の植生史と変化様式—将来予測に向けて—.「百年・千年・万年後の日本の自然と人類」(第四紀学会編) p.157-183, 古今書院
(56) 辻誠一郎編著 2000. 考古学と植物学. 同成社
(57) 内山 隆 1998. 関東地方の植生史. 安田喜憲・三好教夫(編)図説日本列島植生史, p. 73-91, 朝倉書店
○中部・東海地方
(58) 入谷 剛・北川陽一・大井信夫・古澤 明・宮脇理一郎 2005. 長野県北部, 上部更新統高野層のテフラと花粉分析に基づく環境変遷. 第四紀研究 **44**: 323-338
(59) 加古久訓・森山昭雄 2002. 岐阜県高富低地湖沼堆積物の花粉分析による最終氷期初期からの植生・気候変遷. 第四紀研究 **41**: 443-456
(60) 神谷千穂・守田益宗・佐々木俊法・宮城豊彦・須貝俊彦・柳田 誠・古澤 明・藤原治 2009. 岐阜県瑞浪市大湫盆地における約17年間の植生変遷. 植生史研究 **17**:55-63
(61) 叶内敦子 2005. 伊豆半島南部, 蛇石大池湿原堆積物の花粉分析. 駿台史学 **125**: 119-130
(62) 叶内敦子・田原 豊・中村 純・杉原重夫 1989. 静岡県伊東市一碧湖(沼池)におけるボーリング・コアの層序と花粉分析. 第四紀研究 **28**: 27-34
(63) 公文富士夫・河合小百合・井内美郎 2000. 野尻湖堆積物に基づく中部日本の加古7.2万年間の詳細な古気候復元. 旧石器研究 **5**: 1-8
(64) Kumon, F., Kawai, S. and Inouchi, Y.,(印刷中) High-resolution climate reconstruction during the past 72 ka from pollen, total organic carbon (TOC) and total nitrogen (TN) analyses of the drilled sediments in Lake Nojiri, central Japan, *British Archaeological Reports*.
(65) 松下まり子 1992. 日本列島太平洋岸における完新世の照葉樹林発達史. 第四紀研究 **31**: 375-387.
(66) 守田益宗・崔 基龍・日比野紘一郎 1998. 中部・東海地方の植生史. 安田喜憲・三好教夫(編)図説日本列島植生史, p. 92-104. 朝倉書店.
(67) 宮本真二・安田喜憲・北川浩之・竹村恵二 1999. 福井県蛇ヶ上池湿原における過去14000年間の環境変遷. 日本花粉学会会誌 **45**: 1-12.
(68) Miyake, N. and Ueda K. 2001. Vegetation history since the late glacial period around Lake Aoki, Nagano Prfecture, central Japan. *Hikobia* **13**: 291-300
(69) 大井信夫・北田奈緒子・斉藤礼子・宮川ちひろ・岡井大八 2004. 福井県中池見後期更新世堆積物の花粉分析からみた植生史. 植生史研究 **12**: 61-73.
(70) 関口千穂 2001. 飯山盆地周辺山地における最終氷期以降の植生変遷. 第四紀研究 **40**: 1-17
(71) 富樫 均・田中義文・興津昌宏 2004. 長野市飯綱高原の人間活動が自然環境に与えた影響とその変遷. 長野県自然保護研究所紀要 **7**: 1-16.
○西日本
(72) Fujiki, T., Morita, Y. and Miyoshi, N. 1998. Vegetation History of the Area around Kashira Island in the Inland Sea, Okayama Prefecture, Western Japan. *Quarterly*

(36) 豊岡康弘・高原光　2010. カムチャツカ半島における完新世の植生変遷.「極東ロシアにおける最終氷期以降の植生変遷　平成16年度～平成18年度科学研究費補助金（基盤研究（A）(1)）研究成果報告書（代表者 高原光), p. 27-43.
○北海道
(37) 五十嵐八枝子　1991. 氷期の森林を復元する. 小野有五・五十嵐八枝子（編）北海道の自然史 氷期の森林を旅する, p. 131-156. 北海道大学図書刊行会.
(38) 五十嵐八枝子　2010. 北海道とサハリンにおける植生と気候の変遷史―花粉から植物の興亡と移動の歴史を探る―. 第四紀研究 **49**: 241-253.
(39) Igarashi, Y., Yamamoto, M., Ikehara, K. 印刷中. Climate and vegetation in Hokkaido, northern Japan, since the LGM: Pollen records from core GH02-1030 off Tokachi in the northwestern Pacific. *Journal of Asian Earth Sciences*
○東北地方
(40) 日比野紘一郎・竹内貞子　1998. 東北地方の植生史. 安田喜憲・三好教夫（編）図説日本列島植生史, p. 62-72. 朝倉書店.
(41) 守田益宗　2000. 最終氷期以降における亜高山帯植生の変遷―気候温暖期に森林帯は現在より上昇下したか？―. 植生史研究 **9**: 3-20.
(42) 守田益宗・藤木利之　1997. 東北地方南部における過去50,000年の植生変遷史. 日本花粉学会誌 **43**: 75-86.
(43) 守田益宗・八木浩司・井口　隆・山崎友子　2002. 山形県白鷹湖沼群荒沼の花粉分析からみた東北地方南部の植生変遷. 第四紀研究 **41**: 375-387.
(44) 吉川昌伸・鈴木　茂・辻誠一郎・後藤香奈子・村田泰輔　2006. 三内丸山遺跡の植生史と人の活動. 植生史研究 **特別第2号**: 49-82.
(45) 吉川昌伸　2008. 東北地方の縄文時代中期から後期の植生とトチノキ林の形成. 環境文化史研究 **1**: 27-35.
(46) 吉田明弘　2006. 青森県八甲田山田代湿原における約13,000年前以降の古環境変遷. 第四紀研究 **45**, 423-434.
(47) 吉田明弘・長橋良隆・竹内貞子　2009. 福島県駒止湿原の形成過程と古環境の変遷. 第四紀研究 **47**: 71-80.
(48) 吉田明弘・竹内貞子　2009. 最終氷期末期以降の秋田県八郎潟周辺の植生分布と東北地方北部における時空間的な植生分布. 第四紀研究 **48**: 417-426.
(49) Yoshida, A. and Takeuti, S. 2009. Quantitative reconstruction of palaeoclimate from pollen profiles in northeastern Japan and the timing of a cold reversal event during the Last Termination. *Journal of Quaternary Science* **24**: 1006-1015.
(50) 吉田明弘・吉木岳哉　2008. 岩手山東麓春子谷地湿原に花粉分析からみた約13,000年前以降の植生変遷と気候変化. 地理学評論 **81**: 228-237.
(51) 仙台市教育委員会　1992. 富沢遺跡―第30次調査報告書第II分冊―旧石器時代編 第5章　自然科学的分析. 仙台市文化財調査報告書第160集, p. 193-432.
(52) 竹内貞子・安藤一男・藤本　潔・吉田明弘　2005. 宮城県宮城野海岸平野南部地域における完新世の環境変遷. 第四紀研究 **44**: 371-381.
○関東地方
(53) 松下まり子　1992. 日本列島太平洋岸における完新世の照葉樹林発達史. 第四紀研究 **31**: 375-387

〈第３節〉地域植生変遷に関する文献

○極東ロシア

●サハリン

(26) Igarashi Y., M. Murayama, T. Igarashi, T. Higake, M. Fukuda. 2002. History of *Larix* forest in Hokkaido and Sakhalin, northeast Asia since the last glacial. *Acta Palaeontologica Sinica* **41**: 524-533.

(27) Igarashi, Y. 2008. Climate and Vegetation changes since 40,000 years BP in Hokkaido and Sakhlin. サハリン・沿海州班国際シンポジウム　環日本海北部地域の後期更新世における人類生態系の構造変動（総合地球環境学研究所研究プロジェクト「日本列島における人間－自然相互関係の歴史的・文化的検討」予稿集，p. 27-41（東京大学，2008 年 11 月 22 日，23 日）.

(28) 五十嵐八枝子・高原光・片村文崇・池田重人・竹原明秀・Mikishin, Y.・Klimin, M.・Bazarova, V. 2010. サハリンにおける最終氷期以降の植生変遷.「極東ロシアにおける最終氷期以降の植生変遷 平成 16 年度～平成 18 年度科学研究費補助金（基盤研究（A）(1)）研究成果報告書（代表者 高原光），p. 44-49.

(29)五十嵐八枝子　2010. 北海道とサハリンにおける植生と気候の変遷史―花粉から植物の興亡と移動の歴史を探る―. 第四紀研究 **49**: 241-253.

●アムール川流域

(30) Klimin, M. A., Kuzmin, Y. V., Bazarova, V. B., Mokhoba, L. M., Jull A. J. T. 2004. Late Glacial-Holocene environmental changes and its age in the Lower Amur River basin, Russian Far East: the Gursky peatbog case study. *Nuclear Instruments and Methods in Physics Research* **B223-224**: 676-680.

(31) Bazarova, V. B., Klimin, M. A., Mokhova, L. M., Orlova L. A. 2008. New pollen records of Late Pleistocene and Holocene changes of environment and climate in the Lower Amur River basin, NE Eurasia. *Quaternary International* **179**: 9–19.

(32) Katamura, F., Takahara, H., Bazarova V. B., Klimin, M. A., Ikeda, S., Takehara, A. 2008. Vegetation history of Lowe Amur River basin, Russian Far East during the Last Glacial. サハリン・沿海州班国際シンポジウム 環日本海北部地域の後期更新世における人類生態系の構造変動（総合地球環境学研究所研究プロジェクト「日本列島における人間－自然相互関係の歴史的・文化的検討」予稿集, p. 27-41（東京大学, 2008 年 11 月 22 日, 23 日）

●カムチャツカ半島

(33) Igarashi, Y., T. Sone, K. Yamagata, Y. D. Muravyev. 1999. Late Holocene vegetation and climate history in the central Kamchatka from fossil pollen record. Cryospheric Studies in Kamuchatka II, p. 125-130. Institute of Low Temperature Science, Hokkaido University.

(34) Igarashi, Y., Otsuki, Y., Yamagata, K., Saijo, K., Ovsyannikov, A. A. 2001. Paleoenvironment in circum Okhotsk region of south Kamchatka – in comparison with north Sakhalin. Proceedings of the International Symposium on Atomosphere-Ocen-Cryosphere interaction in the Sea of Okhotsk and the Surrounding Environment, p. 166-167. Institute of Low Temperature Science, Hokkaido University.

(35) 高原光　2007. 第四紀の氷期・間氷期変動に対する植生変遷. 哺乳類科学 **47**: 101-106.

(7) Lisiecki, L. E., Raymo,M. E. 2005. A Pliocene-Pleistocene stack of 57 globally distributed benthic δ^{18}O records. *Paleoceanography* **20**: PA1003, doi:10.1029/2004PA001071.

(8) 叶内敦子 2005. 伊豆半島南部，蛇石大池湿原堆積物の花粉分析．駿台史学 **125**: 119-130.

(9) 叶内敦子・田原 豊・中村 純・杉原重夫 1989. 静岡県伊東市一碧湖（沼池）におけるボーリング・コアの層序と花粉分析．第四紀研究 **28**: 27-34.

(10) 黒田登美雄・小澤智生 1996. 花粉分析からみた琉球列島の植生変遷と古気候．地学雑誌 **105**: 328-342.

(11) 松下まり子 1992. 日本列島太平洋岸における完新世の照葉樹林発達史．第四紀研究 **31**: 375-387.

(12) Miyake, N., Nakamura, J., Yamanaka, M., Nakagawa, T. and Miyake, M.（印刷中）Spacial changes in the distribution of *Cryptomeria Japonica* since the last interstade in Shikoku Island, southwestern Japan. *Japanese Journal of Historical Botany.*

(13) Miyoshi. , N., Fujiki, T., Morita, Y. 1999. Palynology of a 250-m core from Lake Biwa: a 430,000-year record of glacial-interglacial vegetation change in Japan. *Review of Palaeobotany and Palynology* **104**: 267-283.

(14) 大場忠道 2003. 気候変動．町田洋・大場忠道・小野昭・山崎晴雄・河村善也・百原新（編）第四紀学，p. 76-139. 朝倉書店．

(15) 大井次三郎（著），北川政夫（改訂） 1983. 新日本植物誌．至文堂．

(16) Sasaki, N. and Takahara, H.（印刷中）Late-Holocene human impact on the vegetation around Mizorogaike Pond in northern Kyoto Basin, Japan: a comparison of pollen and charcoal records with archaeological and historical data. *Journal of Archaeological Science.* DOI:10.1016/j.jas.2010.12.013.

(17) 高原光 2007. 第四紀の氷期・間氷期変動に対する植生変遷．哺乳類科学 **47**（1）: 101-106.

(18) Takahara, H., Kitagawa, H. 2000. Vegetation and climate history since the last interglacial in Kurota Lowland, western Japan. *Palaeogeography, Palaeoclimatology, Palaeoecology*, **155**: 123-134.

(19) Takahara, H., Tanida, K., Miyoshi, N. 2001. The Full-glacila Refugium of *Cryptomeria japonica* in the Oki Islands, Western Japan. *Japanese Journal of Palynology* **47**: 21-33.

(20) Takahara, H., Uemura, Y., Danhara, T. 2000. The vegetation and climate history during the early and mid last glacial period in Kamiyoshi Basin, Kyoto, Japan. *Japanese Journal of Palynology* **46**: 133-146

(21) 辻誠一郎 1987. 最終間氷期以降の植生史と変化様式—将来予測に向けて—．第四紀学会（編）百年・千年・万年後の日本の自然と人類，p. 157-183. 古今書院．

(22) Tsukada, M. 1983. Vegetation and climate during the last glacial maximum in Japan. *Quaternary Research* **19**: 212-235.

(23) Tzedakis P. C., Raynaud, D., McManus J. F., Berger, A., Brovkin V., Kiefer, T. 2009. Interglacial Diversity. *Nature Geoscience* **2**: 751-755.

(24) 山田悟郎 1992. 苫前段丘堆積物を構成する泥炭層の花粉組成について．北海道開拓記念館調査報告 **31**: 1-10.

(25) 安田喜憲・三好教夫（編著） 1998. 図説日本列島植生史．朝倉書店．

引用文献・参考文献

序章　日本列島における多様な生物資源利用を支えた多様な生物世界の解明

(1) GRASS Development Team　2010. Geographic Resources Analysis Support System (GRASS), GNU General Public License. http://grass.osgeo.org

(2) 岩槻邦男　1997. 文明が育てた植物たち. 東京大学出版会.

(3) 気象庁　2002. メッシュ気候値 2000.（財）気象業務支援センター.

(4) 溝口優司 2010. 日本人形成論への誘い—シナリオ再構築のために. 科学 vol.80 (4):396-403.

(5) NOAA: ETOPO2v2 Global Gridded 2-minute Database, National Geophysical Data Center, National Oceanic and Atomospheric Administration, U. S. Dept. of Commerce, http://www.ngdc.noaa.gov/mgg.global/etopo2.html

(6) R Development Core Team　2009. R: A language and environment for statistical computing. R Foundation for Statistical Computing, Vienna, Austria. ISBN 3-900051-07-0, URL http://www.R-project.org

(7) 湯本貴和　2010. 日本列島はなぜ生物多様性ホットスポットなのか. 生物科学 **61**:117-125.

第1章　日本列島とその周辺域における最終間氷期以降の植生史

〈第1節・第2節〉

(1) 阿部彩子　1996. 第四紀の気候変動. 住明正・山形俊男・阿部彩子・余田成男・安成哲三・増田耕一・増田富士雄（編）気候変動論（岩波講座 地球惑星科学 11), pp. 103-156. 岩波書店.

(2) Hayashi, R., Takahara, H., Tanida, K., Danhara, T.　2009. Vegetation response to East Asian monsoon fluctuations from the penultimate to last glacial period based on a terrestrial pollen record from the inland Kamiyoshi Basin, western Japan. *Palaeogepgraphy, Palaeoclimatology, Palaeoecology* **284**: 246-256.

(3) Hayashi, R., Takahara, H. Yoshikawa, S., and Inouchi, Y. 2010. Orbital-scal vegetation variability during MIS6, 5, 4, and 3 based on a pollen record from the Takashima-oki core in Lake Biwa, western Japan. *Japanese Journal of Palynology* **56**: 5-12.

(4) Hayashi, R., Takahara, H., Hayashida, A., Takemura, K. 2010b. Millennial-scale vegetation changes during the last 40,000 years based on a pollen record from Lake Biwa, Japan. *Quaternary Research* **74**: 91-99

(5) 日比野紘一郎・守田益宗・宮城豊彦・八木浩司　1991. 山形県川樋盆地における 120,000 年 B. P. 以降の植生変遷に関する花粉分析的研究. 宮城県農業短期大学学術報告, **39**: 35-49.

(6) 五十嵐八枝子　2010. 北海道とサハリンにおける植生と気候の変遷史—花粉から植物の興亡と移動の歴史を探る—. 第四紀研究 **49**: 241-253

マ行

ヤ行

ラ行

カ行

索　引

【生物名】

［主著］社会言語学のしくみ（研究社、2005年）、南大東の人と自然（南方新社、2009年）、大阪のことば地図（和泉書院、2009年）など。

中野 孝教（なかの　たかのり）

1950年、神奈川県に生まれる。

総合地球環境学研究所 教授。

専門は同位体環境学。鉱物資源の地質学的研究から始めて、現在は安定同位体を使った環境診断手法の開発と普及を行っている。

［主著］資源環境地質学：地球史と環境汚染を読む（編著、資源地質学会、2003年）。

専門はウマ学・考古生物学。安定同位体分析、DNA分析を用いて、家畜ウマの交流史・飼育形態を復元するための研究に従事している。

［主著］在来馬と人間のかかわり（ビオストーリー Vol. 11: 27-35、2009年）。

村上 由美子（むらかみ ゆみこ）

1972年、兵庫県に生まれる。

総合地球環境学研究所 プロジェクト研究員。

専門は日本考古学、植生史学。遺跡出土木製品の検討から、遺跡に暮らした人々の生活や木に対峙するときの技術、人と森林とのかかわりについて研究してきた。列島プロジェクトでは、丹後の民家解体調査を通し現代の部材にも接する機会を得て、縄文時代から現代に到る木材利用の通史を視野に入れた研究を展開。

［主著］杵・臼（季刊考古学 第104号、雄山閣、2008年）、製材技術と木材利用（木の考古学―出土木製品用材データベース―、海青社、近刊）

辻野 亮（つじの りょう）

1976年、大阪府に生まれる。

総合地球環境学研究所・プロジェクト上級研究員。

専門は生態学。列島プロジェクトにおいて、長野県秋山地域のフィールドで人間による森林利用が植物種多様性や哺乳類相にどのような影響をもたらすかを研究するかたわら、縄文時代から現代に到るまで人が自然とどのように接してきたのかを研究。

［主著］Seedling establishment of five evergreen tree species in relation to topography, sika deer (*Cervus nippon yakushimae*) and soil surface environments（共著。Journal of Plant Research **121**: 537-546）など。

山口 裕文（やまぐち ひろふみ）
1946年、長崎県に生まれる。
東京農業大学農学部 教授、大阪府立大学 名誉教授
専門は人間植物関係学、民族植物学。東アジア原産の栽培植物および鑑賞・遊戯植物の栽培化と野生化を対象に人間と植物の関係性の成立とその生物活用などを研究している。
［主著］雑草の自然史－たくましさの生態学（編著。北海道大学図書刊行会、1997年）、栽培植物の自然史－野生植物と人類の共進化－（共編著。北海道大学図書刊行会、2001）、中尾佐助著作集 全6巻（編。北海道大学出版会、2004～2006年）、雑草学事典（編。日本雑草学会、2011年）、遺伝子組換え植物の非隔離栽培と生物多様性：ダイズを事例として（化学と生物 **47**(12):874-879、2009年）など多数。

中井 精一（なかい せいいち）
1962年、奈良県に生まれる。
富山大学人文学部 准教授
専門は社会言語学。日本および東アジアをフィールドに人々の暮らしと言語形式の関係に注目して研究を行っている。

京都大学生態学研究センター 准教授。
専門は同位体生態学。
［主著］流域環境評価と安定同位体－水循環から生態系まで－（分担執筆。京都大学学術出版会、2008 年）、Earth, Life, and Isotopes（共編著。Kyoto University Press、2010 年）など。

石丸 恵利子（いしまる　えりこ）
1967 年、広島県に生まれる。
総合地球環境学研究所　プロジェクト研究員。
専門は動物考古学，同位体考古学。人間と動物とのかかわりあいや資源利用の歴史を研究。特に，人間の移動や交流，物の流通や食文化について同位体分析の視角から取り組む。
［主著］淡水魚－日本列島における淡水魚の利用－（分担執筆。同成社、2010 年）、Reconstruction of ancient trade routes in the Japanese Archipelago using Carbon and Nitrogen stable isotope analysis: identification of the stock origins of marine fish found at the inland Yokkaichi Site, Hiroshima Prefecture, Japan. *Journal of Island & Coastal Archaeology* **6**: 1-4（共著、2011 年）など。

兵藤 不二夫（ひょうどう　ふじお）
1974 年、大阪府に生まれる。
岡山大学異分野融合先端研究コア 助教
陸上生態系の生物群集や物質循環を同位体手法を用いて研究している。
［主著］Linking aboveground and belowground food webs through carbon and nitrogen stable isotope analyses.（Ecological Research **25**: 745-756、2010 年）、Gradual enrichment of ^{15}N with humification of diets in a below-ground food web: relationship between ^{15}N and diet age determined using ^{14}C（共著。Functional Ecology **22**: 516-522）など。

日下 宗一郎（くさか　そういちろう）
1982 年、岡山県に生まれる。
京都大学大学院理学研究科・博士（後期）課程在学中。
専門は自然人類学。同位体分析を用いて、山陽地方や東海地方から出土した縄文人骨の食性や集団間移動などを研究している。
主著・主要論文：
［主著］Strontium isotope evidence of migration and diet in relation to ritual tooth ablation: A case study from the Inariyama Jomon site, Japan（共著。Journal of Archaeological Science **38**: 166-174、2011 年）、Carbon and nitrogen stable isotope analysis on the diet of Jomon populations from two coastal regions of Japan（共著。Journal of Archaeological Science 37: 1968-1977、2010 年）など。

覚張 隆史（かくはり　たかし）
1984 年、新潟県に生まれる。
東京大学新領域創成科学研究科 博士課程 2 年。

［主著］森の分子生態学（共編著。文一総合出版、2001 年）、生物多様性緑化ハンドブック―豊かな環境と生態系を保全・創出するための計画と技術（分担執筆。地人書館、2006 年）、サクラソウの分子遺伝生態学―エコゲノム・プロジェクトの黎明（分担執筆。東京大学出版会、2006 年）など

百原　新（ももはら　あらた）

1963 年、大阪府に生まれる。

千葉大学大学院園芸学研究科 准教授

専門は古植物学・古生態学。新第三紀以降の種子・果実の化石を使って、日本列島の植物相や森林の生い立ちを研究している。

［主著］地球史が語る近未来の環境（分担執筆。東京大学出版会、2007 年）、（中部ヨーロッパと中部日本の新第三紀から第四紀への植物化石群変化の時期：気候変動との関連で（第四紀研究 **49**: 299-308、2010 年）など。

清水　勇（しみず　いさむ）

1945 年、兵庫県に生まれる。

京都大学名誉教授、公益財団体質研究会主任研究員。

専門は動物の生理生態学。体内時計や視覚の研究などを行う。

［主著］リズム生態学（編著。東海大学出版会、2008 年）、生物の多様性ってなんだろう？（共著。京都大学学術出版会、2007 年）、生物多様性科学のすすめ（共著。丸善、2003 年）、光環境と生物の進化（共著。共立出版、2000 年）など。

川瀬 大樹（かわせ　だいじゅ）

1981 年、岐阜県に生まれる。

名古屋大学大学院生命農学研究科 研究員。

専門は植物系統分類学、特殊土壌植生学。集団遺伝学的手法を用いて、特殊な土壌（蛇紋岩）における植物の分布や種分化を明らかにする研究を行っている。

［主著］Molecular phylogenetic analysis of the infraspecific taxa of ***Erigeron thunbergii*** A. Gray distributed in ultramafic rock sites（共著。Plant Species Biology **22**(2): 107-115、2007 年）、Genetic structure of an endemic Japanese conifer, ***Sciadopitys verticillata*** (Sciadopityaceae), by using microsatellite markers（共著。Journal of Heredity **101** (3): 292-297、2010 年）など。

米田 穣（よねだ　みのる）

1969 年、徳島県に生まれる

東京大学大学院新領域創成科学研究科 准教授。

専門は先史人類学。過去の人々の食生態を、各種の同位体分析を用いて復元する研究を行っている。

［主著］絵でわかる人類の進化（分担執筆。講談社、2009 年）、縄文時代の考古学 4 人と動物の関わり 食料資源と生業圏（分担執筆。同成社、2010 年）。

陀安 一郎（たやす　いちろう）

1969 年、京都府に生まれる

執筆者略歴（執筆順）

湯本 貴和（ゆもと　たかかず）

1959 年、徳島県に生まれる。
総合地球環境学研究所 教授。
専門は生態学。植物と動物の共生関係の研究から始めて、現在は人間と自然との相互関係の研究を行っている。
［主著］屋久島——巨木と水の島の生態学（講談社、1995 年）、熱帯雨林（岩波書店、1999 年）、世界遺産をシカが喰う（編著。文一総合出版、2006 年）、食卓から地球環境がみえる——食と農の持続可能性（編著。昭和堂、2008 年）

村上 哲明（むらかみ　のりあき）

1959 年、兵庫県に生まれる。
首都大学東京 理工学研究科生命科学専攻（牧野標本館）教授
専門は植物分子分類学・進化学。DNA 塩基配列情報などの分子情報を活用して、シダ植物をはじめとする陸上植物の系統・種・進化などを 研究している。
［主著］多様性の植物学 3 植物の種（分担執筆。東京大学出版会、2000 年）、The Biology of Biodiversity（共著。1999 年）など。

高原　光（たかはら　ひかる）

1954 年，兵庫県に生まれる。

京都府立大学生命環境学部森林科学科教授，日本花粉学会前会長。

シベリア，東アジアの植生史を研究。

［主著］図説日本列島植生史（朝倉書店，1998 年），生態学事典（共立出版，2003 年），古都の森を守り活かす（京都大学学術出版会，2008 年）（いずれも共著），その他 *Quaternary International* などの学術誌に論文を多数発表。

瀬尾 明弘（せお　あきひろ）

1972 年、大阪府に生まれる。

総合地球環境学研究所・プロジェクト研究員。

［主著］琉球列島に生育する複数の植物種の遺伝的分化の地理的パターンの比較（分類 **6**: 115-120、2009 年）、Geographical patterns of allozyme variation in Angelica japonica (Umbelliferae) and Farfugium japonicum (Compositae) on the Ryukyu Islands, Japan（共著。Acta Phytotaxonomica et Geobotanica **55**: 29-44、2004 年）など。

津村 義彦（つむら　よしひこ）

1959 年、福岡県に生まれる。
森林総合研究所 樹木遺伝研究室 室長
専門は森林遺伝学、生態遺伝学、ゲノム情報を用いた森林植物の進化及び環境適応的機構の研究。

シリーズ日本列島の三万五千年――人と自然の環境史
第6巻 環境史をとらえる技法

2011年4月20日 初版第1刷発行

編●湯本貴和
責任編集●高原 光・村上哲明

発行者●斉藤 博
発行所●株式会社 文一総合出版
〒162-0812 東京都新宿区西五軒町 2-5
電話●03-3235-7341
ファクシミリ●03-3269-1402
郵便振替●00120-5-42149
印刷・製本●奥村印刷株式会社

定価はカバーに表示してあります。
乱丁，落丁はお取り替えいたします。

ISBN 978-4-8299-1200-3 Printed in Japan

表　遺跡出土動物遺存体一覧（第５章）●：とても多い（主要種）、○：多い（普通）、△：少ない

遺跡No.	地域	遺跡名	時期	淡水								沿岸内海　表～中層							
		魚類の主な生息環境→		ウナギ科	フナ属	コイ	ウグイ属	コイ科	ギギ科	ナマズ科	アユ	ニシン	イワシ類	サヨリ科	ボラ科	カマス科	スズキ属	アジ科	…科
1	北海道	船泊遺跡	縄文後期									●							△
2		浜中２遺跡	縄文後期～オホーツク期									△							
3		東釧路貝塚	縄文前期				△					●	○		△		○		
4		幣舞遺跡	縄文晩期～続縄文，近世				△					△			△		○		
5		静川 22 遺跡	縄文前期				△					●			○		○		
6		柏原５遺跡	縄文後期～続縄文				●					△					△		
7		弁天貝塚	アイヌ文化期				●					○							△
8		コタン温泉遺跡	縄文前期～後期				○					●	△		△		△	△	△
9		貝取澗２洞窟遺跡	続縄文期									△							
10	東北	三内丸山遺跡（第６鉄塔地区）	縄文前期		△		△	△			△	○	△		△	△	△	△	○
11		東道ノ上３遺跡	縄文前期	△			△	△				○	○	△	△		○	△	△
12		里浜貝塚（西畑地点）	縄文晩期	△			△					△	●	△	△		○	○	○
13	関東	野田貝塚（第 17·20·22 次調査）	縄文後期～晩期	○	△	○	△	○	○				○	△	○		○	○	△
14		六通貝塚	縄文後期・晩期	△				△	△				○	△	△		○	△	△
15		山武姥山貝塚	縄文晩期	●	△			○					○				○		
16	北陸・甲信越	青田遺跡	縄文晩期		○	△?	△												
17		栃原岩陰遺跡	縄文早期～中期																
18		湯倉洞窟	縄文草創期～弥生				△	○											
19		真脇遺跡	縄文前期～晩期										△		△		△		○
20		鳥浜貝塚	縄文前期		●	○	△	○	△	△			△				△		△
21	近畿・東海	吉胡貝塚	縄文晩期～弥生前期	○				△	△		△		△	△	○		○	△	△
22		粟津湖底遺跡第３貝塚	縄文中期		●	○	○	●	○	○	△								
23		平安京左京北辺四坊遺跡	中世・近世			△							△		△	△	△	△	△
24		大坂城跡	近世		△	△		△		△					○	△	○		△
25		大坂城下町跡	近世		○	○		○		○			●	△	○	△	●	●	○
26	中国・四国	彦崎貝塚	縄文前期～晩期			△				△			△		△		●		
27		岡山城跡	近世		△	△				△			△		△	△	●		△
28		草戸千軒町遺跡	中世	△		△			△	△			△		△		○		△
29		帝釈峡遺跡群（弘法滝·観音堂）	縄文草創期～歴史時代	△	△	△		△	△	△	△								
30		四日市遺跡	近世					△							△		△		
31		広島城跡	近世		△										○		○	△	△
32		上黒岩岩陰遺跡	縄文草創期～前期	△															△
33	九州	東名遺跡	縄文早期		△			△		△					●		●		
34		黒橋貝塚	縄文中期・後期												○		○		
35		阿高貝塚	縄文中・後期	○	△			△			△		●	△	○		●	△	
36		草野貝塚	縄文後期																
37		武貝塚	縄文後期																
38		博多遺跡群	中世・近世										△		△		△		△
39	奄美・沖縄	宇宿貝塚・宇宿小学校構内遺跡	縄文前期～晩期													△		△	△
40		面縄第２・４貝塚	縄文前期～後期														△		
41		宇佐浜Ｂ貝塚	貝塚後Ⅱ～Ⅲ期？																
42		古我地原貝塚	貝塚前Ⅳ～Ⅴ期													△			
43		地荒原遺跡	貝塚前Ⅳ～Ⅴ期																
44		平敷屋トウバル遺跡	貝塚前Ⅳ～Ⅴ期，後Ⅱ～Ⅳ期？													△			
45		新城下原第二遺跡	貝塚前Ⅰ期																
46		今帰仁城跡(志慶真門郭·主郭東斜面)	グスク時代												△	△		△	
47		首里城跡(書院·鎖之間·右掖門及び周辺地区)	グスク～首里時代												△	△			
48		網取遺跡	５世紀，17～19 世紀															○	△

＊時代は、動物遺存体が出土した主な時期を示す。

史年表

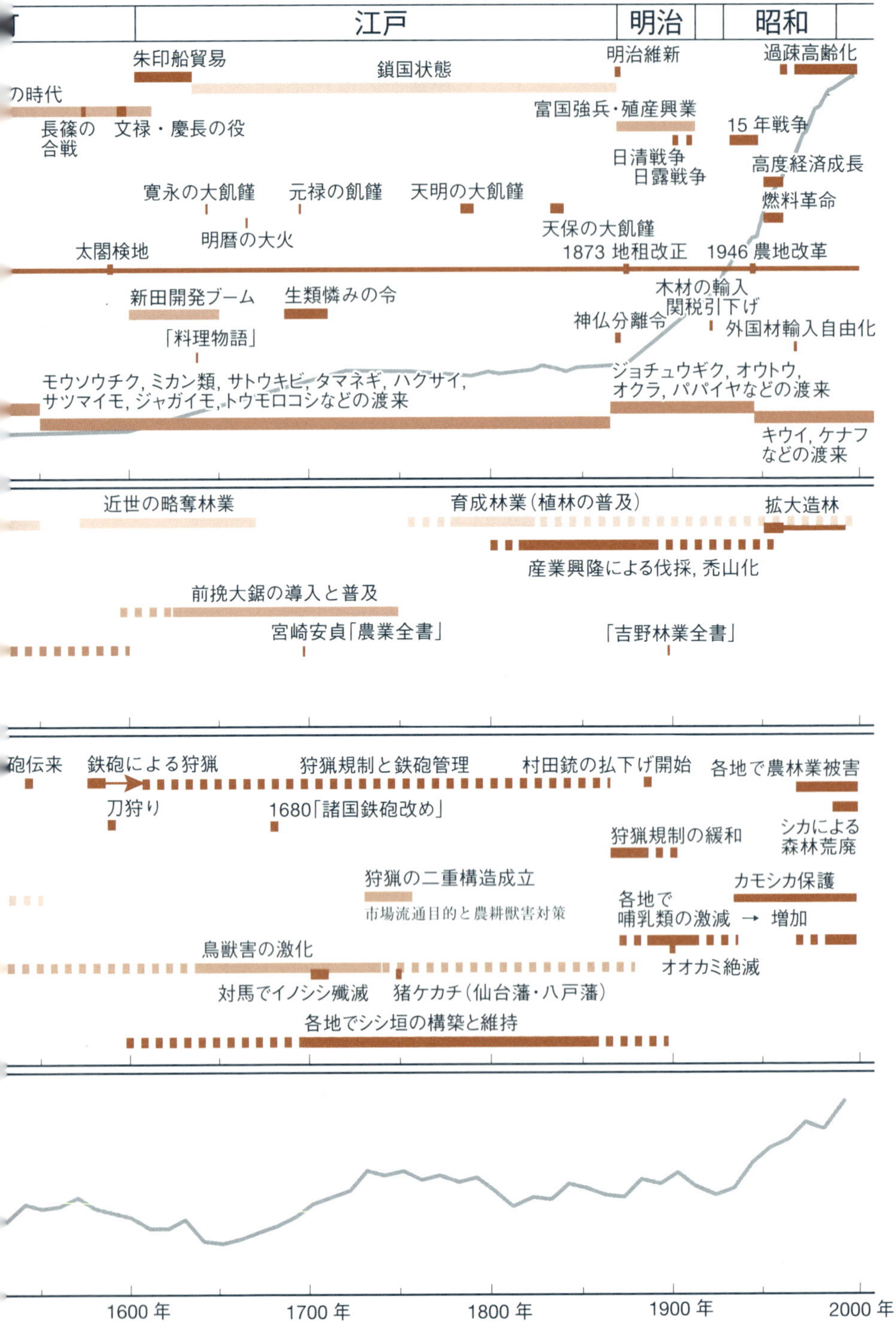
江戸
明治
昭和
朱印船貿易
鎖国状態
明治維新
過疎高齢化
の時代
長篠の合戦
文禄・慶長の役
富国強兵・殖産興業
15 年戦争
日清戦争
日露戦争
高度経済成長
寛永の大飢饉
元禄の飢饉
天明の大飢饉
燃料革命
明暦の大火
天保の大飢饉
太閤検地
1873 地租改正
1946 農地改革
新田開発ブーム
生類憐みの令
木材の輸入
関税引下げ
神仏分離令
外国材輸入自由化
「料理物語」
モウソウチク, ミカン類, サトウキビ, タマネギ, ハクサイ, サツマイモ, ジャガイモ, トウモロコシなどの渡来
ジョチュウギク, オウトウ, オクラ, パパイヤなどの渡来
キウイ, ケナフなどの渡来
近世の略奪林業
育成林業（植林の普及）
拡大造林
産業興隆による伐採, 禿山化
前挽大鋸の導入と普及
宮崎安貞「農業全書」
「吉野林業全書」
砲伝来
鉄砲による狩猟
狩猟規制と鉄砲管理
村田銃の払下げ開始
各地で農林業被害
刀狩り
1680「諸国鉄砲改め」
狩猟規制の緩和
シカによる森林荒廃
狩猟の二重構造成立
市場流通目的と農耕獣害対策
カモシカ保護
各地で哺乳類の激減 → 増加
鳥獣害の激化
オオカミ絶滅
対馬でイノシシ殲滅
猪ケカチ（仙台藩・八戸藩）
各地でシシ垣の構築と維持
1600 年
1700 年
1800 年
1900 年
2000 年